仪器分析原理与应用

赵新锋　李倩　王静　编著

陕西新华出版传媒集团

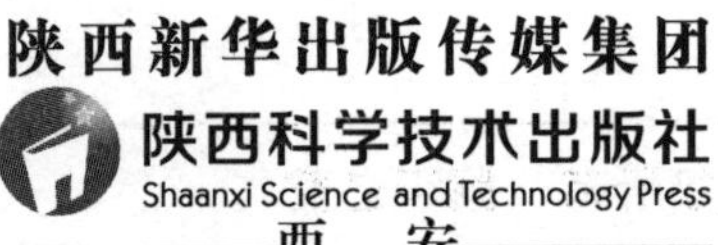

——西　安——

图书在版编目（CIP）数据

仪器分析原理与应用 / 赵新锋，李倩，王静编著. — 西安：陕西科学技术出版社，2022.7

ISBN 978-7-5369-8325-0

Ⅰ. ①仪… Ⅱ. ①赵… ②李… ③王… Ⅲ. ①仪器分析 Ⅳ. ①O657

中国版本图书馆CIP数据核字（2022）第027054号

仪 器 分 析 原 理 与 应 用

YIQI FENXI YUANLI YU YINGYONG

赵新锋　李倩　王静　编著

责任编辑　黄　鹤

封面设计　曾　珂

出 版 者　陕西新华出版传媒集团　陕西科学技术出版社

西安市曲江新区登高路1388号陕西新华出版传媒产业大厦B座

电话（029）81205187　传真（029）81205155　邮编 710061

http://www.snstp.com

发 行 者　陕西新华出版传媒集团　陕西科学技术出版社

电话（029）81205180 81206809

印　　刷　西安市久盛印务有限责任公司

规　　格　787mm × 1092mm　16开本

印　　张　14.5

字　　数　300千字

版　　次　2022年7月第1版

2022年7月第1次印刷

书　　号　ISBN 978-7-5369-8325-0

定　　价　58.00元

前　言

仪器分析具有高精密度、高准确度、自动化和智能化程度高等优点，已广泛应用于化学测量学、生命科学、医学和材料科学等众多领域。近年来，随着各学科研究的交叉融合，仪器分析与药学、中药学等学科的结合愈发紧密，在药品质量控制、中药有效成分群分析、药代动力学研究、药物制剂稳定性研究、生物利用度及等效性研究、食品安全检验、临床检验和诊断、病理机制研究等方面发挥出了巨大的优势。作为化学测量学的重要组成，仪器分析课程已被列为各综合性大学化学专业学生必修基础课程。随着仪器分析新原理、新方法和新技术的不断涌现，该课程已在各大高校的非化学类专业（如药学、中药学专业）中被选作必修或选修课程。

目前，仪器分析课程相关教材主要针对化学专业类学生编制，而鲜有面向药学/中药学专业的专门用途教材。由于药学类专业人才培养目标不同，对仪器分析知识的侧重点有所差别，其更注重于样品的前处理与各成分的分离。编著者在编写《仪器分析原理与应用》一书时考虑到该问题，因此在内容上有所兼顾。

本书主要包括高效分离技术及其原理、高效分析技术及其原理、样品前处理技术及其原理、中药样品分离分析方法、蛋白质样品分离分析方法、核酸样品分离分析方法、多糖样品分离分析方法共七章，每章内容均涉及了仪器分析的原理和分析测定实例，以便读者借鉴阅读。本书编写过程中，参考了大量的文献资料，在此向原文献的作者表示衷心感谢！

本书在编写过程中，博士后梁琦，研究生赵雪、袁心怡、靳雅惠、傅小英、冯港军、高娟等人为本教材稿件的汇总、整理和订正做出了重要贡献，责任编辑对内容的修正做出了大量工作，特此致谢。

由于著者水平所限，书中难免存在疏漏和错误之处，敬请读者批评指正！

编著者

2022 年 7 月

CONTENTS

目录

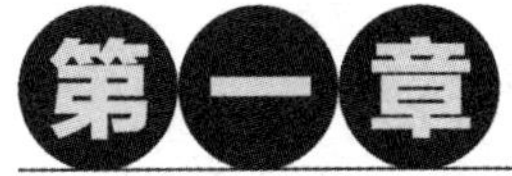

高效分离技术及其原理

基本要点

1. 掌握高效液相色谱法的原理及适用范围。
2. 掌握气相色谱法的原理及适用范围。
3. 掌握塔板理论、速率方程等基本色谱理论。
4. 掌握毛细管电泳分离的原理及使用范围。
5. 熟悉各种分离仪器的基本构造及选择原则。
6. 了解常用检测器原理、优缺点及适用范围。

随着科学技术的不断发展，涌现了大量的现代化仪器，例如气相色谱仪、高效液相色谱仪、超临界流体色谱仪、毛细管电色谱仪等，上述仪器在精密度、准确度与检测灵敏度等方面具有独特优势，往往达到了痕量甚至超痕量样品检测级别。因此，将其应用于药物、药物代谢产物以及生物样本等复杂体系中检测待测物质时，具有分析速度快、所测结果准确且现代化程度高的特点。

本章以液相色谱、气相色谱和毛细管电色谱为例，分别介绍了上述技术的基本原理与应用、仪器的基本构造以及应用实例等内容。

§1－1　高效液相色谱法

一、高效液相色谱法的分类

液相色谱（liquid chromatography，LC）是一种分离分析技术，1903 年由俄国植物学家茨维特（Tswett）首次提出并分离得到叶绿素，其特点是根据待分离成分之间的吸附、分配、分子大小或电荷大小等差异，在两相中的迁移速率不同，从而实现分离的目的[1-3]。该技术最初只作为一种分离技术，即通过使用粗颗粒的固定相，依靠重力使流动相流动，进而实现待分析样品的分离，由于固定相的填充不均匀，因此分析速度慢，分离效率低。高效液相色谱（high performance liquid chromatography，HPLC）是色谱技术的一个主要分支，是在经典液相色谱的基础上发展起来的一种新型分离、分析技术[4-6]。该技术采用高压输液系统，将流动相输送至色谱柱中，当待测样品各个组分实现分离之后，由流动相输送至检测器，因而该技术实现了耐压程度高、分离效率高、分析速度快、样品用量小、应用范围广等优点，现在几乎应用于各个领域的分析检测中，例如药品检测分析、食品安全评价、环境检测、化学化工等。

高效液相色谱法与经典液相色谱法比较，具有下列主要特点：

（1）分离效率高。HPLC 技术在固定相的制备过程中采用了小颗粒的固体基质和高效率的填充手段，因此该技术具有分离效率高的特点，其柱效往往可达到每米 10^4 理论塔板。近年来出现的微型填充柱（内径为 1mm）和毛细管液相色谱柱（内径为 0.05μm），理论塔板数均超过每米 10^5，因此可以实现待测组分的高效分离。

（2）分离速度快。HPLC 技术使用了高压输液系统，使得其在完成一次样品分离分析所用的时间大大缩短，一般只需要几分钟到几十分钟，远比经典液相色谱技术快得多。

（3）检测灵敏度高。HPLC 技术往往采用紫外检测器、荧光检测器、示差折光检测器、电导检测器、电化学检测器、质谱检测器等对待测组分进行检测，其灵敏度往往可以达 10^{-9} 数量级，这也就使得 HPLC 的最小检测限可达 $10^{-11} \sim 9^{-11}$ 数量级。

（4）自动化程度高。与计算机的联用，使得 HPLC 技术在数据处理、结果分析以及绘图等多个方面实现了自动化，甚至可以通过计算机控制色谱分析过程中各个模块，使得该仪器在最佳状态下工作，实现全自动化运行。

（5）应用范围广。HPLC 不仅可以应用于小分子化合物的分离检测，还能应用于氨基酸、蛋白质、核酸等生物大分子的分离分析研究；不仅可以应用于药物的分离检测，还能应用于食品、化妆品等的定性定量分析，其应用范围涵盖了药学、生物学、食品科学、环境工程、化学化工等多个方面。

（6）流动相选择范围广。由于 HPLC 技术是通过高压输液泵将流动相输送至色谱柱中以实现待测样品的分离分析，因此可通过改变流动相的组成进而改善待测多个组分的分离效果。

二、高效液相色谱基本概念

1. 色谱流出曲线和色谱峰

在高效液相色谱中，通过检测器采集到的信号对时间作图，所得曲线称为色谱流出曲线（图 1－1）。色谱峰即为图中虚线框表示的部分。

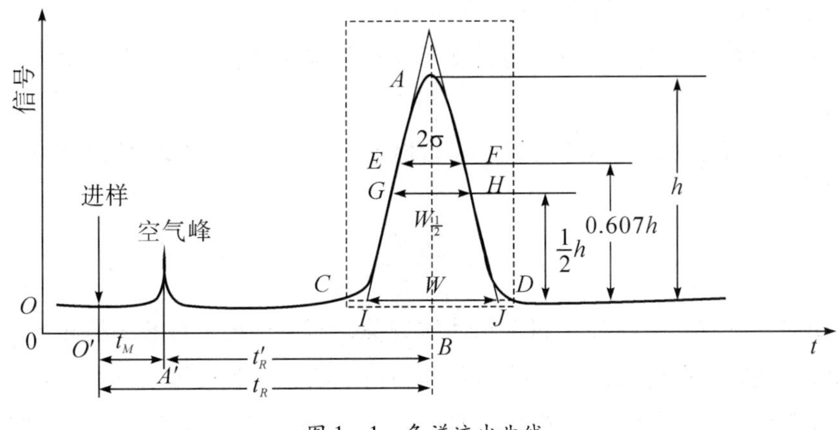

图 1－1　色谱流出曲线

1）基线

在实验操作条件下，仅以流动相持续不断地通过色谱柱进入检测器时的流出曲线称为基线，稳定的基线应该是一条水平直线。当基线随着时间的推移而发生缓慢变化时，这一现象称为基线漂移。当基线随着时间的推移发生起伏时即为基线噪声。

2）峰高

色谱峰的顶点与基线之间的垂直距离，以 h 表示，如图 1－1 中 AB 段。

3）保留值

（1）死时间 t_M。不被固定相吸附或溶解的物质进入色谱柱时，从进样到出现峰极大值所需的时间称为死时间，它正比于色谱柱的空隙体积，如图 1－1 中 t_M 所示的区域。由于这种物质不被固定相吸附或溶解，故其流动速率将与流动相流动速率相近。测定流动相平均线速度$\bar{u}$时，可用柱长 L 与死时间 t_M 的比值计算，即

$$\bar{u} = \frac{L}{t_M}$$

（2）保留时间 t_R。待测组分从进样到色谱柱后出现峰极大点时所经过的时间称为保留时间，如图 1－1 中 t_R 表示的区域。

（3）调整保留时间 t'_R。待测组分的保留时间扣除死时间后的时间称为该组分的调整保留时间，即

$$t'_R = t_R - t_M$$

保留时间是色谱法定性的基本依据，但往往同一组分的保留时间常受到流动相流速的影响，因此在进行定性分析时，应注明为同一色谱条件。

（4）保留体积 V_t。指从进样开始到色谱柱后待测组分出现浓度极大点时所通过流动相的体积。

（5）死体积 V_M。指色谱系统死时间对应的流动相的体积。该参数与死时间类似，

为色谱系统的固有参数，与待测组分的性质无关。

（6）调整保留体积 V_t'。待测组分的保留体积扣除死体积后，为该组分的调整保留体积。

（7）相对保留值。某组分2的调整保留值与组分1的调整保留值之比称为相对保留值，即

$$r_{2,1} = \frac{t'_{t2}}{t'_{t1}}$$

由于相对保留值只与柱温及固定相性质有关，而与柱径、柱长、填充情况及流动相流速无关。因此，在色谱法中，特别是气相色谱法中，常以该值作为定性依据。该值越大，说明相邻两个色谱峰分离得越好，该值为1时，表明两个组分不能被分离。

4）区域宽度

色谱峰的区域宽度是色谱流出曲线的重要参数之一，用于衡量柱效率及反应色谱操作条件的动力学因素，从色谱分离角度讲，区域宽度越窄越好。表示色谱峰区域宽度通常有3种方法：

（1）标准偏差。即0.607倍峰高处色谱峰宽的一半，如图1-1中 *EF* 距离的一半。

（2）半峰宽。即峰高一半处对应的峰宽。如图1-1中 *GH* 间的距离。

（3）峰底宽度。从色谱峰两侧转折点作切线，该切线在色谱基线上的截距，如图1-1中 *IJ* 部分。

从高效液相色谱流出曲线中，可以得到许多重要信息：

（1）根据色谱峰的个数，可以判断样品中所含组分的最少个数。

（2）根据色谱峰的保留值，可以进行定性分析。

（3）根据色谱峰的面积或峰高，可以进行定量分析。

（4）色谱峰的保留值及其区域宽度，是评价色谱柱分离效能的依据。

（5）色谱峰两峰间的距离，是评价固定相（或流动相）选择是否合适的依据。

三、高效液相色谱法的基本理论

采用色谱方法对待测组分进行分析时，其在色谱柱中的分离过程主要包括两个方面：一是待测组分在固定相和流动相之间的分配情况，这与其在两相间的分配系数、自身性质等有关系，待测组分的出峰时间反映了其在两相间的分配情况，一般是由色谱过程中的热力学因素所控制；二是待测组分在色谱柱中的运动情况，与其在两相间的传质阻力有关，待测组分的半峰宽反映了这一参数。所以在讨论色谱柱的分离效率时，应该全面考虑这两个方面。

1. 塔板理论

塔板理论是1941年由马丁（Martin）和辛格（Synge）建立的，该理论把色谱分离

过程比作一个蒸馏塔，将连续的色谱分离过程分割成多次平衡过程的重复，并沿用精馏塔中塔板的概念来描述组分在两相间的分配行为，同时引入理论塔板数作为衡量柱效率的指标。该理论假定：

（1）色谱柱由多级塔板组成。

（2）所有组分开始时存在于第 0 号塔板上，试样沿轴（纵）向扩散可忽略。

（3）分配系数在所有塔板上均是常数，与组分在某一塔板上的量无关。

（4）组分进入色谱柱为脉冲式进样，且通过时在每级塔板两相间达到一次平衡。

简单起见，设色谱柱由 5 块塔板（$n=5$，n 为柱子的塔板数）组成，并以 r 表示塔板编号：$r=0，1，2，\cdots，n-1$；某组分的分配比 $k=1$。

根据上述假定，在色谱分离过程中，该组分的分布可计算如下：开始时，若有单位质量，即 $m=1$（1mg 或 1μg）的该组分加到第 0 号塔板上，分配平衡后，由于 $k=l$，即 $m_s=m_m$，故 $m_s=m_m=0.5$。当一个板体积的组分以脉冲式进入 0 号板时，就将流动相中含有 m_m 组分的流动相顶到 1 号板上，此时 0 号板流动相（或固定相）中 m_s 部分组分及 1 号板固定相中的 m_m 部分组分，将各自在两相间重新分配。故 0 号板上所含组分总量为 0.5，其中液固两相各为 0.25，而 1 号板上所含总量同样为 0.5，液固两相亦各为 0.25。以后每当一个新的板体积以脉冲式进入色谱柱时，上述过程就重复一次。

理论塔板高度 H，即 $H=\frac{L}{n}$，其中 L 为色谱柱的长度，因为在相同色谱条件下，对不同物质计算所得的塔板数不一样，因此，在说明柱效时，除注明色谱条件外还应指出是对什么物质而言的。

色谱柱的理论塔板数越大，表明待测组分在色谱柱中达到分配平衡的次数就越多，固定相的作用越显著，因此对于分离就越有利。但是还不能预言并确定不同组分之间是否有被分离的可能，因为不同成分是否可发生分离的前提是其在固定相中分配系数的差异，并非分配次数的多少。

塔板理论用热力学观点形象地描述了溶质在色谱柱中的分配平衡和分离过程，导出了流出曲线的数学模型，并成功地解释了流出曲线的形状及浓度极大值的位置，还提出了计算和评价柱效的参数。但由于它的某些基本假设并不完全符合柱内实际发生的分离过程，例如，纵向扩散是不能忽略的，分配系数与浓度无关只在有限的浓度范围内成立，并且色谱柱并未处于真正的平衡状态。除此之外，该理论也没有考虑各种动力学因素对色谱柱内传质过程的影响，因此它不能解释造成谱带变宽的原因和影响塔板高度的各种因素，也不能说明为什么不同流速下可以测得不同的理论塔板数，这就限制了它的广泛应用。

2. 速率理论

1956 年荷兰学者范德姆特（Van Deemter）等在研究气液色谱时[7-9]，提出了色谱过程动力学理论——速率理论。他们吸收了塔板理论中板高的概念，并充分考虑了组分在两相间的扩散和传质过程，从而在动力学基础上较好地解释了影响板高的各种因素，该理论模型对气相、液相色谱都适用。

$$H = 2\lambda d_p + \frac{2\gamma D_m}{u} + \frac{\omega d_p^2}{D_m}u + \frac{qk}{(1+k)^2}\frac{d_f^2}{D_s}u$$

式中，H 为理论塔板高度；λ 表示与柱内填料粒度均一性与填充状态有关的常数；d_p 为填料的粒径；ω 和 γ 为常数；D_m 是待测组分在流动相中的分子扩散系数；d_f 是固定相的液膜厚度；D_s 是待测组分在固定相中的分子扩散系数，k 为容量因子。

Van Deemter 方程的数学简化式为

$$H = A + \frac{B}{u} + Cu$$

式中，u 为流动相的线速度；A、B、C 为常数，分别代表涡流扩散项系数、分子扩散项系数和传质阻力系数。

1）涡流扩散项 A

在填充色谱柱中，当组分随流动相向柱出口迁移时，流动相由于受到固定相颗粒障碍，不断改变流动方向使组分分子在前进中形成紊乱的类似“涡流”的流动，故称涡流扩散。

由于填充物颗粒大小的不同及填充物的不均匀性，使组分在色谱柱中路径长短不一，因而同时进色谱柱的相同组分到达柱出口的时间并不一致，引起了色谱峰的变宽。色谱峰变宽的程度由下式决定

$$A = 2\lambda d_p$$

上式表明，A 与填充物的平均直径 d_p 的大小和填充不规则因子 λ 有关，与流动相的性质、线速度和组分性质无关。为了减少涡流扩散，提高柱效，使用细而均匀的颗粒，并且填充均匀是十分必要的。对于空心毛细管柱，不存在涡流扩散，因此 $A=0$。

2）分子扩散项 B

纵向分子扩散是由浓度梯度造成的。组分从柱入口加入，其浓度分布呈“塞子”状，它随着流动相向前推进，由于存在浓度梯度，“塞子”必然自发地向前和向后扩散，造成谱带展宽。分子扩散项系数为

$$B = 2\gamma D_g$$

式中，γ 是填充柱内流动相扩散路径弯曲的因素，也称弯曲因子，它反映了固定相颗粒的几何形状对自由分子扩散的阻碍情况；D_g 为组分在流动相的扩散系数（$cm^2 \cdot s^{-1}$）。

分子扩散项与组分在流动相中扩散系数 D_g 呈正比，而 D_g 与流动相及组分性质有关，相对分子质量大的组分 D_g 小，D_g 反比于流动相相对分子质量的平方根，所以采用

相对分子质量较大的流动相，可使 B 项降低。D_g 随柱温增高而增加，但反比于柱压。另外，纵向扩散与组分在色谱柱内停留时间有关，流动相流速小，组分停留时间长，纵向扩散就大。因此，为降低纵向扩散影响，要加大流动相流速。对于液相色谱，组分在流动相中的纵向扩散可以忽略。

3）传质阻力项 Cu

对于液液分配色谱，传质阻力系数（C）包含流动相传质阻力系数（C_m）和固定相传质阻力系数（C_s），即

$$C = C_m + C_s$$

其中，C_m 又包含流动的流动相中的传质阻力和滞留的流动相中的传质阻力，即

$$C_m = \frac{w_m d_p^2}{D_m} + \frac{w_{sm} d_p^2}{D_m}$$

式中，右边第一项为流动的流动相中的传质阻力。当流动相流过色谱柱内的填充物时，靠近填充物颗粒的流动相流速比在流路中间的稍慢一些，故柱内流动相的流速是不均匀的。这种传质阻力对板高的影响是与固定相粒度 d_p 的平方呈正比，与待测组分在流动相中的扩散系数 D_m 呈反比。w_m 是由柱和填充的性质决定的因子。右边第二项为滞留的流动相中的传质阻力。这是由于固定相的多孔性，会造成某部分流动相滞留在一个局部，滞留在固定相微孔内的流动相一般是停滞不动的。流动相中的待测组分要与固定相进行质量交换，必须首先扩散到滞留区，如果固定相的微孔既小又深，传质速率就慢，对峰的扩展影响就大。

从速率方程可知，分子扩散项与流速成反比，传质阻力项与流速成正比，所以要使理论塔板高度 H 最小，柱效最高，必有一个最佳流速。对于选定的色谱柱，在不同流速下测定塔板高度，作 $H-u$ 图。

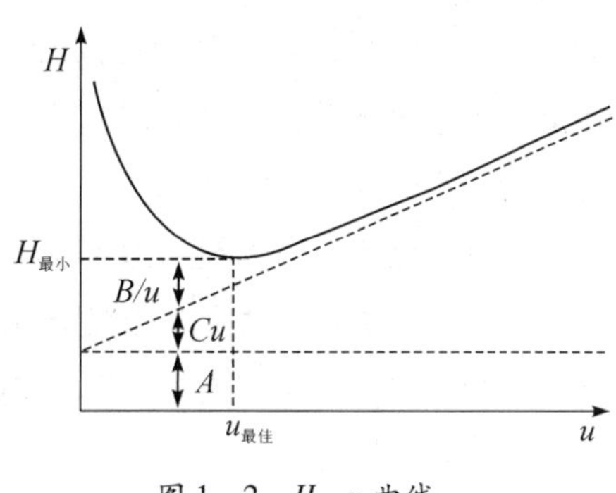

图 1－2　$H-u$ 曲线

由图 1－2 可见，曲线上的最低点，塔板高度最小，柱效最高。该点所对应的流速即为最佳载气流速。在实际分析中，为了缩短分析时间，选用的流动相流速应稍高于最佳流速。

四、高效液相色谱仪的基本组成

高效液相色谱仪的结构如图 1－3 所示，一般可分为 4 个主要部分：高压输液系统、进样系统、分离系统和检测系统。此外，还配有辅助装置，如梯度淋洗、自动进样及数据处理等。

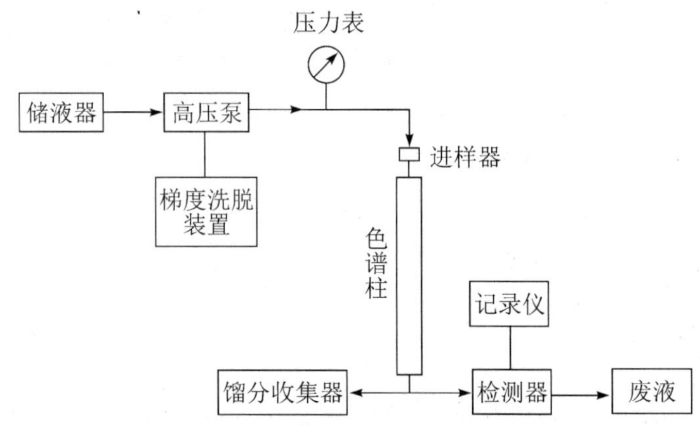

图 1－3　高效液相色谱仪结构示意图

高效液相色谱仪的工作过程如下：首先是高压泵将储液器中的流动相溶剂经过进样器带入色谱柱，然后从控制器的出口流出。当从进样器入口处注入欲分离的待测样品时，流入进样器的流动相再将样品同时带入色谱柱进行分离，然后依照先后顺序进入检测器，记录仪将检测器送出的信号记录下来，由此得到液相色谱图，所需组分即可通过馏分收集器进行收集，而其余成分则随流动相一起进入废液。

1. 高压输液系统

由于高效液相色谱法所用的固定相颗粒极细，因此对流动相阻力很大，为使流动相较快流动，必须配备有高压输液系统。它是高效液相色谱仪最重要的部件，一般由储液器、高压输液泵、过滤器、脱气装置等组成，其中高压输液泵是核心部件。一个好的高压输液泵，应符合密封性好、输出流量恒定、压力平稳、可调范围宽、便于迅速更换溶剂及耐腐蚀等要求。

1）储液器

储液器用于存放溶剂。溶剂必须为纯品，储液器材料要耐腐蚀，对溶剂呈惰性。储液器应配有溶剂过滤器，以防止流动相中的颗粒进入泵内。溶剂过滤器一般用耐腐蚀的镍合金制成，空隙大小一般为 2μm。

2）脱气装置

脱气的目的是为了防止流动相从高压柱内流出时，释放出气泡进入检测器而使噪声剧增，甚至不能正常检测。

3）高压输液泵

高压输液泵是高效液相色谱仪的重要部件，是驱动溶剂和样品通过色谱柱和检测系统的高压源，其性能好坏直接影响分析结果的可靠性。常用的输液泵分为恒流泵和恒压泵两种。恒流泵的特点是在一定操作条件下，输出流量保持恒定而与色谱柱引起阻力变化无关，目前较为常用的往复式柱塞泵，当柱塞推入缸体时，泵头上的单向阀打开，同时流动相进口的单向阀关闭，这时就输出少量液体。反之，当柱塞从缸体向外拉时，流动相入口的单向阀打开，出口的单向阀关闭，一定量的流动相就由储液器吸入缸体。为了维持稳定的流速，柱塞1min大约需要往复运动100次。在此基础上，欲消除输出脉冲，则可使用脉冲阻尼器。柱塞恒压泵能保持输出压力恒定，但其流量则随色谱系统阻力而变化，故保留时间的重现性差。它们各有优缺点，目前恒流泵逐渐取代恒压泵。

一般而言，高效液相色谱体系中，对高压泵的基本要求是：①流量稳定；②输出压力高，最高输出压力为50MPa；③流量范围宽，可在0.01～10mL/min范围任选；④耐酸、碱、缓冲液腐蚀；⑤压力波动小。

4）梯度洗脱装置

梯度洗脱是利用两种或两种以上的溶剂，按照一定时间程序连续或阶段地改变配比浓度，以改变流动相极性、离子强度或pH值，从而提高洗脱能力，进而改善分离的一种有效方法。当一个样品混合物的容量因子范围很宽，用等度洗脱时间太长，且后出的峰形扁平不便检测时，用梯度洗脱可以改善峰形，并缩短分离时间。HPLC的梯度洗脱可以缩短分析时间，提高分离效果，使所有的峰都处于最佳分离状态，而且峰形尖而窄。

2. 进样系统

高效液相色谱柱外展宽（又称柱外效应）较突出，柱外展宽是指因色谱柱外的因素所引起的峰展宽，主要包括进样系统、连接管道及检测器中存在的系统死体积。柱外展宽可分柱前和柱后展宽，进样系统是引起柱前展宽的主要因素，因此高效液相色谱法中对进样技术要求较严。

高效液相色谱系统对进样器的一般要求是：密封性好，死体积小，重复性好，保证中心进样，进样时对色谱系统的压力和流量波动小，并便于实现自动化。

常用的进样装置一般有两类：①隔膜注射进样器：这种进样方式与气相色谱类似。它是在色谱柱顶端装入耐压弹性隔膜，进样时用微量注射器刺穿隔膜将试样注入色谱柱。其优点是装置简单、价格低廉、死体积小，缺点是允许进样量小、重复性差。②高压进样阀：高压进样阀是目前广泛采用的一种方式。阀的种类很多，有六通阀、四通阀、双路阀等。以六通进样阀最为常用，由于进样可由定量管的体积严格控制，因此进样准确，重复性好，适于做定量分析。更换不同体积的定量环，可调整进样量。

3. 分离系统

色谱分离系统包括色谱柱、固定相和流动相。色谱柱是其核心部分，它包括柱管与固定相两部分。柱管材料有玻璃、不锈钢、铜及内衬光滑的聚合材料等。色谱柱应具备耐高压、耐腐蚀、抗氧化、密封不漏液和柱内死体积小、柱效高、柱容量大、分析速度快、柱寿命长的要求，故金属管用得较多。

色谱柱按内径不同可分为常规柱、快速柱和微量柱 3 类。常规分析柱柱长一般为 10 ~ 25cm，内径 4 ~ 5mm，固定相颗粒直径为 5 ~ 10μm。为了保护分析柱不受污染，一般在分析柱前加一短柱，约数厘米长，称为保护柱。保护柱内填充物和分离柱完全一样，这样可使淋洗溶剂由于经过保护柱被其中的固定相饱和，使它在流过分离柱时不再洗脱其中固定相，保证分离柱的性能不受影响。微量分析柱内径小于 1mm，凝胶色谱柱内径 3 ~ 12mm，制备柱内径较大，可达 25mm 以上。

色谱柱装填好坏对柱效影响很大。液相色谱柱的装填方法有湿法和干法两种。粒径大于 20μm 的填料采用干法装柱，而对于细粒度的填料（ <20μm），一般采用湿法装柱，也就是匀浆填充法装柱。这是由于颗粒的粒径越小，其表面存在的局部电荷具有很高的表面能，在干燥的情况下更倾向于聚集在一起。而湿法装柱就是采用合适的溶剂作为分散介质，使填料在介质中高度分散，呈匀浆状，然后在高压泵（如空气泵）的作用下，快速将其压入色谱柱管中，制备成为均匀、紧密填充床的色谱柱。

4. 检测系统

检测器的作用是将色谱柱流出物中样品组成和含量的变化转化为可供检测的信号，在液相色谱中，有两种基本类型的检测器：一类是溶质性检测器，它仅对被分离组分的物理或化学特性有响应，属于这类检测器的有紫外、荧光、电化学检测器等；另一类是总体检测，它对试样和洗脱液总的物理或化学性质有响应，属于这类检测器的有示差折光、电导检测器及蒸发光散射检测器等。

1）紫外 - 可见吸收检测器（ultraviolet-visible detector，UVD）

紫外 - 可见吸收检测器是 HPLC 中应用最广泛的一种检测器，它适用于对紫外光（或可见光）有吸收样品的检测。据统计，在高效液相色谱分析中，约有 80% 的样品可以使用这种检测器。它分为固定波长型和可调波长型两类：固定波长紫外检测常采用灯的 254nm 或 280nm 谱线，许多有机官能团可吸收这些波长；可调波长型实际是以紫外 - 可见分光光度计作检测器。紫外检测器的特点是灵敏度较高，线性范围宽，噪声低，适用于梯度洗脱，对强吸收物质检测限可达 1ng，检测后不破坏样品，可用于制备，并能与任何检测器串联使用，通用性强，但它要求试样必须有紫外吸收，且溶剂必须能透过所选波长的光，选择的波长不能低于溶剂的紫外截止波长。紫外可见检测器的工作原理与结构同一般分光光度计相似，实际上就是装有流通池的紫外可见光度计。

图 1 -4 为紫外 - 可见吸收检测器的光路结构示意图，它主要由光源、光栅、波长狭缝、吸收池和光电转换器件组成。光栅主要将混合光源分解为不同波长的单色光，经聚焦透过吸收池，然后被光敏元件测量出吸光度的变化。

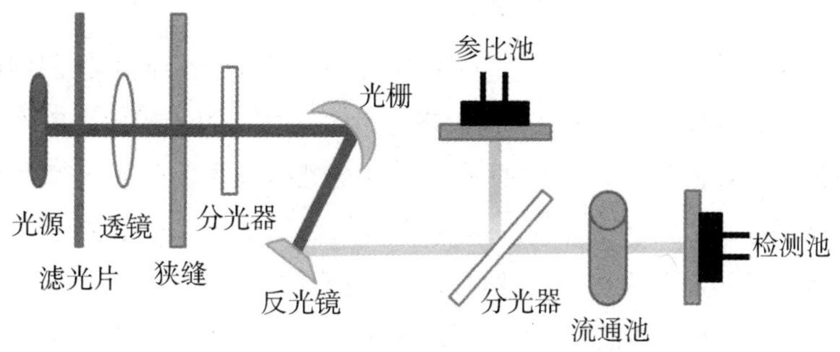

图 1－4　紫外－可见吸收检测器光路结构示意图

紫外吸收检测器常以氘灯作光源，氘灯发射出紫外－可见区范围的连续波长，并安装一个光栅型单色器，其波长选择范围宽（190～800nm）。它有两个流通池，一个作为参比，一个作测量用，光源发出的紫外光照射到流通池上，若两个流通池都通过纯的均匀溶剂，则它们在紫外波长下几乎无吸收，光电管上接收到的辐射强度相等，无信号输出。当组分进入测量池时，吸收一定的紫外光，使两光电管接收到的辐射强度不等，这时有信号输出，输出信号大小与组分浓度有关。

局限：流动相的选择受到一定限制，即具有一定紫外吸收的溶剂不能作流动相，每种溶剂都有截止波长，当小于该截止波长的紫外光通过溶剂时，溶剂的透光率降至10%以下，因此，紫外吸收检测器的工作波长不能小于溶剂的截止波长。

2）光电二极管阵列检测器（photodiode array detector，PDAD）

近年来，已发展了一种应用光电二极管阵列的紫外检测器，也称快速扫描紫外－可见分光检测器，是一种新型的光吸收式检测器。它采用光电二极管阵列作为检测元件，构成多通道并行工作，同时检测由光栅分光，再入射到阵列式接收器上的全部波长的光信号，然后对二极管阵列快速扫描采集数据，得到吸收值（A）是保留时间（t_R）和波长（λ）函数的三维色谱光谱图。由此可及时观察与每一组分的色谱图相应的光谱数据，从而迅速决定具有最佳选择性和灵敏度的波长。单光束二极管阵列检测器的光路图如图 1－5 所示。光源发出的光先通过检测池，透射光由全息光栅色散成多色光，射到阵列元件上，使所有波长的光在接收器上同时被检测。阵列式接收器上的光信号用电子学的方法快速扫描提取出来，每幅图像仅需要 10ms，远远超过色谱流出峰的速

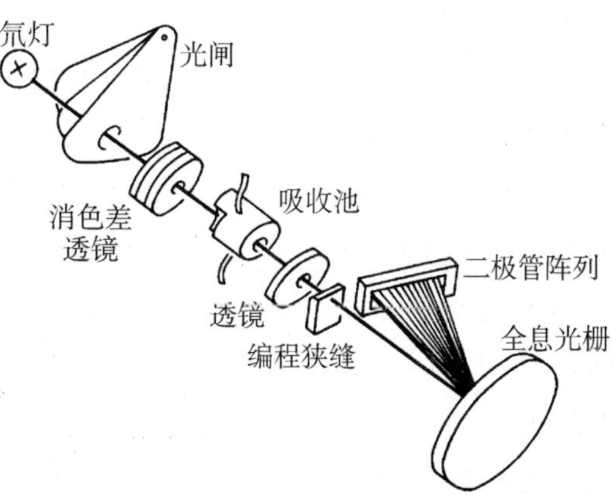

图 1－5　光电二极管阵列检测器结构原理图

度，因此可随峰扫描。

PDAD 检测器的检测原理与 UV - Vis 的相同，只是 PDAD 可同时检测到所有波长的吸收值，相当于全扫描光谱图。它采用 2 048 个或更多的光电二极管组成阵列，混合光首先经过吸收池，被样品吸收，然后通过一个全息光栅经色散分光，得到吸收后的全光谱，并投射到光电二极管阵列器上，每个光电二极管输出相应的光强信号，组成吸收光谱。其特点是不再需要机械扫描就可瞬间获得全波长光谱。

PDAD 的优点是可获得样品组分的全部光谱信息，可很快地定性判别或鉴定不同类型的化合物。同时，对未分离组分可判断其纯度。尽管 PDAD 已具有较高的灵敏度，但其灵敏度和线性范围均不如单波长吸收检测器，主要是单波长吸收检测器可采用效率极高的光敏元件和光电倍增管。

3）荧光检测器（fluorescence detector，FD）

荧光检测器是目前各种检测器中灵敏度最高的检测器之一，它是利用某些试样具有荧光特性来检测的。许多有机化合物具有天然荧光活性，其中带有芳香基团的化合物具有的荧光活性很强。在一定条件下，荧光强度与物质浓度呈正比。荧光检测器是一种选择性很强的检测器，它适合于稠环芳烃、甾族化合物、酶、氨基酸、维生素、色素、蛋白质等荧光物质的测定，其灵敏度高，检出限可达 $10^{-13} \sim 10^{-12}$g/mL，比紫外检测器高出 2 ~ 3 个数量级，也可用于梯度洗脱。缺点是适用范围有一定局限性。例如，某些不发荧光的物质可通过化学衍生化生成荧光衍生物，再进行荧光检测。其最小检测浓度可达 0. 1ng/mL，适用于痕量分析。

近年来，采用激光作为荧光检测器的光源而产生的激光诱导荧光检测器极大地增强了荧光检测的信噪比，因而具有很高的灵敏度，在痕量和超痕量分析中得到广泛应用。

另外，尽管荧光检测器的灵敏度很高，但其线性范围却较窄，通常在 $10^3 \sim 10^4$。造成非线性的主要原因有：

（1）当样品浓度较高，产生非线性响应。因为仅在样品浓度较低时，或对激发光吸收较小时，荧光强度才与浓度呈正比。

（2）滤光效应。由于进入吸收池光路上的激发光随光程的增加不断地被吸收，造成实际强度减弱，荧光响应线性下降。

图 1 - 6 是荧光检测器的结构示意图。荧光检测器的原理与荧光分光光度计完全相同，多采用氘灯为激发光源，流通池与 UV 检测器类似，只是收集荧光的方向垂直于激发光入射方向，因为荧光的收集率与采光角度大小直接相关。将收集的荧光聚焦后再经荧光分光后，得到荧光光谱。

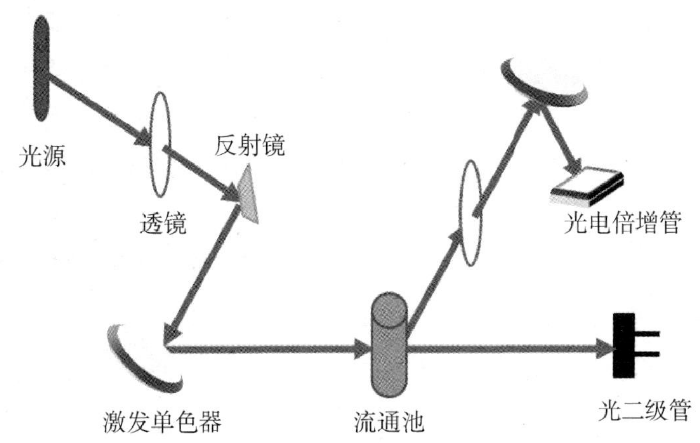

图 1-6　荧光检测器结构示意图

4）示差折光检测器（differential refractive index detector，RID）

示差折光检测器是一种浓度型通用检测器，对所有溶质都有响应，某些不能用选择性检测器检测的组分均可用该检测器进行检测，如高分子化合物、糖类、脂肪烷烃等。示差检测器是基于连续测定样品流路和参比流路之间折射率的变化来测定样品含量的。光从一种介质进入另一种介质时，由于两种物质的折射率不同就会产生折射。只要样品组分与流动相的折光指数不同，就可被检测，二者相差愈大，灵敏度愈高，在一定浓度范围内检测器的输出与溶质浓度成正比。按工作原理，可分偏转式和反射式两种。现以偏转式为例。它是基于折射率随介质中的成分变化而变化，如入射角不变，则光束的偏转角是流动相（介质）中成分变化的函数。因此，测量折射角偏转值的大小可得到试样的浓度。图 1-7 是偏转式示差折光检测器的光路图。

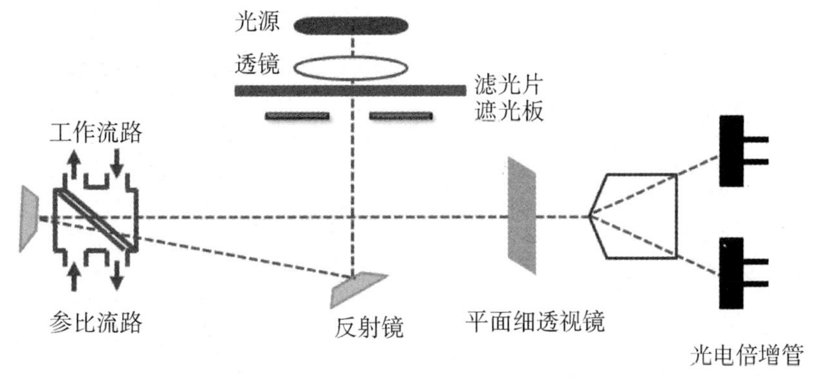

图 1-7　偏转式示差折光检测器光路图

光源射出的光线由透镜聚焦后，从遮光板的狭缝射出一条细窄光束，经反射镜反射后，由透镜穿过工作池和参比池，被平面反射镜反射。成像于棱镜的棱口上；然后光束均匀分解为两束，到达上下两个对称的光电倍增管上。如果工作池和参比池都通过纯流动相，光束无偏转，两个光电倍增管的信号相等，此时输出平衡信号。如果工作池有试样通过，由于折射率改变，造成了光束的偏移，两个光电倍增管所接受的光束能量不等，因此输出一个代表偏转角大小，即反映试样浓度的信号。滤光片可阻止红外光通过，以保证系统工作的热稳定性。透镜用来调整光路系统的不平衡。

几乎所有物质都有各自不同的折射率。因此，示差折光检测器是一种通用型检测器，灵敏度为 10^{-7}g/mL。主要缺点是对温度变化敏感，并且不能用于梯度淋洗。

5）电化学检测器（elec-chemical detector，ED）

广义上来看，电化学检测器包括 4 种类型：介电型、电导型、电位型和安培型，属于选择性检测器。介电型检测器是基于流动池中样品的浓度变化导致介电常数变化，通过测量两电极之间电容介质的介电常数变化，即可测得样品浓度的一种电化学检测器。电导型检测器是基于物质在某些介质中电离后产生的电导变化来测定电离物质含量的一种方法，它是使用较多的一种电化学检测器，主要用于离子型化合物浓度的测定。电位型检测器的检测原理是测定电流为零时电极之间的电位差值，应用较少。安培型检测器的使用非常普遍，灵敏度也很高，其工作原理是在特定的外界电位下，测定电极之间的电流随样品浓度变化的变化量。安培型检测器所测定的样品必须是能进行氧化还原反应的化合物。

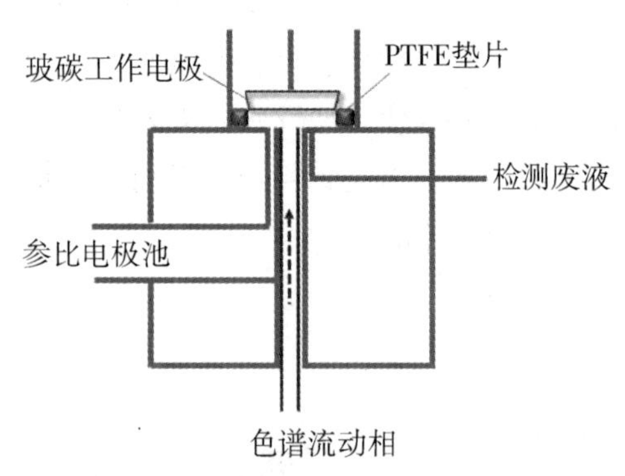

图 1-8　液相色谱电化学检测示意图

图 1-8 为一个典型的电化学检测器示意图，工作电极通常位于柱子流出口顶端，辅助电极位于流通池工作电极相反方向，而参比电极位于工作电极后流通池出口的位置。

电化学检测器的优点是：

（1）灵敏度高，最小检测量一般为 ng 级，有的可达 pg 级。

（2）选择性好，可测定大量非电活性物质中极痕量的电活性物质。

（3）线性范围宽，一般为 4～5 个数量级。

（4）设备简单，成本较低。

（5）易于自动操作。

6）蒸发光散射检测器（evaporative light-scattering detector，ELSD）

蒸发光散射检测器是比示差折光优越得多的一种通用性检测器，其灵敏度更高，检出限可达 ng 级，对温度的敏感程度也更低，而且适用于梯度洗脱。它为那些结构中不具有紫外生色团的样品提供了一种新型的检测手段。

ELSD 是基于光线通过微小的粒子时会产生光散射现象的原理，其主要工作原理如图 1－9 所示。当色谱洗脱液进入检测器后，首先被高速且高压的载气流（氮气或空气）喷成一种薄雾，进而进行雾化，雾化形成的小液滴进入蒸发器（漂移管）后蒸发成蒸气，流动相及低沸点的组分被蒸发，剩下高沸点组分的小液滴进入散射池，然后被光阱捕集。蒸气态的溶剂通过光路后，光线反射到检测器后被记录成基线。云雾状溶质颗粒通过光路时，使光线散射后被光电倍增器收集，电信号通过放大电路、模数转换电路、计算机成像为色谱工作站的数字信号，即色谱图，因此可得到样品信号。

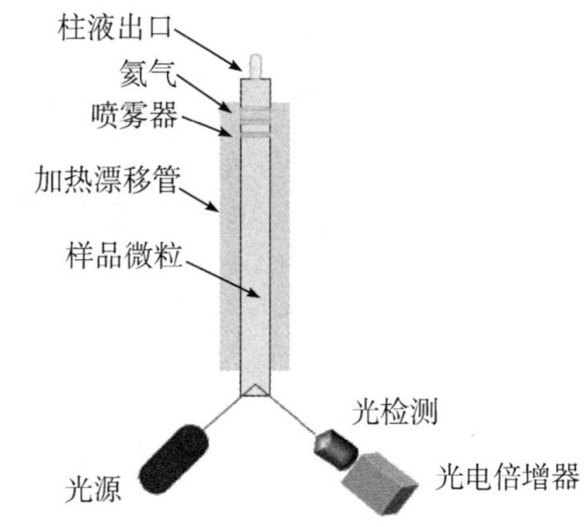

图 1－9　蒸发光散射检测器工作原理

7）化学发光检测器（chemiluminescent detector，CD）

化学发光检测器是近年来发展起来的一种快速、灵敏的新型检测器，具有设备简单、价廉、线性范围宽等优点。其原理是基于某些物质在常温下进行化学反应，生成处于激发态势的反应中间体或反应产物，当它们从激发态返回基态时，就发射出光子。由于物质激发态的能量是来自化学反应，故称为化学发光。当分离组分从色谱柱中洗脱出来后，立即与适当的化学发光试剂混合，引起化学反应，导致发光物质产生辐射，其光强度与该物质的浓度成正比。

这种检测器不需要光源，也不需要复杂的光学系统，只要有恒流泵，将化学发光试剂以一定的流速泵入混合器中，使之与柱流出物迅速而又均匀地混合产生化学发光，通过光电倍增器将光信号变成电信号，就可进行检测。这种检测器的最小检出量可达 10^{-12}g。

8）质谱检测器（mass detector，MSD）

质谱检测器的灵敏度高，专属性强，能提供待测组分的分子结构信息，是非常理想的检测器。近年来，该检测器有较大的发展，其中以分析生物大分子的生物色谱－质谱方法尤为迅速，例如飞行时间质谱、离子阱质谱以及离子回旋共振傅里叶变换质谱，都是蛋白质和药物研究的重要工具，其中与 HPLC 联用的质谱仪中，最普遍的是电喷雾质谱（ESI-MS），如图 1－10 所示。

ESI-MS 的工作原理是：色谱流出液通过一个毛细管进入喷雾口，喷雾口毛细管的外层有一同轴套管，一种辅助电离液（酸性的鞘流液）经套管流出，在出口处与色谱流出物混合，并用干燥气体使之产生雾化液珠，通过热气帘气，使雾化液体充分蒸发，只留下带电粒子，在喷口与质谱之间的电场（－4 000V）作用下，离子逆气流而上，

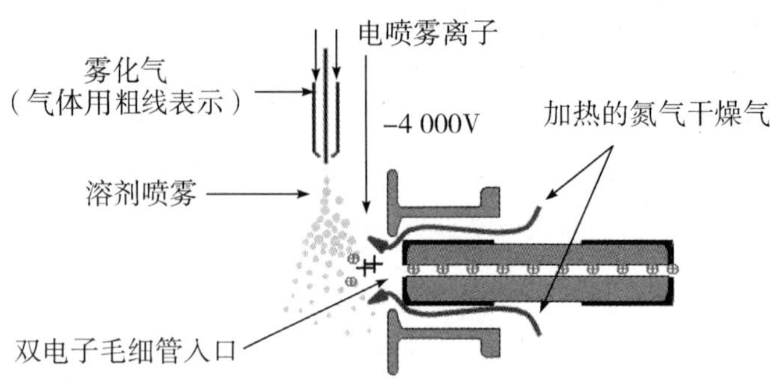

图 1-10　ESI-MS 工作原理示意图

通过毛细管进入真空系统，不带电的溶剂被气流吹掉。然后经过八极杆、离子阱和打拿极，通过电子倍增器测得物质的质荷比。

5. 附属系统

附属系统包括脱气、梯度淋洗、恒温、自动进样、馏分收集以及数据处理等装置，其中梯度淋洗装置尤为重要。所谓梯度淋洗，是指在分离过程中使流动相的组成随时间改变而改变。通过连续改变色谱柱中流动相的极性、离子强度或 pH 等因素使被测组分的相对保留值得以改变，提高分离效率。梯度淋洗对于一些组分复杂及容量因子值范围很宽的样品分离尤为必要。

§1-2　高效液相色谱流动相及固定相的选择

一、高效液相色谱法流动相的选择

高效液相色谱中，当固定相选定时，改变流动相的种类、配比等均能够显著地影响分离效果。因此，流动相的选择对于做好液相谱图而言也是十分重要的。在选择合适的流动相时，往往需要从以下几个方面加以注意：

（1）流动相纯度。一般采用色谱纯试剂，因为在色谱柱整个使用期间，有大量溶剂流过色谱柱。如溶剂不纯，长期积累杂质会导致检测器噪声增加，同时也影响收集的馏分纯度。

（2）应避免使用会引起柱效损失或保留特性变化的溶剂。在液-固色谱中，硅胶吸附剂不能使用碱性溶剂（胺类）或含有碱性杂质的溶剂。同样，氧化铝吸附剂不能使用酸性溶剂。在液-液色谱中流动相应与固定相不互溶（不互溶是相对的）。否则，会造成固定相流失，使柱的保留特性变更。

（3）试样要有适宜的溶解度，否则在柱头易产生部分沉淀。

(4) 溶剂的黏度小些为宜，否则会降低试样组分的扩散系数，造成传质速率缓慢，柱效下降。同时，在同一温度下，柱压随溶剂黏度增加而增加。

(5) 应与检测器相匹配。例如对紫外光度检测器而言，不能用对紫外光有吸收的溶剂。

在选用溶剂时，溶剂的极性显然仍为重要的依据。例如在正相液－液色谱中，可先选中等极性的溶剂为流动相，若组分的保留时间太短，表示溶剂的极性太大，改用极性较弱的溶剂；若组分保留时间太长，则再选极性在上述两种溶剂之间的溶剂；如此多次实验，以选得最适宜的溶剂。

常用溶剂的极性顺序排列如下：水（极性最大）、甲酰胺、乙腈、甲醇、乙醇、丙醇、丙酮、二氧六环、四氢呋喃、甲乙酮、正丁醇、乙酸乙酯、乙醚、异丙醚、二氯甲烷、氯仿、溴乙烷、苯、氯丙烷、甲苯、四氯化碳、二硫化碳、环己烷、己烷、庚烷、煤油（极性最小）。

为了获得合适的溶剂强度（极性），常采用二元或多元组合的溶剂系统作为流动相。通常根据所起的作用，采用的溶剂可分成底剂及洗脱剂两种。底剂决定基本的色谱分离情况；而洗脱剂则起到了调节试样组分的滞留情况，并对某几个组分具有选择性的分离作用。因此，流动相中底剂和洗脱剂的组合选择直接影响分离效率。正相色谱中，底剂采用低极性溶剂如正己烷、苯、氯仿等，而洗脱剂则根据试样的性质选取极性较强的针对性溶剂，如醚、酮、醇和酸等。在反相色谱中，通常以水为流动相的主体，以加入不同配比的有机溶剂作为调节剂。常用的有机溶剂是甲醇、乙腈、二氧六环和四氢呋喃等。

离子交换色谱分析主要在含水介质中进行。组分的保留值可用流动相中盐的浓度（或离子强度）和 pH 来控制，增加盐的浓度导致保留值降低。由于流动相离子和交换树脂相互作用力不同，因此流动相中的离子类型对试样组分的保留值有显著的影响。一般，各种阴离子的滞留次序为：柠檬酸根、SO_4^{2-}、草酸根、I^-、NO_3^-、CrO_4^{2-}、Br^-、SCN^-、Cl^-、$HCOO^-$、CH_3COO^-、OH^-、F^-，所以采用柠檬酸根洗脱要比 F^- 洗脱的快。阳离子的滞留次序则为 Ba^{2+}、Pb^{2+}、Ca^{2+}、Ni^{2+}、Cd^{2+}、Cu^{2+}、Co^{2+}、Zn^{2+}、Mg^{2+}、Ag^+、Cs^+、Rb^+、K^+、NH_4^+、Na^+、H^+、Li^+，但差别不及阴离子那么明显。对阳离子交换柱，流动相 pH 增加，使保留值降低。在阴离子交换柱中，情况则相反。

排阻色谱法所用的溶剂必须与凝胶本身非常相似，这样才能润湿凝胶并防止吸附，当采用软质凝胶时，溶剂必须能溶胀凝胶，因为软质凝胶的孔径大小是溶剂吸流量的函数。溶剂的黏度是很重要的，因为黏度过高时将限制扩散作用而使分辨率降低。对于具有相当低的扩散系数的大分子来说，这种考虑更为重要。一般情况下，分离高分子有机化合物，采用的溶剂主要是四氢呋喃、甲苯、间甲苯酚、N，N－二甲基甲酰胺等；对于生物样品而言，其分离主要用水、缓冲盐溶液、乙醇及丙酮等。

二、高效液相色谱固定相的选择

色谱柱作为高效液相色谱的核心部位，其最关键的是固定相及其装填技术。现将常用的色谱固定相进行分类阐述。

1. 液－液色谱法及离子对色谱法固定相

1）全多孔型担体

高效液相色谱法早期使用的担体与气相色谱法相类似，是颗粒均匀的多孔球体，例如由氧化硅、氧化铝、硅藻土制成的直径为100μm左右的全多孔型担体。如前所述，由于分子在液相中的扩散系数要比气相中小4～5个数量级，所以填料的不规则性和较宽的粒度范围所形成的填充不均匀性成为色谱峰扩展的一个明显原因。另外，由于孔径分布不一，并存在裂隙，在颗粒深孔中形成滞留液体（液坑），溶质分子在深孔中扩散和传质缓慢，这样就进一步促使色谱峰变宽。

为了克服上述缺点，从前述色谱速率方程来看，应减小填料的颗粒大小，并从装柱技术上改进，使之能装填出均匀的色谱柱，这样就能达到很高的柱效。20世纪70年代初期出现了小于10μm直径的全多孔型担体，它是由nm级的硅胶微粒堆聚而成为5μm或稍大的全多孔小球。由于其颗粒小，传质距离短，因此柱效高，柱容量也不小。

2）表层多孔型担体

又称薄壳型微珠担体，实际上是直径为30～40μm的实心核（玻璃微珠），表层上附有一层厚度为1～2μm的多孔表面（多孔硅胶）。由于固定相仅是表面很薄一层，因此传质速度快，加上是直径很小的均匀球体，装填容易，重现性较好，因此在20世纪70年代前期得到较广泛使用。但是由于比表面积较小，因此试样容量低，需要配用较高灵敏度的检测器。随着近年来对全多孔微粒担体的深入研究和装柱技术的发展，目前粒度为5～10μm的全多孔微粒担体是使用最广泛的高效填料。

液－液色谱固定相采用机械涂制的方法，将固定液涂覆在上述担体表面，以组成固定相。从原则上讲，只要不和流动相互溶，就可用作液－液色谱固定液。但考虑到在液－液色谱中流动相也影响分离，故在液－液色谱中常用的固定液只有极性不同的几种，如强极性的β，β′－氧二丙腈，中等极性的聚乙二醇－400和非极性的角鲨烷等。但将固定液机械地涂覆在单体上，就使得固定液流失不可避免。

为弥补上述缺陷，20世纪60年代后期发展了一种新型固定相，即化学键合固定相，即用化学反应的方法通过化学键把有机分子以共价键形式结合到色谱担体表面。

根据在硅胶表面（具有≡Si－OH 基团）的不同化学反应，键合固定相可分为：硅氧碳键型（≡Si－O－C）、硅氧硅碳型（≡Si－O－Si－C）、硅碳键型（≡Si－C）和硅氮键型（≡Si－N）4 种类型。在上述类型中使用最为广泛的为 Si－O－Si－R－C 型，因为其化学键稳定、耐水、耐热、耐有机溶剂，是液相色谱应用广泛的固定相。例如，在硅胶表面利用硅烷化反应，即硅氧硅碳型反应制备色谱固定相（十八烷基硅烷键合相，图 1－11）。

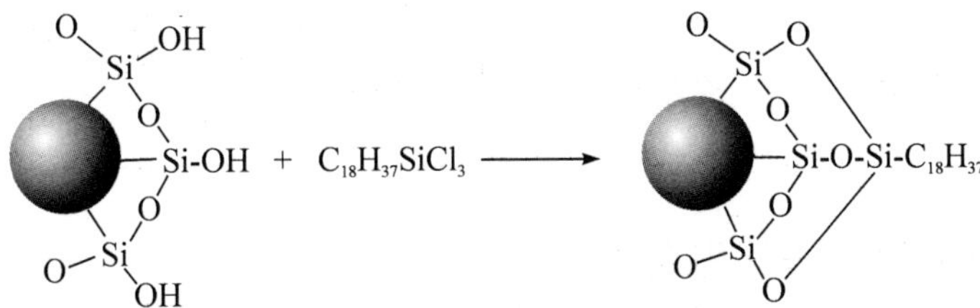

图 1－11　十八烷基硅烷化色谱固定相制备示意图

化学键合色谱固定相具有以下特点：

（1）表面没有液坑，比一般液体固定相传质快得多。

（2）没有固定液的流失，增加了色谱柱的稳定性和寿命。

（3）可以键合不同的官能团，流动相的选择灵活多变，可应用于多种类型的色谱分析中（表 1－1）。

（4）有利于梯度洗脱，也有利于配用灵敏的检测器和馏分收集器。

化学键合固定相的分离机制既不是全部吸附过程，也不是典型的液－液分配过程，而是兼有双重机制，按键合量的多少而各有侧重。

表 1－1　化学键合色谱固定相的使用范围

试样种类	键合基团	流动相	色谱类型	应用实例
低极性 溶解于烃类	$-C_{18}$	甲醇－水 乙腈－水 乙腈－四氢呋喃	反相	多环芳烃、甘油三酯、类脂、脂溶性维生素、甾族化合物、氢醌
中等极性 可溶于醇	$-CN$ $-NH_2$	乙腈、正己烷氯仿 正己烷 异丙醇	正相	脂溶性维生素、甾族、芳香醇、胺、类脂止痛药芳香胺、脂、苯二甲酸
	$-C_{18}$ $-C_8$ $-CN$	甲醇、水、乙腈	反相	甾族、可溶于醇的天然产物、维生素、芳香酸、黄嘌呤

续表

试样种类	键合基团	流动相	色谱类型	应用实例
高极性可溶于水	$-C_8$ $-CN$	甲醇、乙腈、水、缓冲液	反相	水溶性维生素、胺、芳醇、抗生素、止痛药
	$-C_{18}$	水、甲醇、乙腈	反相离子对	酸、磺酸类染料、儿茶酚胺
	$-SO_3^-$	水和缓冲液	阳离子交换	无机阳离子、氨基酸
	$-NR_3^+$	磷酸缓冲液	阴离子交换	核苷酸、糖、无机阴离子、有机酸

2. 液－固吸附色谱法固定相

液－固吸附色谱法采用的吸附剂有硅胶、氧化铝、分子筛、聚酰胺等，仍可分为全多孔型和薄壳型两种，其特点如前述。目前较常使用的是 10μm 的硅胶微粒（全多孔型）。

3. 离子交换色谱法固定相

通常有两种类型，为薄膜型离子交换树脂和离子交换键合固定相，常用薄壳型离子交换树脂，即以薄壳玻珠为担体，在它的表面涂覆约 1% 的离子交换树脂而成。离子交换键合固定相是用在化学反应中将离子交换基团键合在惰性担体表面。该色谱固定相也分为两种形式，一种是键合薄壳型，担体是薄壳珠；另一种是键合微粒型，它的担体是微粒硅胶。后者是近年来出现的新型离子交换树脂，它具有键合薄壳型离子交换树脂的优点，即在室温下可实现分离、柱效高，且试样容量较前者大。

上述两类离子交换树脂，又可分为阳离子及阴离子交换树脂。按离子交换功能团酸碱性的强弱，阳离子交换树脂又分为强酸性与弱酸性树脂，阴离子交换树脂也分为强碱性及弱碱性树脂。由于强酸或强碱性离子交换树脂比较稳定，pH 适用范围较宽，因此在高效液相色谱中应用较多。

4. 排阻色谱固定相

常用的排阻色谱固定相分为软质、半硬质和硬质凝胶 3 种。所谓凝胶，是含有大量液体（一般是水）的柔软面富于弹性的物质，是一种经过交联而具有立体网状结构的多聚体。

1）软质凝胶如葡聚糖凝胶、琼脂糖凝胶等

该类凝胶以水为流动相。葡聚糖凝胶通过其本身的葡聚糖（右旋糖苷）和甘油基形成醚桥（$-O-CH_2-CHOH-CH_2-O-$）相交联成多孔网状结构，进而成为交联葡聚糖凝胶，在水中膨胀成凝胶粒子。葡聚糖凝胶孔径的范围大小，可通过在制备时添加不同比例的交联剂来控制，交联度大的孔隙小、吸水少、膨胀也少，适用于相对分子质量小的物质的分离。交联度小的孔隙大、吸水膨胀也大，适用于相对分子质量大的物质的分离。由于软质凝胶在压强 $1kg/cm^2$ 左右即可被压坏，因此这类凝胶只能用于常压排色谱法。

2）半硬质凝胶如苯乙烯－二乙烯基苯交联共聚凝胶（交联聚苯乙烯凝胶）

是应用最多的有机凝胶，适用于非极性有机溶剂，不能用丙酮、乙醇等强极性溶剂。同时，由于凝胶在不同溶剂中的溶胀效果不一样，所以在使用的时候尽量不要更改溶剂体系，以免对凝胶造成破坏。半硬质凝胶对压力的耐受性较软质凝胶稍高，尽管如此，所使用流速仍不宜过大。

3）硬质凝胶如多孔硅胶、多孔玻珠

多孔硅胶是用得较多的无机凝胶，它的特点是化学稳定性、热稳定性以及机械强度均较好，可在柱中直接更换溶剂，缺点是吸附问题，需要进行特殊的处理。可控孔径玻璃珠是近年来受到重视的一种固定相。它具有恒定的孔径和较窄的粒度分布，因此色谱柱易于填充均匀，对流动相溶剂体系（水或非水溶剂）、压力、流速、pH 或离子强度等都影响较小，适用于较高压力和流速下操作。

§1－3 高效液相色谱法的分类

色谱法主要是依据待测组分流经色谱柱时，与固定相发生作用（吸附、分配、离子吸引、亲和）的大小、强弱不同，在固定相中滞留的时间不同，从而先后从固定相中流出，根据其与固定相发生反应时的机理不同，色谱法可分为以下几种：

一、分配色谱法

分配色谱法（partition chromatography, PC）是根据被分离的组分在流动相和固定相中溶解度不同而分离的色谱方法。分配色谱法按固定相和流动相极性不同可分为正相色谱法和反相色谱法。

1. 正相色谱法

正相色谱的流动相极性小于固定相极性，即以强极性溶剂作为固定相，而以弱极性的有机溶剂作为流动相。其适用于分离溶于有机溶剂的极性至中等极性的分子型化合物，如脂溶性维生素、甾类、芳香醇、芳香胺、脂、有机氯农药等。分离机制是组分在两相间进行分配，极性较小组分的分配系数 k 小，保留时间短；反之，极性大的组分分配系数 k 大，保留时间长。其固定相常采用氰基或氨基化学键合相，流动相常选用低极性溶剂，如石油醚、醇类、酮类、酯类、卤代烷类、苯或它们的混合物，加入适量极性溶剂如三氯甲烷以调节流动相的极性；流动相的极性越强，洗脱能力越强，使组分的分配系数 k 减小，保留时间变短。

2. 反相色谱法

反相色谱的流动相极性大于固定相极性。适用于分离非极性至中等极性的分子型化合物。分离机制是组分在两相间进行分配，极性大的组分分配系数 k 小，保留时间短，反之，极性小的组分分配系数大，保留时间长。固定相一般为十八烷基（C_{18}）、辛烷基（C_8）等化学键合相；流动相为强极性的溶剂，以水为基础溶剂再加入一定量与水混合的有机极性溶剂，如甲醇－水、乙腈－水等。在反相色谱中，极性大的组分先流出，极性小的组分后流出，流动相中有机溶剂的比例增大，组分的分配系数 k 减小，保留时间变短。

二、离子交换色谱

离子交换色谱（ion exchange chromatography，IEC）是以离子交换剂为固定相，用水或与水混合的溶剂作为流动相，利用它在水溶液中能与溶液中离子进行交换的性质，根据离子交换剂对各组分离子亲和力的不同而使其分离的一种方法。

其固定相为化学键合离子交换剂时，以全多孔微粒硅胶为载体，表面经化学反应键合上的各种离子交换基团，如磺酸基（阳离子交换剂）或季氨基（阴离子交换剂）等。流动相是具有一定 pH 值和离子强度的缓冲溶液，或含有少量有机溶剂以提高选择性。

离子交换色谱法广泛应用于生物医学领域，如氨基酸分析、肽和蛋白质等的分离。也可作为缓冲剂、尿液、甲酰胺、丙烯酰胺的纯化手段，从有机物溶液中分离出离子型杂质等。

离子交换色谱分离方式包括：

1）利用样品组分的选择性系数不同而进行分离

各种离子对离子交换树脂的亲和力不同，当两种或两种以上的离子共存时，可以利用它们的选择性系数不同进行分离。在离子交换柱上洗脱时，由于它们的移动速度也不同，因此达到分离目的，该类分离机理主要用于金属离子的分离。

2）利用各组分离解度的差别而进行分离

对于弱酸性组分而言，当 pH 值高于该组分的 pKa 值时，则以离子形式出现。而对碱性组分而言，则与上述情况相反。故适当地调整流动相的 pH 值，即可使组分中的各个不同成分或以离子型或以游离型的形式出现。由于游离型（中性分子）成分不被该交换树脂所吸附，故可与离子型成分相分离。

3）形成离子后进行离子交换分离

对于选择性系数相同的两个组分，如A和B，可使其与适当的配合剂形成络离子，然后利用不同配离子与离子交换树脂的亲和力不同而进行分离。如胺类、氨基酸、氨基糖等，均可用Zn^{2+}、Cu^{2+}及Ni^{2+}等处理过的离子交换树脂来进行分离。又如糖为中性分子，在通常情况下因不能与离子交换树脂发生离子交换而被滞留，但在硼酸溶液中可形成糖的硼酸配离子，不同结构的糖及硼酸配离子的稳定性不同，从而在阴离子交换树脂上获得分离。

组分离子对固定离子基团的亲和力强，分配系数大，保留时间长；反之，分配系数小，保留时间短。

早期离子交换色谱法采用离子交换树脂作为固定相，发现此类物质具有溶胀和收缩现象，不耐高压，而且表面微孔结构影响传质，柱效低，现已被离子交换键合相所取代。

离子交换键合相：是以薄壳型或全多孔微粒硅胶为载体，表面经化学反应键合上各种离子交换基团。若键合磺酸基（$-SO_3H$强酸性）、羧基（$-COOH$弱酸性）就是阳离子交换树脂；若键合季氨基（$-NR_3Cl$强碱性）或氨基（$-NH_2$弱碱性）就是阴离子交换剂。其常用的流动相则为盐类的缓冲溶液。通过改变流动相的pH、缓冲剂（平衡离子）的类型、离子强度以及加入有机溶剂、配位剂等都会改变交换剂的选择性，影响样品的分离效果。一般而言，所用的缓冲液包括磷酸盐、乙酸盐、柠檬酸盐、甲酸盐、氨水等。该色谱体系可用于分离核苷酸、碳水化合物、有机酸、蛋白质、酶等。

三、亲和色谱

亲和色谱（affinity chromatography，AC）是一种利用固定相的结合特性来分离分子的色谱方法。即将一对能可逆结合和解离的生物分子一方作为配基（也称为配体），与具有大孔径、亲水性的固相载体相偶联，制成专一的亲和吸附剂，再用此亲和吸附剂填充色谱柱。当含有被分离物质的混合物随着流动相流经色谱柱时，亲和吸附剂上的配基就有选择地吸附能与其结合的物质，使用适当的缓冲液使被分离物质与配基解吸附，从色谱柱中流出，从而达到分离分析目的。例如利用酶与基质（或抑制剂）、抗原与抗体、激素与受体、外源凝集素与多糖类及核酸的碱基对等之间专一的相互作用，使相互作用物质的一方与不溶性担体形成共价结合化合物，用来作为层析用固定相，利用与固定相亲和力大小的不同，将另一方从复杂的混合物中选择性地截获，使成分与杂质分离，达到纯化的目的。其可用于分离活体高分子物质、过滤性病毒及细胞，或用于特异相互作用的研究以及药物活性成分的筛选研究等，但由于柱效低、寿命短等因素，该色谱体系建立之初并未受到重视。而随着固定相性能的提高，该色谱体系经历了从低柱效到高柱效（high performance affinity chromatography，HPAC）的发展过程。HPAC 结合了经典的色谱技术和亲和作用的优势，具有分离度高、分析时间短、重复性好和结果可靠等优点。

将与目标组分可发生特异性结合的生物配基固定于不溶性的载体（固定相）上，通过湿法装柱，即可制备固定化亲和色谱柱。此时将含有目标组分的混合物通过该色谱柱，由于目标组分与固定化生物配基之间的特异性作用因而可被保留在色谱柱内，其他物质则由于未发生特异性作用进而被流动相洗脱下来，通过改变流动相的组成、温度或者加入竞争性的配体时，即可将吸附在亲和色谱柱中的目标成分洗脱下来，从而实现与其他物质在线分离的目的。其具体过程如下：①亲和色谱固定相的制备：将与待测组分可发生特异性结合的生物活性物质通过化学反应等连接在不溶性的载体上（例如硅胶、氨基微球等），进而通过湿法装柱，制备亲和色谱柱。②亲和吸附：将待测样品通过亲和色谱柱，此时待测组分即可通过高效的亲和作用，与固定相上的配基发生亲和作用，因而被保留在色谱柱中，其余未发生亲和作用的物质即可被冲出色谱柱。③解吸附：用某种缓冲液或溶液通过上述亲和柱，将发生亲和作用而保留在色谱柱中的待测成分洗脱下来，该过程即为解吸附。

亲和色谱的特点主要体现在以下几个方面：

（1）亲和色谱法是利用亲和配基与待测组分之间的特异性亲和作用，实现对样品中待测组分进行纯化或分离，因此专一性强。

（2）由于亲和色谱法同时具有色谱的高效分离能力以及功能小分子筛选功能，因此可实现复杂体系中药物小分子的特异性筛选，且分离效率高，功能性特征清晰。

（3）常用的色谱分离分析方法均适用于亲和色谱法。

（4）现有色谱方法无法体现生物活性信息，而亲和色谱技术是基于生物大分子如蛋白质、核酸等与其配体之间的高亲和作用进行待测样品分离分析的，因此可以有效地体现其生物活性信息。

随着亲和色谱技术的不断发展，其在药学、生物化学、分子生物学、临床诊断、生物工程、蛋白质组学和基因组学研究中的比重逐渐加强。依据亲和色谱固定相键合配位体的不同，可将亲和色谱法分为如表 1－2 所列的几类。然而随着色谱技术的不断发展，出现了多种新型的亲和色谱方法，其应用范围也逐渐扩大。例如免疫亲和色谱法[10]、凝集素亲和色谱法[11]、染料配基亲和色谱法[12]、核酸适配体亲和色谱法[13]、细胞膜色谱法[14]、固定化金属亲和色谱法[15]和分子印迹色谱法[15]。

表 1－2　亲和色谱法的分类

方法名称	分离机理	应用对象
生物特效亲和色谱法	利用可形成锁匙结构的不同生物分子之间的生物特效性识别功能	生物活性物质，如肽、蛋白质、核苷酸、抗体、抗原、病毒、细胞碎片
染料配位亲和色谱法	利用生物分子与三嗪或三苯甲烷染料间的特殊性相互亲和作用	核碱、核苷、核苷酸、核酸与核酸键合的蛋白质、生物酶（如脱氢酶、激酶、脂酶等）
定位金属离子亲和色谱法	利用生物分子与金属离子－有机试剂螯合物之间的特效性相互亲和作用	肽、蛋白质、核酸、生物酶
包合配位亲和色谱法	利用生物分子与环糊精（或冠醚、环芳烃）及其衍生物之间的特效性包合作用	手性氨基酸、多肽、生物酶、纤维细胞生长因子、脂蛋白及多种手性药物
电荷转移亲和色谱法	利用生物分子与卟啉（酞菁）衍生物之间的电荷和电子接收基团之间的特殊静电吸引亲和作用	氨基酸、肽、蛋白质、核苷酸
共价亲和色谱法	利用含有巯基的生物分子与含有二硫桥键的配位体之间的特殊亲和作用	含硫多肽和蛋白质，含汞多聚核苷酸
印迹分子亲和色谱法	利用生物分子与分子印迹聚合物之间的转移性分子识别作用，以实现高选择性、高效率的手性分离	氨基酸、肽、蛋白质、核苷酸、辅酶
疏水作用亲和色谱法	利用在水溶液中非极性基团之间的接触组合的亲和作用	不同的蛋白质和核酸

1）免疫亲和色谱法

免疫亲和色谱（immunoaffinity chromatography，IAC）是一种高效、简便的色谱方法，该方法主要是将抗体偶联到固定相载体表面制成亲和色谱柱，其原理是根据待测物与抗体之间有选择性和可逆的相互作用而将分析物从复杂的样品基质中分离出来。IAC 是基于免疫反应的基本原理，利用色谱的差速迁移，即可实现样品的分离分析。其核心主要为固定化特异性抗体色谱柱的制备，将抗体固定在色谱担体上，并装填至色谱柱中，即可制备获得。在进行分析时，样品中的待测组分与吸附剂上的抗体发生抗原－抗体反应进而被留在色谱柱内，未与抗体发生反应的成分即可被流动相洗脱。通过采用适当的溶剂将待测组分洗脱下来，进行下一步的分析。该方法可以大大简化分析过程，具有耗时短、分析速度快的特点。

2）凝集素亲和色谱法

凝集素亲和色谱法（lectin affinity chromatography，LAC）是将凝集素固定至色谱担体表面制备色谱固定相，由于它们能识别不同的羰基而被广泛应用于糖蛋白、糖肽、糖脂、寡糖等的分离分析中。凝集素是一种对糖蛋白上的糖类具有高度特异性地结合蛋白。该蛋白质是由 1 ~60 个官能团以线性或者分支结构排布。它不会在免疫系统中产生，也缺少酶的活性，常见的凝集素主要包括：刀豆凝集素 A、麦胚凝集素、花生凝集素、榴梿凝集素等。近年来，凝集素亲和色谱在生物化学等多个领域中均表现出一定的优势，其在天然产物活性成分筛选中的应用也得到了越来越多的重视。

3）染料配基亲和色谱法

染料配基亲和色谱法（dye ligands affinity chromatography，DLAC）是指将某些活性染料与琼脂糖等载体共价结合，得到的载体 - 染料结合物能够分离纯化许多蛋白质的方法。染料与蛋白质发生的这种相互作用类似生物大分子与其相应的生物配基之间的亲和作用。染料配位体易与多糖基质或者硅胶基质构成亲和色谱固定相，对生物分子显示出高键合容量，可在中等洗脱条件下，使生物分子按照顺序解吸附，进而获得较高的回收率。主要使用的染料配位体是三嗪类染料，此类染料分子结构与生物酶的天然底物相似，因而可通过与酶或者蛋白质的活性作用位点结合进而应用于亲和色谱中。

4）核酸适配体亲和色谱法

核酸适配体亲和色谱法（aptamer affinity chromatography，AAC）是一种新型的色谱技术，该技术将核酸适配体作为色谱固定相上的亲和配基。核酸适配体是一种寡聚核苷酸，可以特异性地识别目标物，与免疫抗体相比，在筛选制备、稳定性和应用方面都显示出独特的优势。核酸适配体通过分子内的相互作用（如氢键、碱基互补配对），可形成多种特定的空间结构，利用氢键、范德华力、碱基堆积作用等，核酸适配体可与目标分子产生特异性的结合。当核酸适配体和小分子目标物质结合时，可折叠形成一定的构象，将目标分子包裹。核酸适配体与小分子的亲和力相对较弱，其原因在于小分子与核酸适配体的作用位点有限。与蛋白质相比，核酸适配体的体积较小，当目标物质为蛋白质时，核酸适配体可嵌入到蛋白质表面的特定结合区域，进而发生相互作用。核酸适配体和蛋白质的作用力强，是由于其与蛋白质的作用位点多，同时在空间上可以形成互补的结构。核酸适配体亲和色谱法可应用于小分子、蛋白质和细胞的分离检测中。

5）固定化金属亲和色谱法

固定化金属亲和色谱法（immobilized metal affinity chromatography，IMAC）具有高

度的通用性，是一种适合磷蛋白和键合钙蛋白分离和纯化的方法。该方法将具有螯合作用的有机官能团（或有机螯合剂）键合在已偶联间隔臂不同类型的亲和色谱担体上，再与金属离子如铜离子、镍离子、锌离子、铁离子、亚铁离子、钴离子等进行结合，生成稳定的螯合物，通过螯合物中固定化的金属离子与溶液中生物分子（肽、蛋白质等）界面发生相互作用，进而实现生物分子的分离和纯化。具有螯合作用的有机官能团（常用的有二羰基甲胺、氨基丁二酸、羰基甲基化天冬氨酸等）和有机螯合剂（如亚氨基二乙酸、氨基三乙酸、8－羟基喹啉等），都可以键合到不同类型的亲和色谱担体（如硅胶、苯乙烯聚合物、多聚糖）表面，生成金属螯合固定相。IMAC 的选择性会随着螯合配位体的种类、固定化的金属离子以及洗脱模式的不同而发生改变。

6）亲和膜色谱法

亲和膜色谱法（affinity membrane chromatography，AMC）是一种将生物膜与高效液相色谱结合起来的分离方法。该方法以生物膜作为固定相，通过对其改性活化后，将其应用于待测样品的分离分析研究中。亲和膜分离过程与传统的亲和色谱法相同，即将制得的亲和膜基质如膜堆和中空纤维膜等，让待分离的样品以一定的流速通过膜，在一定的条件下，样品中的生物分子高度特异性地结合到共价偶联的配基上，然后被分离物质用一定的洗脱液有选择地洗脱下来。亲和膜介质通过再生、平衡后可重复使用。与传统的膜分离、亲和色谱法相比，该方法具有纯化倍数高、快速等特点，还容易实现规模化分离制备。

四、疏水作用色谱

疏水作用色谱（hydrophobic interaction chromatography，HIC）是采用具有适度疏水性的填料作为固定相，以含盐的水溶液作为流动相，利用溶质分子的疏水性质差异从而与固定相间疏水相互作用的强弱不同实现分离的色谱方法。

早在 1948 年由 Tiselius 提出在疏水条件下进行分离的概念，该技术真正得到发展和应用则是在 20 世纪 70 年代早期开发出一系列适合进行疏水作用色谱的固定相以后[17]。此后随着新型色谱介质的生产开发和对机理认识的逐步深入，该技术得到了广泛的应用，并且随着高效疏水作用色谱介质的出现，已将 HIC 与 HPLC 进行联用，称为高效疏水作用色谱（high performance hydrophobic interaction chromatography，HP-HIC）[18,19]。

由于疏水作用色谱的分离原理完全不同于离子交换色谱或凝胶过滤色谱等色谱技术，使得该技术与后两者经常被联合使用分离复杂的生物样品。目前该技术的主要应用领域是在蛋白质的纯化方面，现已成为分离血清蛋白、膜结合蛋白、核蛋白、受体、重组蛋白等，以及一些药物分子，甚至细胞等分离时的有效手段。

1. 疏水作用

疏水作用是一种广泛存在的相互作用，在生物系统中扮演着重要角色，它是形成球状蛋白高级结构、寡聚蛋白亚基间的结合、酶的催化和活性调节、生物体内一些小分子与蛋白质结合等生物过程的主要驱动力，同时也是磷脂和其他脂类共同形成生物膜双层结构并整合膜蛋白的基础。

根据热力学定律，当某个过程的自由能变化（ΔG）为负值时，该过程在热力学上是有利的，能够自发发生，反之则不能。而根据热力学公式

$$\Delta G = \Delta H - T\Delta S$$

式中，ΔG 是由该过程的焓变（ΔH），熵变（ΔS）和热力学温度（T）决定的。当疏水性溶质分子在水中分散时，会迫使水分子在其周围形成空穴状结构将其包裹，有序结构的形成会导致熵值减小（$\Delta S < 0$），致使 ΔG 为正值，在热力学上不利。在疏水作用发生时，疏水性溶质分子相互靠近，疏水表面积减少，相当一部分水分子从有序结构回到溶液中导致熵值增加（$\Delta S > 0$），ΔG 为负值，从而在热力学上有利。因此非极性分子间的疏水作用不同于其他的化学键，而是由自由能驱动的疏水分子相互聚集以减少其在水相中表面积的特殊作用。

2. 生物分子的疏水性

对于小分子物质，根据其极性的大小可以分为亲水性分子和疏水性分子，一般来说亲水性的小分子是很难与 HIC 介质发生作用的。但疏水作用色谱的主要对象是生物大分子如蛋白质，其亲水性或疏水性是相对的，即使是亲水性分子也会有局部疏水的区域，从而可能与 HIC 介质发生疏水作用，因此能够根据其疏水性的相对强弱不同进行分离。

以蛋白质为例，球状蛋白质在形成高级结构时，总体趋势是将疏水性氨基酸残基包裹在蛋白质分子内部而将亲水性氨基酸残基分布在分子表面。但实际上真正能完全包裹在分子内部的氨基酸侧链仅仅占总氨基酸侧链数的 20% 左右，其余均部分或完全暴露在分子表面。蛋白质表面的疏水性是由暴露在表面的疏水性氨基酸的数量和种类，以及部分肽链骨架的疏水性决定的。因而可以认为蛋白质分子表面含有很多分散在亲水区域内的疏水区（疏水补丁），它们在 HIC 分离过程中起着重要的作用。研究表明不同的球状蛋白质的疏水表面占分子表面的比例差异并不大，即使是疏水表面比例非常接近的蛋白质，其在 HIC 中的色谱行为却可能有很大的差别。造成这一现象的原因是蛋白质分子表面的不规则性，即使是球状蛋白质，其分子表面也远非平滑球面，而是粗糙且复杂的，由于空间位阻的关系，有些疏水补丁是无法与 HIC 介质发生作用的，因此蛋白质在 HIC 中的色谱行为不仅取决于分子表面疏水区的大小和疏水性的强弱，还取决于其疏水区在分子表面的分布。

3. 生物分子与疏水作用色谱介质间的作用

HIC 介质是在特定的基质如琼脂糖上连接疏水配基如烷基或芳香基团组成的。HIC 介质与具有疏水性的生物分子间的作用被认为与疏水性分子在水溶液体系中的自发聚集相同，是由熵增和自由能的变化所驱动的。盐类在疏水作用中起着非常重要的作用，高浓度盐的存在能与水分子发生强烈作用，导致可以在疏水分子周围形成空穴的水分子减少，促进了疏水性分子与色谱介质的疏水配基结合。因此在 HIC 过程中，在样品吸附阶段采用高盐浓度的溶液，使得目标分子结合在色谱柱中。而在洗脱阶段，采用降低洗脱剂中盐浓度的方式使溶质与色谱介质间的疏水作用减弱，从而从色谱柱中解吸而被洗脱下来。对于以芳香基团作为疏水配基的色谱介质来说，还存在潜在发生 π - π 作用的可能，当待分离物质表面具有芳香基时，就会表现出疏水作用和 π - π 作用的混合分离模式。

较大的生物分子与色谱介质发生结合时的情况是比较复杂的，一般来说每个分子被吸附的过程都会有 1 个以上配基的参与，换句话说，分子在色谱介质上发生的结合是多点结合。经研究发现：吸附过程是多步反应过程，其中的限速步骤并非酶与色谱介质接触的过程，而是酶在色谱介质表面发生缓慢的构象改变和重新定向的步骤。

五、分子排阻色谱

分子排阻色谱法（size exclusion chromatography，SEC）是 20 世纪 60 年代发展起来的一种色谱分离方法，又称为凝胶色谱法、尺寸排阻色谱法、凝胶过滤色谱法、分子筛色谱法等[20]。分子排阻色谱法是根据被分离样品中各组分分子大小的不同，导致其在固定相上渗透程度不同，可使组分分离。适合于分离大分子组分和组分分子量的测定。目前使用的固定相有微孔硅胶、微孔聚合物等，流动相是能够溶解样品，且能润湿固定相、黏度低的溶剂。

1. 基本原理（分子筛效应）

分子排阻色谱是根据溶质分子大小的不同及分子筛效应而进行分离的。图 1 - 12 为分子排阻色谱示意图。在一根长的玻璃柱中填充用适当溶剂溶胀的凝胶颗粒，这些凝胶颗粒内部充满着孔隙，孔隙大小不一，孔径有一定的范围。将几种分子大小不同的混合溶液加到色谱柱顶部，然后用溶剂进行洗脱。此时溶液中分子量大的溶质组分完全不能进入凝胶颗粒内的孔隙中，只能经过凝胶颗粒之间的孔隙随溶剂移动，当流完自由空间后就从柱的下端流出。而分子量小的组分，可渗入凝胶颗粒的内孔隙中，因此在流完自由空间和全部凝胶颗粒的内孔隙之后，才从柱的下端流出。介于大、小分子中间的组分，只能进入一部分颗粒内较大的孔隙，洗脱时此组分是流过全部自由空间加上它能进入的颗粒的孔隙。由此可见，在这一色谱柱的洗脱过程中，大分子的

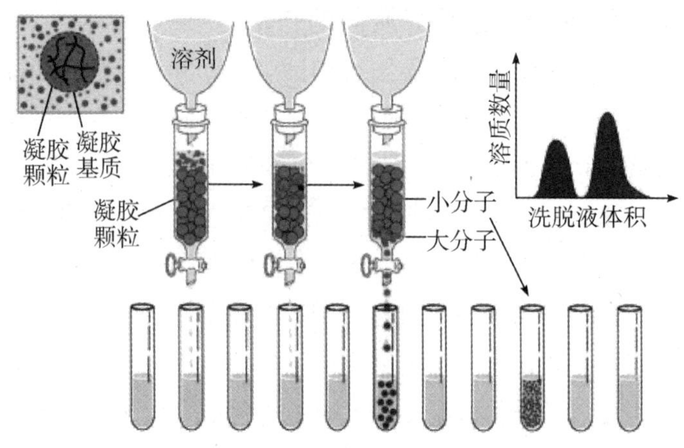

图 1－12 分子排阻色谱示意图

流程短、移动速度快，先流出色谱柱；小分子的流程长、移动速度慢，后流出色谱柱；而分子量中等的分子则居两者之间。这种现象叫分子筛效应。多孔性的凝胶就是分子筛。各种凝胶的孔隙大小分布有一个范围，有最大极限和最小极限。分子直径比最大孔隙直径大的，这种分子就全部被排阻在凝胶颗粒以外，此情况叫作全排出。两种或两种以上这样的分子即使大小不同，也不能有分离效果。直径比最小孔隙直径小的分子能进入凝胶颗粒的全部孔隙，如果两种或两种以上这样的小分子都能进入全部孔隙，它们即使分子大小不同，也无分离效果。而某些分子大小适中，能进入凝胶颗粒孔隙中孔径大小相应部分，进入的部分因分子大小各异，利用分子筛效应，这些大小不同的分子就能进行分离。

2. 分配系数

色谱方程 $V_R = V_m + KV_s$ 同样适用于分子排阻色谱。在分子排阻色谱中，以凝胶颗粒孔隙内的液相作为固定相的，其体积用 V_i 来表示，称之为内水体积；而以凝胶颗粒之间的液体作为流动相，其体积用 V_0 来表示，称之为外水体积，因此保留体积 $V_R = V_0 + KV_i$。如果溶质分子足够小，能自由进出凝胶颗粒内部，且对凝胶的内水和外水亲和力相等，此时 $K = 1$，洗脱体积就等于外水体积和内水体积之和，即 $V_R = V_0 + V_i$。如果溶质分子足够大，以致完全排阻于凝胶颗粒之外，此时 $K = 0$，洗脱体积就等于外水体积，即 $V_R = V_0$。在通常的工作范围内，对一切溶质来说，分配系数 K 是一个常数（$0 \leqslant K \leqslant 1$）。当 $K = 0$ 时，分子洗脱体积等于外部溶剂的体积，即 $V_R = V_0$；$K = 1$ 时，$V_R = V_0 + V_i$。因此，在 V_0 和 $V_0 + V_i$ 之间一切分子均可洗脱，如图 1－13 所示。

尺寸排阻色谱常用的固定相分无机凝胶和有机凝胶两大类。

（1）无机凝胶：又称硬质凝胶。是具有一定孔径范围的多孔性凝胶，如多孔硅胶、多孔玻璃珠等，此类凝胶具有化学惰性、稳定性及机械强度好、耐高温、使用寿命长等优点，但装柱时易碎、不易装紧、柱效较低。

（2）有机凝胶：又称半硬质凝胶。如苯乙烯二乙烯苯交联共聚物凝胶，适用于有机溶剂作流动相，能耐较高压力、有一定可压缩性、填充紧密、柱效较高，但在有机溶剂中有轻度膨胀。新型凝胶色谱填料，克服了传统软填料的一些弱点，粒度细、机械强度高、分离速度快、效果好，特别是无机填料表面键合亲水性单分子层或多层覆盖的单糖或多糖型等填料广泛用于生物大分子的分离。

尺寸排阻色谱流动相：从样品的溶解性考虑，流动相应与凝胶本身有相似性，黏度低，与样品的折光率相差大；能润湿凝胶，防止吸附作用。

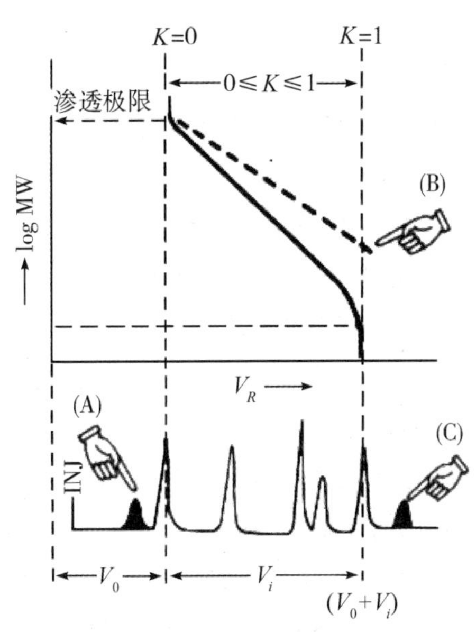

图 1－13　分子排阻色谱洗脱顺序示意图

常用的流动相有四氢呋喃、甲苯、N，N－二甲基甲酸胺、三氯甲烷（凝胶渗透色谱）、水（凝胶过滤色谱）等。该色谱体系可用于分离相对分子质量大的分子，如蛋白质、核酸等。

六、离子色谱

离子色谱（ion chromatography，IC）可分为抑制型离子色谱法（双柱型）和非抑制型离子色谱法（单柱型）两大类。离子色谱法可用于分析无机与有机阴、阳离子，还可以分析氨基酸、糖类或 DNA、RNA 的水解产物等。

以分析阳离子 M^+ 为例，采用抑制型离子色谱法进行检测，其原理如下：用两根离子交换柱，一根为分离柱，填有低交换容量的 H^+ 型阳离子交换剂；另一根为抑制柱，填有高交换容量的 OH^- 型阴离子交换剂，两根色谱柱串联，用稀酸溶液作为流动相。当样品流经分离柱分离后，随流动相进入抑制柱。在两根柱上的反应如下：

分离柱：交换反应 $R-H+MX \rightarrow R-M+HX$

洗脱反应：$R-M+HNO_3 \rightarrow R-H+MNO_3$

抑制柱：$R-OH+HNO_3 \rightarrow R-NO_3+H_2O$

$R-OH+HX \rightarrow R-X+H_2O$

检测反应：$R-OH+MNO_3 \rightarrow R-NO_3+MOH$

由反应可知，经抑制柱后，一方面将大量酸转变为电导很小的水，消除了流动相本底电导的影响。同时，又将样品阳离子 M^+ 转变成相应的碱，提高了所测阳离子电导的检测灵敏度。对于阴离子样品也有相似的原理。

在非抑制型离子色谱中，分离柱用低容量的离子交换剂，进入检测器的有洗脱液和被分离的组分，为了提高信噪比，常使用浓度很低、电导率很低的洗脱液。

应用实例

1）高效液相色谱法分析消炎退热颗粒中多个成分

建立了消炎退热颗粒的高效液相色谱指纹图谱方法，并对其多成分进行了同时测定，评价了其质量。

色谱条件：Agilent 1260 系列高效液相色谱仪。色谱柱为 Waters Atlantis T3 C_{18}（4.6mm×250mm，5μm），以乙腈（A）-0.2%磷酸（B）溶液作为流动相进行梯度洗脱，流速为1.0mL/min。梯度洗脱（0~15min，5%A→10%A；15~30min，10%A→20%A；30~45min，20%A→25%A；40~50min，25%A→45%A；50~60min，45%A→60%A；60~61min，60%A→5%A；61~65min，5%A）；柱温30℃；检测波长为330nm（0~50min）、252nm（50~65min）；进样量：10μL，见图1-14。

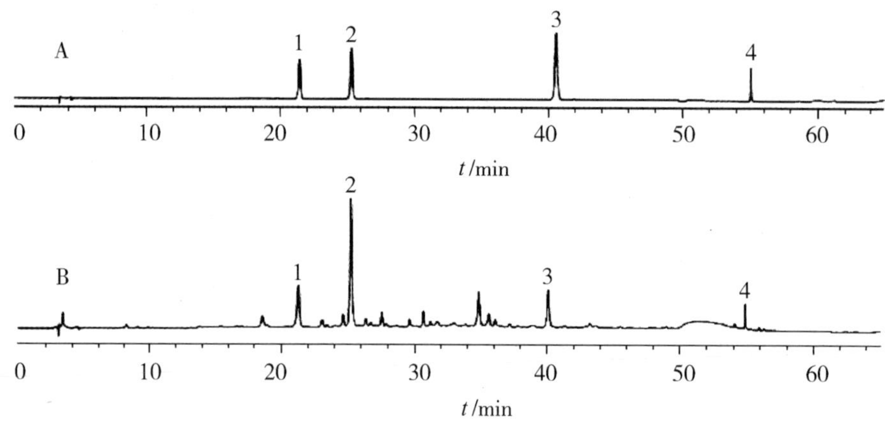

图1-14　消炎退热颗粒色谱图[21]

（A. 混合对照品；B. 供试品。1. 单咖啡酰酒石酸；2. 秦皮乙素；3. 菊苣酸；4. 甘草酸）

2）水中苯胺类药物的分析

建立固相萃取/高效液相色谱法检测水中5种苯胺类化合物，并对其高效液相色谱检测分析条件进行优化。

色谱条件：Waters2695 型高效液相色谱仪。Cosmosil C_{18}色谱柱（4.6mm×250mm，5μm）。紫外全波长扫描200~400nm，流速1mL/min，进样量20μL，色谱柱温27℃，甲醇∶水=30∶70（v∶v）等度洗脱16min，洗脱梯度变为甲醇∶水=60∶40（v∶v）等度洗脱16min，见图1-15。

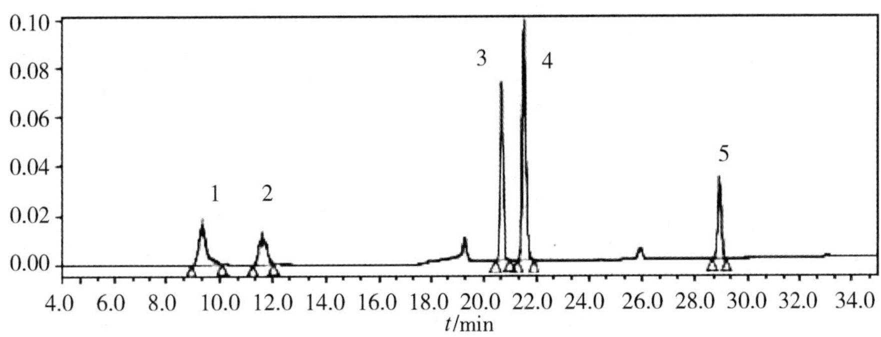

图 1－15　苯胺类化合物的色谱图[22]

（1. 苯胺；2. 对硝基苯胺；3. 2，4－二硝基苯胺；4. 3，5－二硝基苯胺；5. 2，6－二氯－4，硝基苯胺）

§1－4　受体色谱法

受体色谱（receptor chromatography，RC）是西北大学郑晓晖教授和赵新锋教授提出的一种新型色谱技术。该技术是将药物体内作用的靶点（受体蛋白）固定在色谱担体（硅胶、聚苯乙烯微球、凝胶）表面，建立固定化受体色谱模型，该模型可应用于复杂体系中药物活性成分靶向高效筛选研究或者药物小分子－固定化受体相互作用研究。经过 10 余年的发展，针对心血管系统疾病、呼吸系统疾病等重大慢性非传染性疾病，发展了固定化 α_1－肾上腺素受体（α_1-adrenergic receptor，α_1-AR）、血管紧张素 II 受体 1 型和 2 型受体（angiotensin II type I /II receptor，AT_1R 和 AT_2R）、内皮素受体（endothelin receptor tA/B，ET_A 和 ET_B）、β_2－肾上腺素受体（β_2-adrenergic receptor，β_2-AR）、5－羟色胺受体（5-serotonin receptor，5-HTR）等 10 余种色谱模型[23－30]。采用上述色谱模型，开展了系列受体固定化方法学研究和固定化受体－药物小分子相互作用精准分析方法学研究。在此基础上，将所建立的固定化受体色谱模型应用于中药等复杂体系中药物活性成分靶向筛选研究，为阐明中药的药效物质基础及作用机制提供了借鉴。大量实验结果表明，所建立的固定化受体色谱模型将体内受体识别药物的高特异性和液相色谱的高分离能力有效地结合在一起，因此具有特异性强、重复性高、分析速度快且药性特征清晰等优点。

一、受体色谱的内涵及外延

1. 受体药理学

受体（receptor）是指能与细胞外特定信号分子（如激素、神经递质、药物等）发生特异性结合并能够引起细胞功能变化的生物大分子。根据受体在细胞中所处的位置不同，可将其分为细胞膜受体、胞浆受体和细胞内受体 3 大类。细胞膜受体通常存在于细胞膜表面，一般由胞外域、跨膜区和胞内域 3 部分构成，如胆碱受体、肾上腺素受体、阿片受体、多巴胺受体等。胞浆受体则是指位于细胞的胞浆内，如肾上腺素皮质激素受体、性激素受体等。而细胞内受体则以核受体等为例，主要是指可与脂溶性的物质如固醇类激素等进行特异性结合，进而调控特定基因的转录，启动一系列生化反应，最终导致靶细胞产生生物效应。此外，根据受体的结构和功能，可将受体分为离子通道受体（ion channel receptor，ICR）、G 蛋白偶联受体（G protein coupled receptor，GPCR）等，大多数胞外配体都是通过与膜受体发生作用进而引起细胞内信号转导而发挥作用。

一般而言，受体本身至少含有两个活性部位：一个是识别配体的结合活性部位；另一个是负责产生应答反应的功能活性部位。功能活性部位只有在与配体结合形成复合物进而诱导产生一定的构象变化后产生应答反应，从而引起系列生化反应。结合活性部位是配体与受体以非共价键（氢键、范德华力和疏水作用力）识别受体特异性可逆结合区域。受体在与药物配体等结合时，具有饱和性、高亲和性、专一性、可逆性等特性。当受体与配体结合后，受体蛋白的构型发生变化，通过细胞内信号转导系统产生级联式信号反应，将药物配体携带的信息传递给下游效应器，即可形成应答反应。当受体与其药物配体等特异性识别之后，可将识别和接收的信号，准确无误地放大并传递到细胞内部，从而启动一系列胞内信号级联反应，最后导致特定的细胞生物效应。由于受体结构的不同，接收的信号就不同，所引起的细胞内变化就不一样。受体的跨膜信息传递机制大部分为配体与受体结合后改变离子通道的活性、G 蛋白介导的跨膜信号转导、酪氨酸激酶介导的信号转导、非受体酪氨酸激酶蛋白激酶信号转导、受体鸟苷酸环化酶信号转导、核受体信号转导等有关。因此，膜受体是药物作用的主要研究热点。

2. 受体色谱

G－蛋白偶联受体是人体内最大一类细胞膜表面受体，现已包括超过 800 种，介导了多种重要生理功能，是药物发挥药效的主要靶点。目前已上市的药物中，有超过 50% 的药物是以 GPCR 为作用靶点起效的[31]。当药物进入机体，与该类受体进行特异性识别并结合，进而启动级联式信号转导活性是药物发挥药效的首要步骤。受体色谱技术就是在分析药物分子体内作用的基础上，发现其吸收、代谢与排泄过程类似于高效液相色谱技术中固定相对于溶质分子的吸附－解吸附行为，据此提出了受体色谱概念（图 1－16）。其本质是受体蛋白对于药物的特异性识别功能，与传统色谱技术相比，由于该模型将受体蛋白键合在色谱担体表面，因此具有较高的柱效；固定化受体蛋白稳定性好，可以重复使用，对于来源稀有的蛋白质而言具有重要意义；筛选准确度高，可有效避免传统药物活性成分筛选准确度低的不足；此外，该模型由于兼具液相色谱的高效分离能力和体内药物靶点识别药物分子的高特异性，因此具有药物分子识别特异性强、药性特征清晰等特点。其外延主要体现在采用固定化受体色谱模型可实现任意一种靶蛋白、DNA 等生物大分子的固定化，因而可将该模型拓展至其他生物色谱模型中，为实现复杂体系中药物活性成分的高特异性、高靶向性筛选提供了参考。

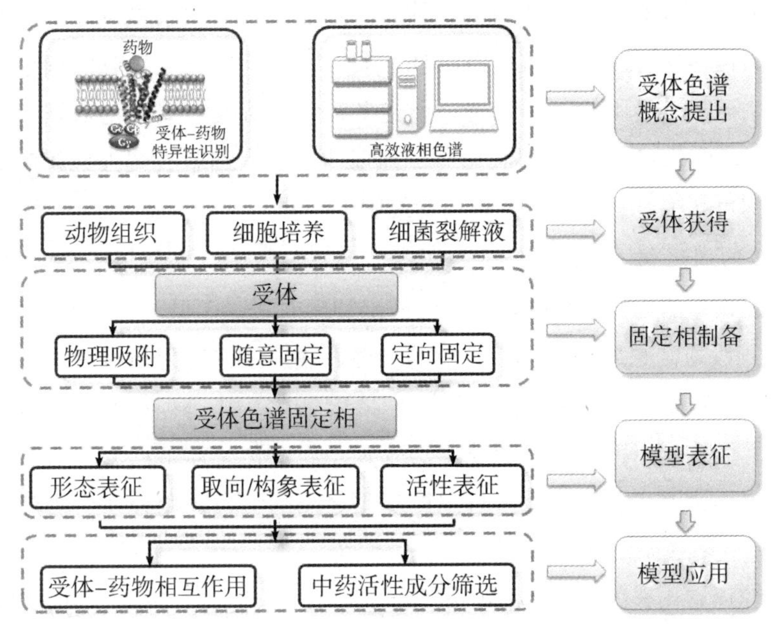

图 1－16　受体色谱模型构建路线图

二、受体色谱模型的建立及应用

1. 受体色谱固定相的制备与表征

1）受体的获得

目标受体蛋白的获得主要包括以下 3 种途径：

（1）通过在相应组织中获得目标受体。例如 β_2－肾上腺素受体（β_2-AR）的获得。众所周知，β_2-AR 具有 7 次跨膜结构，属于 G 蛋白偶联受体家族的成员之一。该受体主要分布在气管、肺部等组织中，具有扩张支气管和舒张血管等作用，常被作为止咳平喘类药物发挥药效的主要靶体。根据 β_2-AR 的分布部位，将实验动物处死后，取其肺组织，加入匀浆剂（如磷酸盐缓冲液或其他缓冲试剂）对其进行研磨，离心获得粗膜制品，向其中加入酶抑制剂、细胞裂解液等对细胞进行裂解，经柱色谱法分离后即可获得含有大量 β_2-AR 的溶液。

（2）通过细胞培养获得目标受体。以 α_{1A}－肾上腺素受体（α_{1A}-AR）为例，构建 α_{1A}-AR 全长 cDNA 质粒，通过将其转染至 HEK293 细胞，诱导目标受体稳定持续表达，待细胞生长状态良好时，用磷酸盐缓冲液冲洗所培养的细胞，向其中加入胰蛋白酶溶液，反复摇晃使细胞从瓶壁上脱落，制成细胞悬浮液，离心后弃上清，沉淀为细胞。向沉淀中加入培养液，反复吹打制成悬浮液，收集细胞悬浮液，通过加入细胞裂解液等即可获得含有目标受体蛋白的细胞悬浮液。

（3）通过基因工程技术获得目标受体。采用双位点酶切法将目标受体蛋白基因重组至质粒中，构建含有目标受体蛋白的环状质粒，将其转染至大肠杆菌菌株中，加入抗生素对所构建的重组质粒进行筛选，通过平板划线法获得单菌落菌株，经诱导表达后，当 OD 值达到 0.4 ~0.6 时回收菌体。向菌体中加入细胞裂解液，超声法对其进行破碎处理，即可获得含有目标受体蛋白的细胞悬浮液。

2）受体的固定化

受体固定化方法包括物理吸附、随意固定和定向固定 3 类。

（1）物理吸附法是最常用、最简便的一种方法，该方法无须对固体基质进行特殊处理，经过混匀吸附即可实现目标受体蛋白的固定化，其过程耗时短、效率高、蛋白质固载量大且可重复使用。但长期使用后发现，固定化受体蛋白易于流失，使得活性位点损失大，其原因在于受体蛋白与固体基质之间的结合作用较弱，当经过流动相的长期冲洗之后，容易流失。

（2）随意固定化方法就是利用蛋白质自身的氨基、羧基、巯基等功能性基团，将蛋白质固定至固体基质表面，其本质是一种共价反应，因此具有反应效率高、固定化蛋白质稳定性好的特点。但是由于蛋白质中的活性反应位点较多，采用该方法实现固定化时，无法保证固定化蛋白质所处的构象一致，因此，也会造成目标受体蛋白活性位点损失大。

（3）定向固定化方法一般是将聚组氨酸、谷胱甘肽 S－转移酶、链霉亲和素等分子以标签的形式重组表达至目标受体蛋白的非活性末端。经过诱导表达，即可获得含有上述标签的融合受体蛋白，将融合受体蛋白与其特异性反应底物修饰的固体基质进行反应后，即可实现目标受体蛋白的固定化。大量实验证明：采用该方法可有效实现目标受体蛋白的固定化，且避免了固定化受体的活性位点损失的不足。然而，采用该方法时，仍使得目标受体蛋白的键合率低，固定化受体蛋白构象不一致，且药物配体与固定化受体的结合易饱和等，使得色谱检测灵敏度较差，测定结果不准确。

近年来也逐渐发展了一系列新型目标受体蛋白的固定化方法，如基于生物正交反应，通过基因工程技术将生物体内的特异性催化酶［如 O^6 烷基鸟嘌呤 DNA 甲基转移酶（SNAP）和脱卤素酶（Halo）］分别融合至目标受体的非活性末端，将与上述酶发生特异性反应的底物（如苄基鸟嘌呤衍生物或者卤代烷）修饰至硅胶等固体基质表面，经过上述酶的特异性甲基转移反应或脱卤素反应，即可将目标受体蛋白定向固载于固体基质表面，进而建立一种高特异性、高稳定性和高活性的单层均质受体蛋白一步固定化方法[32,33]。由于酶与其底物之间的反应特异性很强，可直接将目标受体蛋白从细胞裂解液中以共价键的形式捕获至色谱担体表面，可有效降低传统三步柱色谱法分离纯化目标受体蛋白所带来的活性位点减少的问题，因而能最大限度地确保固定化受体的原始生物活性。该类方法具有反应活性高、特异性强、反应速度快等独特优势，为其他目标受体蛋白的固定化提供了方法学借鉴。

3）受体色谱柱的制备

取上述固定化受体蛋白色谱固定相适量，采用湿法装柱，装柱时顶替液和匀浆液均采用缓冲溶液，时长为40min，装柱时压力不超过 400×10^5Pa（400bar）。

4）受体色谱固定相的表征

形貌表征：采用扫描电子显微镜技术对固定化受体进行表征，由图 1－17 可见，目标受体已固定至微球表面。

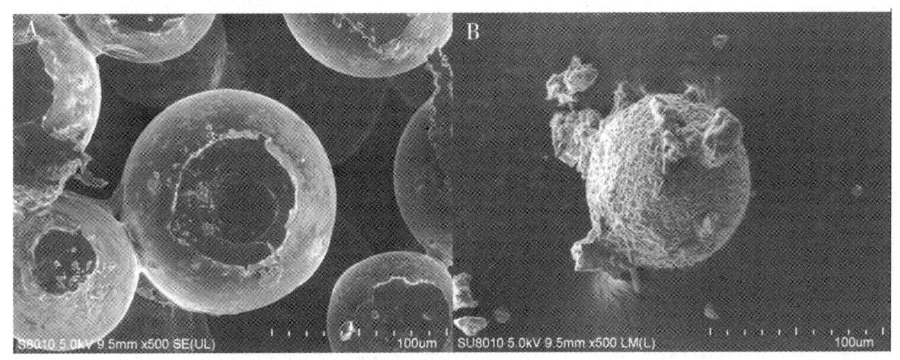

图 1－17　固定化 β_2-AR 扫描电子显微镜图

（A. 空白微球；B. 固定化受体微球）

取向及构象表征：采用激光共聚焦显微镜对固定化受体的取向及构象进行表征，以 Cy5 马来酰亚胺荧光染料为探针，以荧光信号强度为指标，由图 1－18 可见，特异性药物配体可诱导固定化受体的构象发生改变。

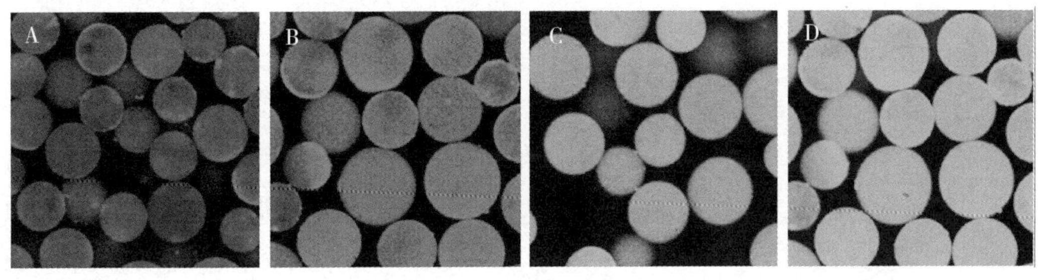

图 1－18　固定化 β_2-AR 激光共聚焦表征图

（A. 空白微球；B. 卡拉洛尔诱导后固定化 β_2-AR 微球；C. 沙丁胺醇诱导后固定化 β_2-AR 微球；D. 肾上腺素诱导后固定化 β_2-AR 微球）

活性表征：采用受体的激动剂、部分激动剂、拮抗剂等工具药，研究固定化受体对上述不同药物的识别活性，以确保固定化受体色谱模型已成功构建（图 1－19）。

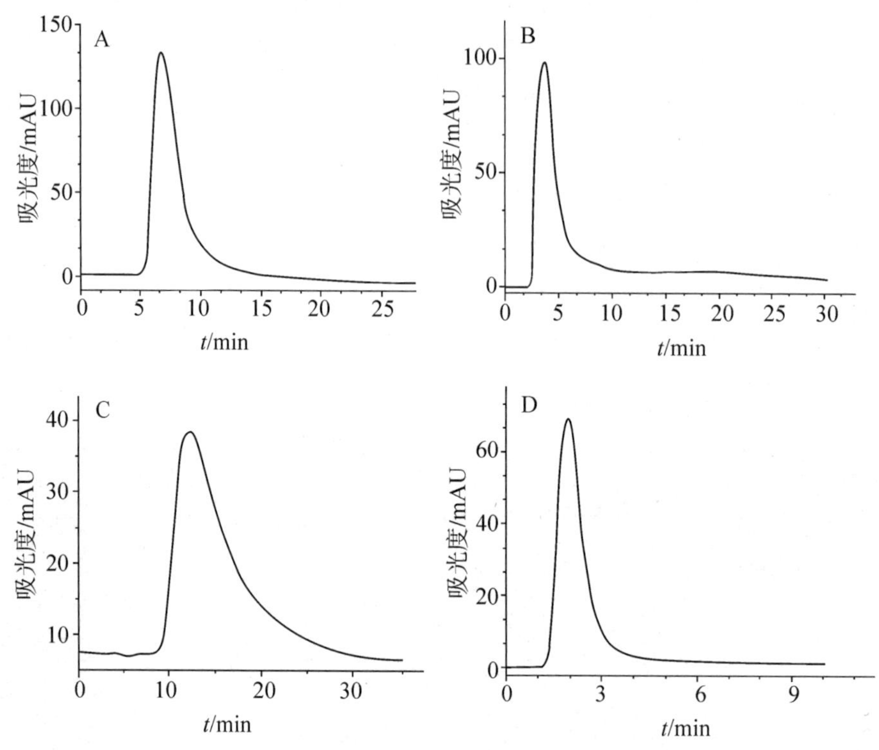

图 1－19　固定化 β_2-AR 特异性配体识别色谱图

（A. 甲氧那明；B. 沙丁胺醇；C. 妥洛特罗；D. 亚硝酸钠）

2. 固定化受体色谱模型的应用

受体色谱概念提出至今已有 10 余年时间，在此期间，围绕其应用主要开展了两个方面的工作：①固定化受体－药物相互作用研究；②复杂体系药物活性成分靶向筛选研究。这两类方法均证明了受体色谱方法的可靠性与可操作性，为药物活性成分成药性评价提供了参考。

1）受体－药物相互作用研究

（1）经典前沿分析法。受体色谱属于亲和色谱法的一个分支。因此，在亲和色谱体系中研究蛋白质－药物相互作用的经典方法如前沿分析法也同样适用于受体色谱的研究中。前沿分析法（frontal analysis，FA）是将不同浓度的待测样品作为药物配体置于流动相中，使该流动相连续不断地通过受体色谱柱。当待测样品与固定化受体进行结合时，固定相上受体的结合位点逐渐饱和，致使流出色谱柱的样品不断增多从而形成一条突破曲线（图 1－20）。突破曲线的形状和位置与固定化受体的结合位点数目、流动相中待测样品的浓度以及受体－配体发生相互作用的强度有关。当流动相中待测样品的浓度逐渐增加时，根据突破曲线中出现拐点时对应的时间随流动相中分析物浓度的变化情况，经过计算可获得待测样品在固定化受体上的特异性作用位点数、结合常数等相互作用参数。目前，已有大量实验研究证实了此方法同样适用于固定化受体蛋白－药物相互作用研究。此外，将上述研究结果与放射性免疫配体法所得研究结果进行对比，发现结果一致，再次证明了固定化受体色谱模型可应用于受体蛋白－药物的相互作用研究。

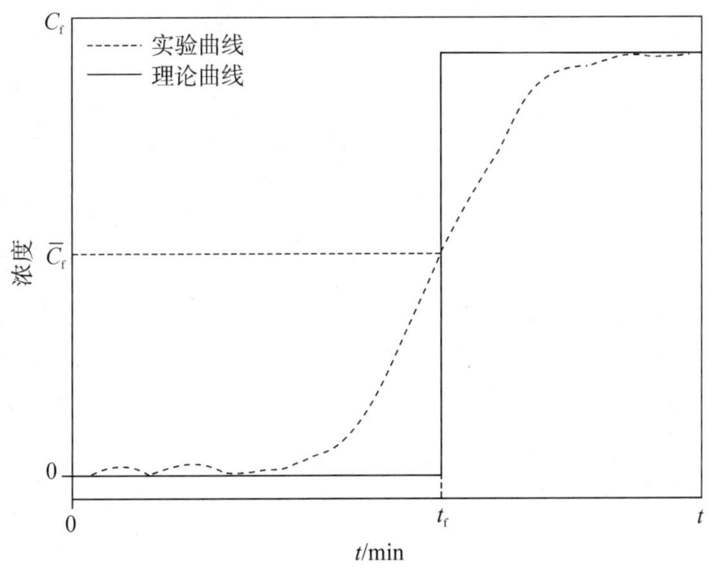

图 1－20　前沿色谱分析示意图

（2）竞争置换法。竞争置换法（zonal elution，ZE）是在经典前沿分析法的基础上，向色谱体系注入进样溶质，进而通过进样溶质和容量因子与流动相中竞争剂浓度间的线性关系，计算获得固定化受体蛋白与药物之间发生相互作用的结合参数。当进样溶质为稀溶液，且进样溶质与流动相仅竞争蛋白质上的同一类结合位点，进样溶质与流动相相同时，则为自身竞争，此时通过下述公式计算：

$$\frac{1}{\sqrt{k'}}=\frac{K_A}{\sqrt{K_A m_L}}[A]+\frac{1}{\sqrt{K_A m_L}}$$

式中，［A］表示进样溶质的浓度；k'为进样溶质的容量因子；m_L 表示进样溶质与固定化受体蛋白之间的结合位点浓度。

由公式可知，流动相中配体浓度与$\frac{1}{\sqrt{k'}}$呈线性关系，由直线截距和斜率可得配体与蛋白质的结合常数（K_A）和结合位点浓度（m_L）。当进样溶质在固定化受体蛋白上存在两类结合位点，但流动相仅竞争结合其中一类时，进样溶质的浓度与 k'的关系可用下述公式进行计算：

$$\frac{1}{k'}=\frac{(1+K_{A1}[A]+K_{A1}K_{A2}[A]^2)^2}{m_L(K_{A1}+2K_{A1}K_{A2}[A])}$$

式中，K_{A1}和K_{A2}分别为进样溶质在固定化受体蛋白上第一类和第二类结合位点的结合常数。

当流动相中竞争剂与样品溶质不同时，作用过程为直接竞争，流动相的浓度与容量因子间的关系式可描述为

$$\frac{1}{k'-X}=\frac{V_m K_I[I]}{K_A m_L}+\frac{V_m}{K_A m_L}$$

式中，[I] 为流动相中竞争剂的浓度；X 为非特异性吸附所产生的容量因子；K_A 为进样溶质与固定化受体蛋白的结合常数；K_I 为竞争剂与固定化受体蛋白的结合常数。

（3）直接进样法。由于前沿分析法存在分析时间长、药物配体消耗大的不足，基于药物进样量与容量因子间的关系，得到直接进样法（injection amount dependent method，IADM）数学模型。该模型假设：所使用的受体色谱柱是一个整体，固定化受体的活性位点在固定相表面均匀分布，吸附和解离在色谱柱内可以瞬间达到平衡，且纵向扩散和动力学因素可忽略。此时，当药物在蛋白质表面只存在一类结合位点，药物（A）与蛋白质（P）作用的结合常数可表述为

$$K_A=\frac{[AP]}{[A]\cdot[P]}$$

蛋白质表面的结合位点总数为

$$[A]\cdot\{S\}+[AP]\cdot\{S\}=n_t$$

式中，[A] 为流动相中药物浓度；[AP] 为药物－蛋白复合物浓度；{S} 为固定相表面积，n_t为结合位点总数。将上述公式重排，可得

$$[A]=\frac{n_t}{\{S\}}-[AP]$$

将上述公式合并，可得

$$\frac{[AP]}{[P]}=\frac{K_A\cdot\frac{n_t}{\{S\}}}{1+K_A\cdot[P]}$$

色谱柱系统容量因子 k'可描述为

$$k'=\frac{n_s}{n_m}=\frac{[AP]\cdot\{S\}}{[P]\cdot V_m}=\frac{[AP]}{[P]}\cdot\frac{\{S\}}{V_m}$$

其中，n_s 和 n_m 分别为固定相和流动相中药物的物质的量，V_m 为色谱柱死体积。

合并上述公式即得

$$k' = \frac{K_A \cdot \frac{n_t}{V_m}}{1 + K_A \cdot [A]}$$

根据质量守恒定律，进样药物的物质的量为

$$[A] \cdot V_m + [AP] \cdot \{S\} = n_I$$

将公式进行重排，可得公式

$$V_m + \{S\} \cdot \frac{[AP]}{[A]} = \frac{n_I}{[A]}$$

将公式重排后，可得

$$K_A V_m \cdot [A]^2 + [K_A(n_t - n_I) + V_m] \cdot [A] - n_I = 0$$

将上述公式整合后，可得

$$\frac{k' n_I}{1 + k'} = n_t - \frac{1}{K_A} \cdot k' V_m$$

其中，V_m 已知；$k' = \frac{t_R - t_0}{t_0}$；$t_R$ 和 t_0 分别为保留时间和色谱系统死时间。对 k' 和 $\frac{k' n_I}{1 + k'}$ 进行线性回归，由直线斜率和截距可得固定化蛋白与药物的结合常数和结合位点数。当药物在固定化蛋白质上存在两类以上的结合位点时，k' 和 $\frac{k' n_I}{1 + k'}$ 的拟合曲线偏离直线。

由于该方法无须使用大量配体饱和色谱柱，只需要进样不同浓度的配体，即可快速分析受体－配体的相互作用，进而获得其相互作用参数，因此适用于制备困难或价格昂贵的配体分析。

（4）非线性色谱法。在研究受体蛋白－药物之间的相互作用时，发现热力学参数对于揭示受体蛋白与药物结合的可能性贡献较大，然而对于研究药物配体成药的可行性而言则稍有欠缺。因此，受体蛋白－药物相互作用的动力学参数测定对于药物配体的成药性而言意义重大。前述方法均在测定受体蛋白与药物配体发生相互作用的热力学参数方面具有重要的意义，但未能给出药物配体成药性方面的测定参数。非线性色谱法（nonliner chromatography，NC）是一种非理想条件下的色谱系统方程，该方程假设吸附和解吸的动力学速率是峰展宽和峰偏斜的主要原因（色散和柱外效应可以忽略不计）。在这些假设下，建立非线性色谱法的数学模型，用于解决药物受体相互作用研究中色谱峰严重拖尾的问题。

$$y = \frac{a_0}{a_3}\left[1 - \exp\left(-\frac{a_3}{a_2}\right)\right]\left[\frac{\sqrt{\frac{a_1}{x}} I_1\left(\frac{\sqrt[2]{a_1 x}}{a_2}\right)\exp\left(\frac{-x - a_1}{a_2}\right)}{1 - T\left(\frac{a_1}{a_2}, \frac{x}{a_2}\right)\left[1 - \exp\left(-\frac{a_3}{a_2}\right)\right]}\right] \quad \text{（公式 1）}$$

$$T(u,v) = \exp(-v)\int_0^a \exp(-t)I_0(\sqrt[2]{vt})\,dt \qquad \text{（公式 2）}$$

式中，y 代表归一化吸收信号强度；x 是调整保留时间；I_0 和 I_1 是调整贝尔塞函数。公式 2 为色谱柱超载时的转换函数。a_0、a_1、a_2 和 a_3 分别为峰面积参数、动力学容量因子参数、峰展宽参数和峰变形参数。其中配体与蛋白的解离速率常数 k_d 可由 a_2 获得，用公式表示为 $a_2 = 1/k_d t_0$；$a_3 = K_A C_0$，由 a_3 可得配体与蛋白质的平衡常数 K_A。

由于该方法不仅可获得受体蛋白－药物发生相互作用的动力学参数，同时也可获得二者发生相互作用的热力学参数，由于其不需用配体饱和色谱柱，能有效弥补前沿分析等方法分析时间长和药物用量大等方面的不足，因此已发展成为一种高效的受体蛋白－药物相互作用参数测定方法。

（5）吸附能量分布模型。为了对受体蛋白与药物配体之间的相互作用进行精准分析，将吸附能量分布模型（adsorption energy distribution，AED）引入至受体蛋白与药物的相互作用中，利用系统的 AED 计算，对直接前沿分析和位点特异性竞争前沿分析色谱－质谱法所获药物在 β_2-AR 色谱柱上的吸附数据进行了分析，选择正确的吸附模型。结果发现，该方法所得结果更接近于放射性配体免疫法，结果的准确性和精确度均高于竞争置换法和前沿分析法等传统的亲和色谱方法。其原因可能在于色谱固定相的改进、方法灵敏度的提高以及数学模型的优化。前沿亲和色谱与质谱检测器联用，使得药物检测限更低，能测定更广的亲和力范围。此外，药物在受体色谱柱上保留时间的变化率可用于预测药物与受体的亲和力，该策略能够可靠和准确地分析 G－蛋白偶联受体－药物相互作用，只需单次进样，即可同时鉴定竞争剂与受体的结合位点并预测竞争剂与受体亲和力大小。

2）复杂体系药物活性成分靶向筛选研究

（1）单靶点中药活性成分筛选。受体色谱技术集生物体内受体识别药物的高特异性与色谱技术的高分离能力于一体，因此具有特异性强、稳定性高、分析速度快等优点。将其应用于中药等复杂体系药物活性成分靶向筛选研究中，则有望解决现有药物活性成分筛选方法盲目性大和后期研究投入高、耗时长等不足。

以固定化 β_2-AR 色谱模型为例，对单味中药中抗哮喘活性成分进行靶向筛选。按照 2015 版《中华人民共和国药典》规定：取粉碎后的麻黄、白芥子药材粉末各 1g 置于具塞锥形瓶中，精密称定，加入 50% 甲醇 50mL，称定重量，超声处理 30min，放冷，再称定重量，用 50% 甲醇补足减失重量，摇匀，滤过，续滤液过 0.45μm 有机滤膜滤过备用，即可得不同药材提取液。

色谱条件为：色谱柱为固定化 β_2-AR 色谱柱（4.6mm × 3.0cm，8μm）；流动相：5mM 乙酸铵；流速：0.2mL/min；检测波长：210nm；进样量：10μL；柱温：25℃，收集保留色谱峰进行进一步分析（图 1－21）。

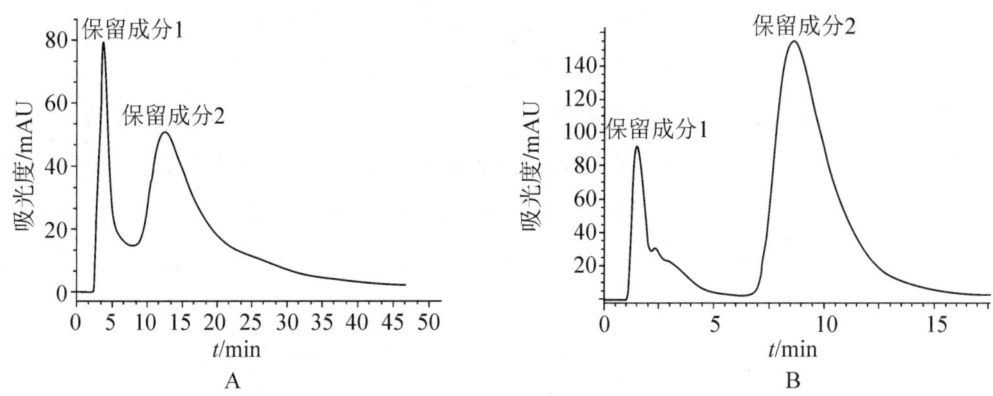

图 1－21　麻黄、白芥子 β_2－AR 活性成分靶向筛选色谱图

（A. 麻黄活性成分筛选色谱图；B. 白芥子活性成分筛选色谱图）

由图 1－21 可知，麻黄提取液和白芥子提取液均在固定化 β_2-AR 色谱柱上有色谱保留行为，如上述色谱图中的保留成分 1 和保留成分 2，分别将上述保留成分收集起来，进行分析。结果发现：保留成分 1 均为未保留性成分，保留成分 2 为提液中可与 β_2-AR 发生特异性结合的活性成分。经高效液相色谱－离子阱质谱联用分析发现，活性成分分别为麻黄碱和芥子碱。证明所建立的固定化受体色谱模型可用于中药抗哮喘活性成分分析。

此外，固定化 β_2-AR 色谱模型可应用于中药复方提取液中活性成分靶向筛选研究中。由图 1－22 可知，中药复方桔梗汤中在固定化 β_2-AR 色谱柱上出现了 3 个色谱峰，分别收集这 3 个色谱峰峰尖，经高效液相色谱－离子阱质谱鉴定后发现，保留成分 1 为未与固定化 β_2-AR 发生结合的成分，而保留成分 2 和 3 分别为桔梗皂苷 D 和芹糖甘

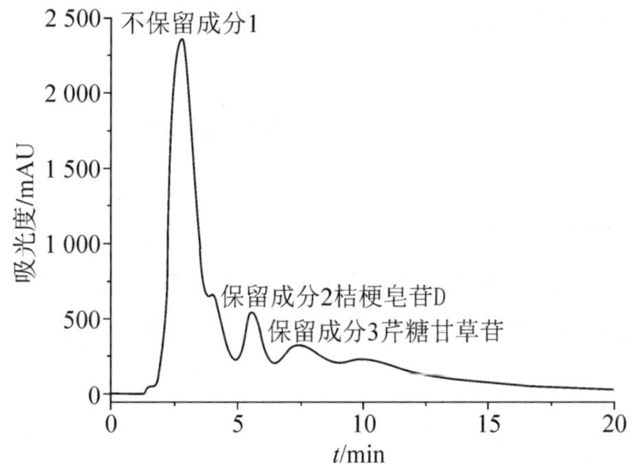

图 1－22　桔梗汤止咳平喘活性成分筛选受体色谱图

（峰 1、2、3 分别代表不保留成分、桔梗皂苷 D 和芹糖甘草苷）

草苷。该实验证明：固定化单靶点受体色谱模型可应用于中药复方中活性成分靶向筛选研究，可为其他中药等复杂体系中活性成分靶向筛选提供方法学借鉴。

（2）多靶点筛药模型。虽然采用固定化单靶点受体色谱模型可对中药复杂体系中靶向活性成分进行筛选，然而大量实验研究证实该类方法仅能发现其中的一种或一类生物分子，无法满足多种类、多靶点协同作用活性药物的筛选需求。因此，在前期研究的基础上，采用柱切换技术将不同固定化受体色谱柱进行在线联合，组建了多维受体色谱模型，见图 1－23。

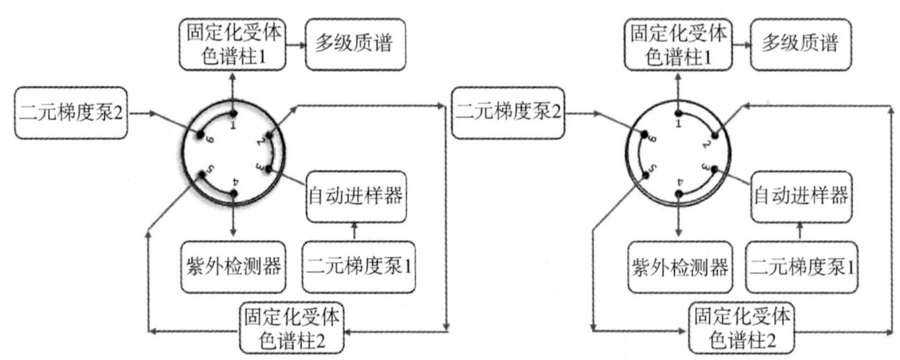

图 1－23　中药活性成分多靶点药物筛选示意图

该色谱模型相较于传统的单柱单维固定化受体色谱模型，可实现不同种类固定化受体色谱模型之间的串联，如将药物提取液进样至固定化受体色谱柱 1 之后，其不保留型成分则可以继续进入固定化受体色谱柱 2 中。经过此类受体色谱模型，可实现中药提取液多种类筛选的目的。此外，在固定化受体色谱柱 1 中保留的活性成分也可再次进入固定化受体色谱柱 2 中，实现了同时作用于受体 1 和受体 2 的活性成分，达到了多靶点药物活性成分筛选的目的。

§1－5　气相色谱法

气相色谱法（gas chromatography，GC）是采用气体作为流动相的一种色谱法。在此法中，载气（不与被测物发生相互作用，仅用来载送试样的惰性气体，如氢、氮等）载着欲分离的试样通过色谱柱中的固定相，使试样中各组分分离，然后分别检测。

气相色谱法可按照如下不同的方式进行分类：据所用的固定相不同可分为：气－固色谱、气－液色谱。按色谱分离的原理可分为：吸附色谱和分配色谱。据所用的色谱柱内径不同则可分为：填充柱色谱和毛细管柱色谱。

用气体作流动相，其优点是：气体的黏度小，在色谱柱内流动的阻力小，且扩散系数大。因此组分在两相间的传质速率快，有利于高效分离。特别是高选择性色谱柱的研制、高灵敏度检测器及微处理机的广泛应用，使气相色谱具有分离选择性好、柱效高、速度快、检测灵敏度高、试样用量少、应用范围广等特点。使之成为当代最有效的多组分混合分离分析方法之一，已广泛应用于石油化工、环境监测、医药卫生、生物化学、食品科学等领域。在药学与中药学领域已成为药物含量测定、杂质检查、中药挥发油分析、溶剂残留分析、体内药物与分析等的重要手段。

气相色谱也有一定的局限：在没有纯试样条件下，对试样中未知物的定性定量较为困难，往往需要与红外光谱、质谱等结构分析仪器联用；对沸点高、热稳定性差、腐蚀性和反应活性较强的物质，气相色谱分析也比较困难。

气相色谱简单流程如图 1－24 所示。载气由高压气瓶供给，经减压阀降压后，由气体调节阀调节到所需流速，经净化干燥管净化后得到稳定流量的载气；载气流经气化室，将气化的样品带入色谱柱进行分离。分离后的各组分先后从色谱柱内流出，进入检测器；检测器按物质的浓度或质量的变化转变为一定的响应信号，经放大后在记录仪上记录下来，得到浓度（或质量）时间曲线，即色谱流出曲线。从流出曲线可得每个峰出现的时间，进行定性分析；根据峰面积或峰高的大小，进行定量分析。由此可知，色谱柱和检测器是气相色谱仪的两个关键部件。

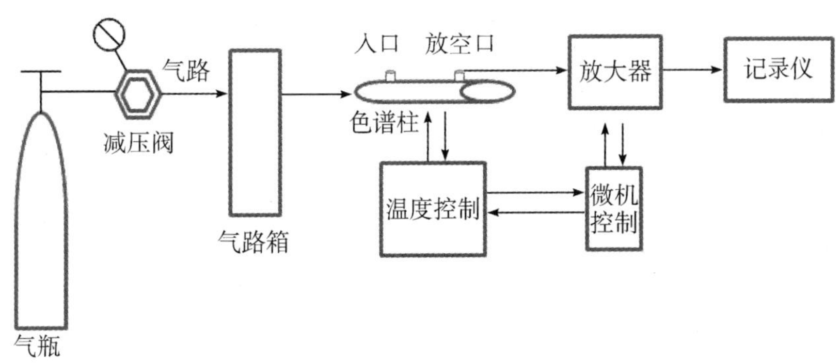

图 1－24　气相色谱流程示意图

一、气相色谱仪的组成

一般气相色谱仪由 5 个部分组成：

（1）气路系统：气源、气体净化、气体流量控制和测量装置。

（2）进样系统：进样器、汽化室和控温装置。

（3）分离系统：色谱柱、柱箱和控温装置。

（4）检测系统：检测器和控温装置。

（5）记录系统：记录仪或数据处理装置。

气相色谱仪的气路是一个载气连续运行的密闭系统，常见的气路系统有单柱单气路和双柱双气路。单柱单气路适用于恒温分析；双柱双气路适用于程序升温分析，它可以补偿由于固定液流失和载气流不稳等因素引起的检测器噪声和基线漂移气路的气密性，载气流的稳定性和测量流速的准确性的问题，对气相色谱的测定结果起着重要的作用。

1. 载气

气相色谱常用的载气为氮气、氢气和氦气等，载气的选择主要由检测器性质及分离要求决定。载气在进入色谱仪前必须经过净化处理，例如载气中若含有微量水会使聚酣类固定液解聚，载气中的氧在高温下易使极性固定液氧化，载气中水分含量更是严重影响仪器的稳定性和检测灵敏度。某些检测器除载气外还需要辅助气体，如火焰离子化和火焰光度检测器需用氢气和空气作燃气和助燃气。各气路都应有气体净化管。常用的气体净化剂为分子筛、硅胶、活性炭等。

载气流量由稳压阀或稳流阀调节控制。稳压阀有两个作用，即：①通过改变输出气压来调节气体流层的大小；②稳定输出气压恒温色谱中，整个系统阻力不变，用稳压阀便可使色谱柱入口压力稳定。在程序升温中，色谱柱内阻力不断增加，其载气流量不断减少，因此需要在稳压阀后连接一个稳流阀，以保持恒定的流量。色谱柱的载气压力（柱入口压）由压力表指示，其读数反映了柱入口压与大气压之差，柱出口压力一般为常压，柱前流量由流量计指示，柱后流量必要时可用皂膜流量计测量。

2. 进样系统

液体样品在进柱前必须在汽化室内变成蒸气，汽化室由绕有加热丝的金属块制成，温控范围在 50 ~ 500℃，汽化室要求热容量大，使样品能够瞬间汽化，并要求死体积小。对易受金属表面影响而发生催化、分解或异构化现象的样品，可在汽化室通道内置一个玻璃插管，避免样品直接与金属接触。

液体样品的进样通常采用微量注射器，气体样品的进样通常采用医用注射器或六通阀。

3. 分离系统

色谱柱是色谱仪的心脏，安装在温控的柱室内，色谱柱有填充柱和开管柱（亦称毛细管柱）两大类。

填充柱用不锈钢或玻璃等材料制成，根据分析要求填充合适的固定相。填充柱制备简单，对于气 - 液色谱填充柱，制备时可以根据固定液与载体的合适配比（通常为 5% ~20%），称取一定量固定液，并溶解于合适的有机溶剂中，然后加入定量载体混合均匀，在红外灯下烘烤，让溶剂慢慢挥发殆尽，最后将已涂布有固定液的载体填充至色谱柱内。对气－固色谱柱，只需将合适的吸附剂直接填充进柱，填充固定相时要求均匀紧密，保证良好的柱效。

开管柱用石英制成，其固定相涂布在毛细管内壁，或使某些固定相通过化学反应键合在管壁。开管柱分离效率高，对较复杂样品都采用开管柱。

4. 检测系统和记录系统

气相色谱的检测系统主要包括检测器和控温装置，主要是将检测到的信号经放大后，由记录仪记录并处理后得到色谱图，其中检测器为核心元件，其主要包括热导检测器、火焰离子化检测器（质量型）、电子捕获检测器（浓度型）、火焰光度检测器等。

二、气相色谱分离条件的选择

1. 载气及流速

1）载气对柱效的影响

主要表现在组分在载气中的扩散系数 $D_{m(g)}$ 上，它与载气分子量的平方根成反比，即同一组分在分子量较大的载气中有较小的 $D_{m(g)}$。根据速率方程

$$H=2\lambda d_p+\frac{2\gamma D_m}{u}+\frac{\omega d_p^2}{D_m}u+\frac{qk}{(1+k)^2}\frac{d_f^2}{D_s}u=A+\frac{B}{u}+C_s u$$

式中，$A=2\lambda d_p$；$B=2\gamma D_m$；$C_s=\frac{\omega d_p^2}{D_m}+\frac{qk}{(1+k)^2}\frac{d_f^2}{D_s}$。

（1）涡流扩散项与载气流速无关；

（2）当载气流速 u 较小时，分子扩散项对柱效的影响是主要的，因此选用分子量较大的载气（如 N_2、Ar）可使组分的扩散系数 $D_{m(g)}$ 较小，从而减小分子扩散的影响，提高柱效；

（3）当载气流速 u 较大时，传质阻力项对柱效的影响起主导作用，因此选用分子量较小的气体（如 H_2、He）作载气可以减小气相传质阻力，提高柱效。

2）流速（u）对柱效的影响

从速率方程可知，分子扩散项与流速成反比，传质阻力项与流速成正比，所以要使理论塔板高度 H 最小，柱效最高，必存在最佳流速。对于选定的色谱柱，在不同载气流速下测定塔板高度，作 $H-u$ 图（图 1－2）。图中曲线上的最低点，塔板高度最小，柱效最高。该点所对应的流速即为最佳载气流速。在实际分析中，为了缩短分析时间，选用的载气流速应稍高于最佳流速。

2. 固定液的配比又称液担比

从速率方程式可知，固定液的配比主要影响 $C_s u$，降低固液膜厚度 d_f，可使 $C_s u$ 减

小，从而提高柱效。但固定液用量太少，易存在活性中心，致使峰形拖尾；且会引起柱容量下降，进样量减少。在填充柱色谱中，液担比一般为5% ~25%。

3. **柱温**

气相色谱仪中的重要操作参数，主要影响来自温度 K、容量因子 k、$D_{m(g)}$、$D_{s(l)}$；从而直接影响分离效能和分析速度。柱温与 R 和 t 密切相关。提高 t，可以改善 $C_s u$，有利于提高分离度 R，缩短分析时间 t。但是提高柱温又会增加 $\frac{B}{u}$ 导致 R 降低，r_{21} 变小。但降低 t 又会使分析时间增长。

在实际分析中，应兼顾以上几方面因素，选择原则是在对难分离物质能得到良好的分离、分析时间适宜且峰形不拖尾的前提下，尽可能采用较低的柱温。同时，选用的柱温不能高于色谱柱中固定液的最高使用温度（通常低20 ~50℃）。对于沸程宽的多组分混合物可采用“程序升温法”，可以使混合物中低沸点和高沸点的组分都能获得良好的分离。

4. **汽化温度**

汽化温度的选择主要取决于待测试样的挥发性、沸点范围、稳定性等因素。汽化温度一般选在组分的沸点或稍高于其沸点，以保证试样完全汽化。对于热稳定性较差的试样，汽化温度不能过高，以防止试样分解。

5. **色谱柱长和内径**

能使待测组分达到预期的分离效果，尽可能使用较短的色谱柱。一般常用的填充柱为1 ~3m。填充色谱柱内径为3 ~4mm。

6. **进样时间和进样量**

（1）进样要迅速（塞子状）——防止色谱峰扩张。

（2）进样量要适当：在检测器灵敏度允许下，尽可能减少进样量：液体试样为0.1 ~10μL，气体试样为0.1 ~10mL。

三、气相色谱柱的分类及选择

1. **气相色谱柱的分类**

色谱柱是由柱管和固定相组成，按照柱管的粗细和固定相的填充方式分为：①填充柱；②毛细管柱。

2. **填充柱气相色谱固定相**

在影响色谱柱分离效果的诸多因素中选择适当的色谱固定相是关键。必须使待测各组分在选定的固定相上具有不同的吸附或分配，才能达到分离的目的。

1）气-液色谱（分配色谱）固定相

气-液色谱的固定相是由高沸点物质固定液和惰性担体组成。

（1）担体（或载体）。担体是一种化学惰性的多孔固体颗粒，支持固定液，表面积大，稳定性好（化学、热），颗径和孔径分布均匀；有一定的机械强度，不易破碎。

A. 担体的种类和性能。

硅藻土型：红色硅藻土担体——强度好，但表面存在活性中心，分离极性物质时色谱峰易拖尾；常用于分离非、弱极性物质。

白色硅藻土担体——表面吸附性小，但强度差，常用于分离极性物质。

非硅藻土型担体：有氟担体，适用于强极性和腐蚀性气体的分析；玻璃微球，适合于高沸点物质的分析；高分子多孔微球，既可以用作气-固色谱的吸附剂，又可以用作气-液色谱的担体。

B. 担体的预处理。除去其表面的活性中心，使之钝化。包括4种方法，分别为：酸洗法（除去碱性活性基团）；碱洗法（除去酸性活性基团）；硅烷化（消除氢键结合力）；釉化处理（使表面玻璃化、堵住微孔）。

（2）固定液——涂在担体上作固定相的主成分。

A. 对固定液的要求包括4个方面：化学稳定性好：不与担体、载气和待测组分发生反应；热稳定性好：在操作温度下呈液体状态，蒸气压低，不易流失；选择性高：分配系数K差别大；溶解性好：固定液对待测组分应有一定的溶解度。

B. 组分与固定液分子间的相互作用通常包括静电力、诱导力、色散力和氢键作用力。

在气-液色谱中，只有当组分与固定液分子间的作用力大于组分分子间的作用力，组分才能在固定液中进行分配。选择适宜的固定液使待测各组分与固定液之间的作用力有差异，才能达到彼此分离的目的。

C. 固定液的分类：固定液有400余种，常用相对极性分类。

规定强极性的β，β′-氧二丙腈的相对极性$P=100$，规定非极性的角鲨烷（异三十烷）的相对极性$P=0$；

其他固定液与它们比较，测相对极性：选一物质对正丁烷-丁二烯分别测得它们在这两种固定液及被测柱上的相对保留值q：

$$q=\log\frac{t'}{t'}$$

则，被测固定液的相对极性P_x为

$$P_x=100\ (1-\frac{q_1-q_x}{q_1-q_2})$$

q_1、q_2、q_x分别为物质对正丁烷-丁二烯在氧二丙腈、异三十烷、被测柱上的相对保留值。

把 $P=0\sim100$ 之间分为 5 级，20 为一级，以“+”表示。“+1、+2”为弱极性；“+3”为中等极性；“+4、+5”为强极性。通常把非极性固定液的相对极性以“-”表示。如阿皮松 L 级别为“-”，是非极性固定液；邻苯二甲酸壬酯级别为“+2”，是弱极性固定液。

（3）固定液的选择：一般是根据试样的性质（极性和官能团），按照“相似相溶”的原则选择适当的固定液。

具体可从以下几方面考虑：

A. 分离非极性混合物一般选用非极性固定液；组分和固定液分子间的作用力主要是色散力。试样中各组分按沸点由低到高的顺序出峰。常用的有：角鲨烷（异三十烷）、十六烷、硅油等。

B. 分离中等极性混合物一般选用中等极性固定液；组分和固定液分子间的作用力主要是色散力和诱导力。试样中各组分按沸点由低到高的顺序出峰。

C. 分离极性组分选用极性固定液；组分和固定液分子间的作用力主要是定向力。待测试样中各组分按极性由小到大的顺序出峰。例如：用极性固定液聚乙二醇-20M分析乙醛和丙烯醛时，极性较小的乙醛先出峰。

D. 分离非极性和极性（易极化）组分的混合物选用极性固定液：非极性组分先流出，极性（或易被极化）的组分后出峰。例如：采用中等极性的邻苯二甲酸二壬酯作固定液，沸点相差极小的苯（沸点 80.1℃）和环己烷（沸点为 80.8℃）可以定量分离，环己烷先出峰，若采用非极性固定液则很难使二者分离。

E. 对于能形成氢键的组分选用强极性或氢键型的固定液，如：多元醇、腈醚、酚和胺等的分离，不易形成氢键的先出峰。

2）气-固（吸附）色谱固定相——固体吸附剂

（1）活性炭：非极性吸附剂，分析低碳烃和气体及短链极性化合物。

（2）氧化铝：弱（中等）极性吸附剂，主要用于分析 $C_1\sim C_4$ 烃类及其异构体。

（3）硅胶：强极性吸附剂，常用于分析硫化物：COS、H_2S、SO_2 等。

（4）分子筛（人工合成的硅酸盐）：强极性吸附剂，用于在室温条件下使 H_2，O_2，N_2，CH_4，CO 得到良好分离。

（5）高分子多孔微球：极性和非极性吸附剂，可分析极性类，如多元醇、脂肪酸、腈类、胺类；或非极性类，如烃、醚、酮等；尤其适合分析有机物中的微量水。

四、温度控制系统

温度控制系统用于设置、控制和测量汽化室、柱室和检测室等处的温度。汽化室温度应使试样瞬间汽化但又不分解，通常选用试样的沸点或稍高于沸点的温度。对热不稳定性样品，可采用高灵敏度检测器，大大减少进样量，使汽化温度降低。检测室温度的波动影响检测器（火焰离子化检测器除外）的灵敏度或稳定性，为保证柱后流出组分不至于冷凝在检测器上，检测室温度必须比柱温高数十度，且精度要求为±0.1℃。柱室温度的变动会引起柱温的变化，从而影响柱的选择性和柱效，因此柱室的温度控制要求精确，温控方法根据需要可以恒温，也可以程序升温。

当被测样品复杂，其中的组分 k 范围过宽，而分离在恒温下进行，这往往会带来两个问题。①高沸点样品保留时间过长，色谱峰既宽又矮，使分离变坏，且难以准确定量，更严重的是某些高沸点组分迟迟不流出。若对未知样品，则会误认为组分已全部洗脱出，但到了以后的分析中，它又被洗脱出来，造成组分的漏检和误检。②对沸点过低的组分，峰会相互紧挨，而不能很好分离，解决此问题的办法是采用程序升温气相色谱法，即根据样品组成的性质使柱温按照人为优化的升温速率改变，从而使各组分能在各自获得良好分离的温度下洗脱。程序升温方式应根据样品中组分的沸点分布范围来选择，可以是线性或多阶线性等，其优点有分离改进、峰窄、检测限下降以及省时等。

五、检测器

待测组分经色谱柱分离后，通过检测器将各组分的浓度或质量转变成相应的电信号，经放大器放大后，由记录仪或微处理机得到色谱图，根据色谱图对待测组分进行定性和定量分析。

（1）气相色谱检测器根据其测定范围可分为：

通用型检测器：对绝大多数物质有响应。

选择型检测器：只对某些物质有响应；对其他物质无响应或很小。

（2）根据检测器的输出信号与组分含量间的关系不同，可分为：

浓度型检测器：测量载气中组分浓度的瞬间变化，检测器的响应值与组分在载气中的浓度成正比，与单位时间内组分进入检测器的质量无关。

质量型检测器：测量载气中某组分进入检测器的质量流速变化，即检测器的响应值与单位时间内进入检测器某组分的质量成正比。

目前气相色谱检测器已有10多种，其中最常用的是热导检测器、火焰离子化检测器（质量型）、电子捕获检测器（浓度型）、火焰光度检测器，这4种都是微分型检测器，其特点是被测组分不在检测器中积累，色谱流出曲线呈正态分布，即峰形、峰面积或峰高与组分的质量或浓度成比例。质量型浓度型检测器指其响应与进入检测器的浓度的变化成比例，质量型检测器指其响应与单位时间内进入检测器的物质质量成比例。

1. 热导检测器

热导检测器（thermal conductivity detector，TCD）是气相色谱常用的检测器，其结构简单，稳定性好，对有机物或无机物都有响应，适用范围广，但灵敏度较低，一般适宜作常量或10^{-6}数量级分析，热导检测器的线性范围约为10^4。

热导检测器的主要部件是一个热导池，它由池体和热敏元件构成，又可分为双臂热导池和四臂热导池两种。池体由不锈钢制成，池体上有四个对称的孔道，在每个孔道中固定一根长短和阻值相等的螺旋形热丝（钨丝或铼钨丝），与池体绝缘，该金属热丝称为热敏元件，其结构如图 1－25 所示。为了提高检测器的灵敏度，一般选用电阻率高、电阻温度系数（即温度变化1℃，导体电阻的变化值）大的金属丝或半导体热敏电阻作为电导池的热敏元件。

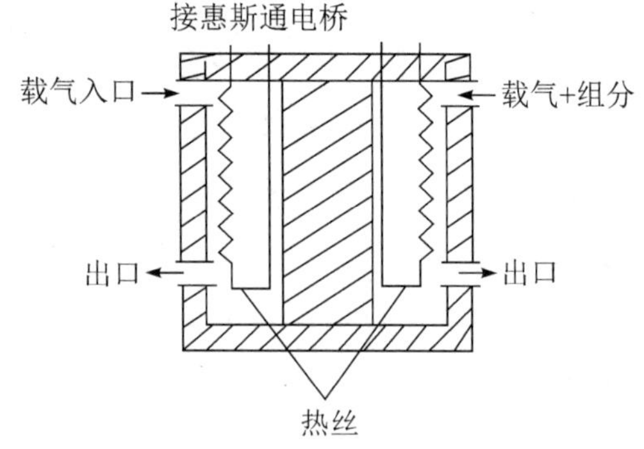

图 1－25　热导池结构示意图

钨丝具有较高的电阻温度系数（6.5×10^{-3}cm·Ω·℃）和电阻率（6.5×10^{-6}Ω·cm），价廉，易加工，但高温时容易氧化。为克服钨丝的氧化问题，现多采用铼钨合金制成的钨丝，铼钨丝抗氧化性能好，机械强度、化学稳定性及灵敏度都比钨丝高。

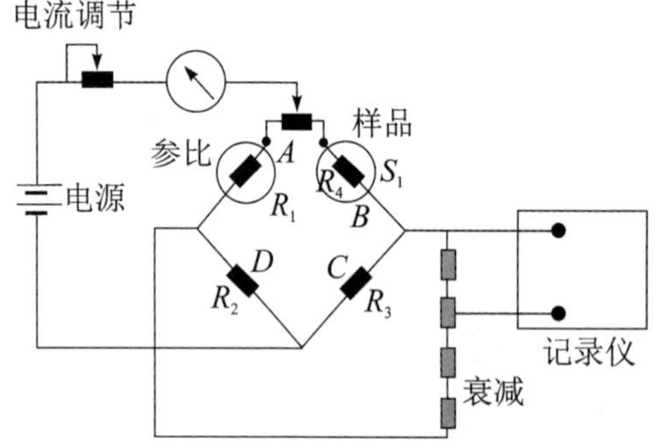

图 1－26　热导池惠斯通电桥测量线路[34]

热导检测器由四根热线组成的四臂热导池，其中二臂为参比臂，二臂为测量臂，将参比臂和测量臂接入惠斯通电桥，通入恒定的电流，组成热导池测量线路，如图 1－26 所示。R_2，R_3 为参比臂，R_1，R_4 为测量臂，$R_1=R_2$，$R_3=R_4$。

热导检测器是根据不同物质与载气具有不同的热导系数这一原理而设计的，热导系数反映了物质的传热本领，热导系数大的组分，传热能力强，反之，则传热能力弱，常用气体的热导系数见表 1－3。当无样品，仅有纯载气通过时，由于载气的热传导作用，钨丝的温度下降，电阻减小，此时热导池的两个池孔中的温度下降和电阻减小的数值是相同的。电流流过热丝产生的热量与载气带走的热量建立热动平衡，这时参比臂和测量臂热丝的温度相同，$R_1\times R_4=R_2\times R_3$，电桥处于平衡状态，无信号输出，此时记录仪记录的是一条直线。

表 1－3　常用气体的热导系数

气体	$\lambda/\times10^5$(J·cm^{-1}·s·℃)		相对分子质量	气体	$\lambda/\times10^5$(J·cm^{-1}·s·℃)		相对分子质量
	0℃	100℃			0℃	100℃	
氢	174.4	223.4	2	氩	16.7	21.6	40
氦	145.6	174.9	4	戊烷	13.0	22.2	72
甲烷	30.1	45.6	16	己烷	12.6	20.9	86
氮	24.3	31.4	28				

当样品组分随载气通过测量臂时，载气流经参比池，而载气带着试样组分流经测量池，由于组分与载气组成的二元体系的热导系数与纯载气的热导系数不同，测量臂和参比臂的温度不同，因此可引起钨丝温度变化，使两个池孔中的两根钨丝的电阻值之间发生了改变，而参比臂电阻值保持不变。这时，$R_1\times R_4\neq R_2\times R_3$，电桥失去平衡，$A$，$B$ 两点间的电位不等，有信号输出，其大小与组分含量成比例。

影响热导检测器灵敏度的因素：

（1）桥路工作电流的影响：当电流增加，使钨丝温度提高，钨丝和热导池体的温差加大，气体容易将热量传出去，灵敏度得到明显提高。一般响应值与工作电流的三次方成正比，即增加电流能使灵敏度迅速增加。但电流太大，将使钨丝处于灼热状态，引起基线不稳，呈不规则抖动，甚至会将钨丝烧坏。一般桥路电流控制在 100～200mA（氮气作为载气时为 100～150mA，氢气作为载气时为 150～200mA）。

（2）热导池体温度的影响：当桥路电流一定时，钨丝温度一定。如果池体温度低，池体和钨丝的温差加大，提高灵敏度。但池体温度不能太低，否则被测组分将在检测器内冷凝。一般池体的温度不低于柱温。

（3）载气的影响：载气与试样的热导系数相差越大，则灵敏度越高。由于一般物质的热导系数都比较小，故选择热导系数大的气体（如氢气或氦气）作为载气，灵敏度就比较高。此外，载气的热导系数大，在相同的桥路电流下，热丝温度较低，桥路电流就可升高，从而使热导池的灵敏度大大提高，因此通常采用氢气作为载气。

（4）热敏元件阻值的影响：选择阻值高、电阻温度系数较大的热敏元件。当温度发生一些变化时，就能引起电阻明显变化，灵敏度较高。

（5）一般热导池的死体积较大，且灵敏度较低，这是其主要缺点。为提高灵敏度并能在毛细管柱气相色谱仪上使用，应使用具有微型池体的热导池。

2. 氢火焰离子化检测器

氢火焰离子化检测器（flame ionization detector，FID）是在一定外界条件下（即在富氢条件下燃烧）促使一些物质产生化学发光，通过波长选择、光信号接收，经放大把物质及其含量和特征的信号联系起来的一个装置。该检测器是一种高灵敏度通用性检测器，几乎对所有的有机物都有响应，而对无机物、惰性气体或火焰中不解离的物质等无响应或响应很小。它的灵敏度比热导检测器高 $10^2 \sim 10^4$ 倍，检测限达 10^{13} g/s，对温度不敏感，响应快，适合连接开管柱进行复杂样品的分离，线性范围为 10^7。

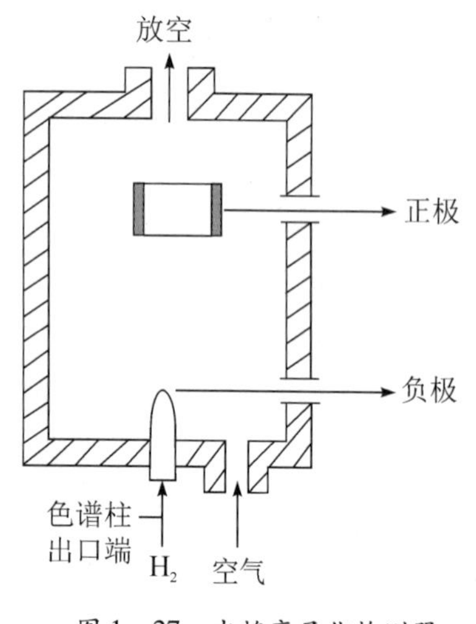

图 1－27　火焰离子化检测器

火焰离子化检测器是根据有机物在氢氧焰中燃烧产生离子而设计的，主要部件是用不锈钢制成的离子室，如图 1－27 所示。离子室由收集极、发射极（或称极化极）、气体入口和火焰喷嘴等部分组成。氢气与载气预先混合，从离子室下部进入喷嘴，空气从喷嘴周围引入助燃，生成的氢氧焰为离子化能源，喷嘴本身作为发射极，火焰上方的圆筒状电极为收集极，在两电极间施加极化电压产生电场，无组分进入火焰时，两极间不应有电流流过，但实际上仍有微弱电流产生，这是由于杂质在火焰中解离的结果，此微弱电流称为基始电流。

当有机物随载气进入火焰时，发生离子化反应，C_nH_m 在火焰中发生裂解，生成自由基（CH·）：

$$C_nH_m \rightarrow CH\cdot$$

CH·与空气中氧作用，生成 CHO^+ 和 e^-：

$$2CH\cdot + O_2 \rightarrow 2CHO^+ + e^-$$

生成的离子被发射极捕获而产生电流，经高阻（$10^7 \sim 10^{10}\Omega$）放大后由记录系统记录产生的离子数与单位时间内进入火焰的碳原子数量有关，所以火焰离子化检测器是质量型检测器。它对绝大多数有机化合物有很高的灵敏度，有利于分析痕量有机物，对氢火焰中不电离的空气、水和惰性气体等不能检测，由于对空气和水有响应，因此特别适合于大气和水污染物质的分析。

3. 电子捕获检测器

电子捕获检测器（electron capture detector，ECD）只对电负性物质有响应，物质的电负性越强，检测灵敏度越高，其最小检测浓度可达 10^{-14} g/mL，线性范围约 10^3。

电子捕获检测器是一种放射线离子化检测器，结构见图 1－28，与火焰离子化检测器相似，同样需要能源和电场，在检测器内装有一个圆筒状 β 放射源（如 ^{63}Ni）为负极，另一电极为正极，两极之间用聚四氟乙烯绝缘，极间施加直流或脉冲电压，极间距离根据放射源和供电形式确定。

当载气（氮气或氩气）进入检测室，受 β 放射源发射出的 β 粒子（初级电子）的不断轰击而电离，生成正离子和次级电子：

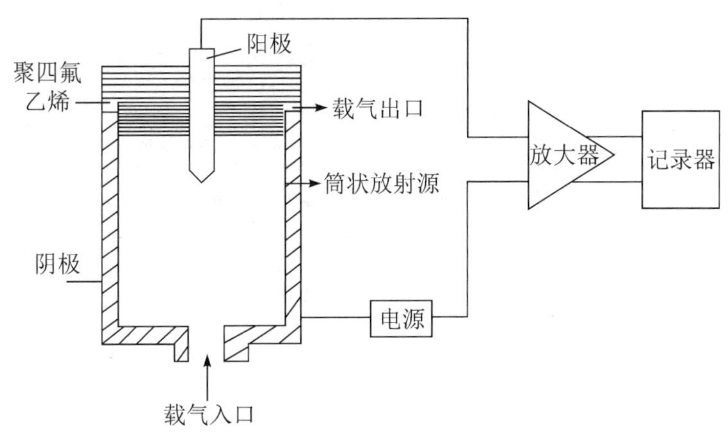

图 1-28 电子捕获检测器[34]

$$N_2 \rightarrow N_2^+ + e^-$$

当外加电场存在时，初级电子和次级电子向正极迁移并被收集，形成恒定的微电流（10^{-9}~10^{-8}A），即检测器的基始电流，简称基流。

当加入待测样品，电负性物质（AB^-）随载气进入检测器后，样品中含有某种电负性强的元素立即与电子进行结合，即可立即捕获这些自由电子而生成稳定的负离子，负离子再与载气正离子复合成中性化合物：

$$AB^- + N_2^+ \rightarrow AB + N_2$$

负离子被载气带出检测室外，其结果使基流下降，产生负信号而形成负峰，负峰的大小（高低）与组分浓度呈正比，电负性组分的浓度越大，负峰越大；组分中电负性元素的电负性越强，捕获电子的能力越大，负峰也越大。

电子捕获检测器是一种高选择性检测器。高选择性只对电负性强的物质（如对含有卤素、S、P、N 等的化合物）有响应。物质电负性越强，检测灵敏度越高。

4. 火焰光度检测器

火焰光度检测器（flame photometry detector，FPD）是一种对硫、磷化合物有高响应值的选择性检测器，又称“硫磷检测器”，FPD 是利用在一定外界条件下（即在富氢条件下燃烧）促使一些物质产生化学发光，通过波长选择、光信号接收，经放大把物质及其含量和特征的信号联系起来的一个装置，适合于分析含硫、磷的有机化合物和气体硫化物，在大气污染和农药残留分析汇总等方面应用很广，检测限可达 10^{-13}g/s（P）、10^{-11}g/s（S），火焰光度检测器对硫和磷的线性范围分别为 10^3 和 10^4。

火焰光度检测器是根据硫、磷化合物在富氢火焰中燃烧时能发出特征波长的光而设计的，它由燃烧系统和光学系统组成，其结构见图 1-29。

当含硫的化合物随载气进入富氢火焰中燃烧时，有机含硫化合物首先氧化成 SO_2，

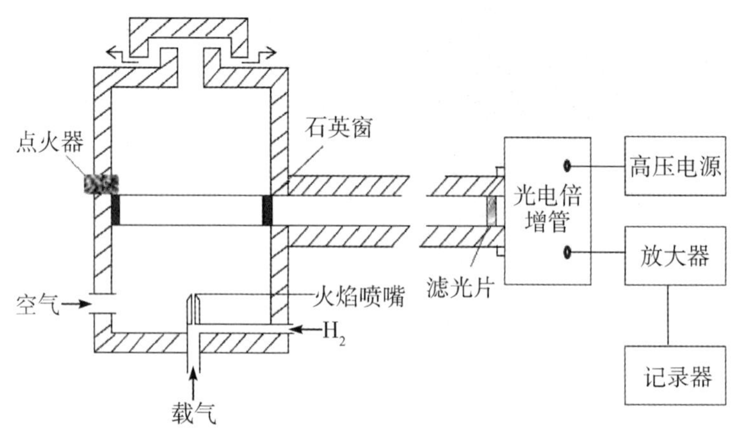

图 1-29　火焰光度检测器[34]

被氢还原成 S 原子后生成激发态的 S_2^* 分子，其机理一般认为是：

$$RS + 2O_2 \rightarrow CO_2 + SO_2$$

$$2SO_2 + 4H_2 \rightarrow 4H_2O + 2S$$

$$S + S \rightarrow S_2^* \text{（化学发光物质）}$$

当激发态 S_2^* 分子返回基态时发射出特征波长的光（$\lambda_{max} = 394nm$），通过相应的滤光片，由光电倍增管接收，并转换成信号，经微电流放大器放大，最后送至记录系统。

含磷的化合物首先燃烧成磷的氧化物，然后在富氢火焰中被氢还原形成化学发光的 HPO 碎片，此裂片被激发后发射出 480～600nm 的特征分子光谱，最大吸收波长为 526nm。发射光的强度（响应信号）正比于 HPO 浓度。

六、气相色谱定性定量分析

1. 定性分析

气相色谱的优点是能对多种组分的混合物进行分离分析，这是光谱法、质谱法所不能做到的。但由于能用于色谱分析的物质很多，不同组分在同一固定相上色谱峰出现时间可能相同，仅凭色谱峰对未知物定性有一定困难。对于一个未知样品，首先要了解它的来源、性质、分析目的；在此基础上，对样品可有初步估计；再结合已知纯物质或有关的色谱定性参考数据，用一定的方法进行定性鉴定。

1）利用保留值定性

（1）已知物对照法。各种组分在给定的色谱柱上都有确定的保留值，可以作为定性指标，即通过比较已知纯物质和未知组分的保留值定性。如待测组分的保留值与在相同色谱条件下测得的已知纯物质的保留值相同，则可以初步认为它们是属同一种物质。但由于两种组分在同一色谱柱上可能有相同的保留值，只用一根色谱柱定性，结果不可靠。可采用另一根极性不同的色谱柱进行定性，比较未知组分和已知纯物质在两根色谱柱上的保留值，如果都具有相同的保留值，即可认为未知组分与已知纯物质为同一种物质。

利用纯物质对照定性，首先要对试样的组分有初步了解，预先准备用于对照的已知纯物质（标准对照品）。该方法简便，是气相色谱定性中最常用的定性方法。

（2）相对保留值法。对于一些组成比较简单的已知范围的混合物或无已知物时，可选定一基准物按文献报道的色谱条件进行实验，计算两组分的相对保留值：

$$r_{is} = \frac{t'_{R_i}}{t'_{R_s}} = \frac{K_i}{K_s}$$

式中，i 为未知组分；s 为基准物。

得到的值与文献值比较，若二者相同，则可认为是同一物质。（r_{is}仅随固定液及柱温变化而变化）

该方法可选用易于得到的纯品，而且与被分析组分的保留值相近的物质作基准物。

2）保留指数法

保留指数又称为 Kovats 指数，与其他保留数据相比，是一种重现性较好的定性参数。

保留指数是将正构烷烃作为标准物，把一个组分的保留行为换算成相当于含有几个碳的正构烷烃的保留行为来描述，这个相对指数称为保留指数，定义式如下：

$$I_X = 100\left(z + n\,\frac{\lg t'_{R(X)} - \lg t'_{R(Z)}}{\lg t'_{R(Z+n)} - \lg t'_{R(Z)}}\right)$$

式中，I_X 为待测组分的保留指数；z 与 $z+n$ 为正构烷烃对的碳数。规定正己烷、正庚烷及正辛烷等的保留指数分别为 600、700、800，其他类推。

在有关文献给定的操作条件下，将选定的标准和待测组分混合后进行色谱实验（要求被测组分的保留值在两个相邻的正构烷烃的保留值之间）。由上式计算得出待测组分 X 的保留指数 I_X，再与文献值对照，即可定性。

3）联用技术

气相色谱对多组分复杂混合物的分离效率很高，但定性却很困难。而质谱、红外光谱和核磁共振等是鉴别未知物的有力工具，但要求所分析的试样组分很纯。因此，将气相色谱与质谱、红外光谱、核磁共振谱联用，复杂的混合物先经气相色谱分离成单一组分后，再利用质谱仪、红外光谱仪或核磁共振谱仪进行定性。未知物经色谱分离后，质谱可以很快地给出未知组分的相对分子质量和电离碎片，提供是否含有某些元素或基团的信息。红外光谱也可很快得到未知组分所含各类基团的信息。对结构鉴定提供可靠的论据。近年来，随着电子计算机技术的应用，大大地促进了气相色谱法与其他方法联用技术的发展。

2. 定量分析

在一定的色谱操作条件下，流入检测器的待测组分 i 的含量 m_i（质量或浓度）与检测器的响应信号（峰面积 A 或峰高 h）成正比：

$$m_i = f'_i A_i \text{ 或 } m_i = f_i h_i$$

式中，f'_i 为定量校正因子。要准确进行定量分析，必须准确地测量响应信号，确求出定量校正因子 f_i。

此两式是色谱定量分析的理论依据。

1）峰面积的测量

（1）峰高×半峰宽法。对于对称色谱峰，可用下式计算峰面积：

$$A = 1.065 \times h \times W_{\frac{h}{2}}$$

（在相对计算时，系数 1.06 可约去）

（2）峰高×平均峰宽法。对于不对称峰的测量，在峰高 0.15 和 0.85 处分别测出峰宽，由下式计算峰面积：

$$A = h \times \frac{1}{2} \times (W_{0.15} + W_{0.85})$$

（此法测量时比较麻烦，但计算结果较准确）

（3）自动积分法。具有微处理机（工作站、数据站等），能自动测量色谱峰面积，对不同形状的色谱峰可以采用相应的计算程序自动计算，得出准确的结果，并由打印机打出保留时间、A、h 等数据。

2）定量校正因子

由于同一检测器对不同物质的响应值不同，所以当相同质量的不同物质通过检测器时，产生的峰面积（或峰高）不一定相等。为使峰面积能够准确地反映待测组分的含量，就必须先用已知量的待测组分测定在所用色谱条件下的峰面积，以计算定量校正因子：

$$f'_i = \frac{m_i}{A_i}$$

式中，f_i为绝对校正因子，即是单位峰面积所相当的物质量。它与检测器性能、组分和流动相性质及操作条件有关，不易准确测量。在定量分析中常用相对校正因子，即某一组分与标准物质的绝对校正因子之比，即

$$f_i = \frac{f'_i}{f'_s} = \frac{m_i}{m_s} \cdot \frac{A_s}{A_i}$$

式中，A_i、A_s 分别为组分和标准物质的峰面积；m_i、m_s 分别为组分和标准物质的量。m_i、m_s 可以用质量或摩尔质量为单位，其所得的相对校正因子分别称为相对质量校正

因子和相对摩尔校正因子，用f_m和f_M表示。使用时常将“相对”二字省去。

校正因子一般都由实验者自己测定。准确称取组分和标准物，配制成溶液，取一定体积注入色谱柱，经分离后，测得各组分的峰面积，再由上式计算f_m或f_M。

3）定量方法

（1）归一化法。如果试样中所有组分均能流出色谱柱，并在检测器上都有响应信号，都能出现色谱峰，可用此法计算各待测组分的含量。其计算公式如下：

$$\omega_i = \frac{m_i}{m_1 + m_2 + \cdots + m_n} \times 100\% = \frac{A_i f_i}{A_1 f_1 + A_2 f_2 + \cdots + A_n f_n} \times 100\%$$

归一化法简便、准确，进样量多少不影响定量的准确性，操作条件的变动对结果的影响也较小，尤其适用多组分的同时测定。但若试样中有的组分不能出峰，则不能采用此法。

（2）内标法。内标法是在试样中加入一定量的纯物质作为内标物来测定组分的含量。内标物应选用试样中不存在的纯物质，其色谱峰应位于待测组分色谱峰附近或几个待测组分色谱峰的中间，并与待测组分完全分离，内标物的加入量也应接近试样中待测组分的含量。具体做法是：准确称取 m（g）试样，加入 m_s（g）内标物，根据试样和内标物的质量比及相应的峰面积之比，由下式计算待测组分的含量：

$$\frac{m_i}{m_s} = \frac{f_i A_i}{f_s A_s}$$

$$\omega_i = \frac{m_i}{m} = \frac{f_i A_i}{f_s A_s} \cdot \frac{m_s}{m} = \frac{f_i A_i}{A_s} \cdot \frac{m_s}{m}$$

其中，由于内标法中以内标物为基准，故$f_s = 1$。

内标法的优点是定量准确。因为该法是用待测组分和内标物的峰面积的相对值进行计算，所以不要求严格控制进样量和操作条件，试样中含有不出峰的组分时也能使用，但每次分析都要准确称取或量取试样和内标物的量，比较费时。

为了减少称量和测定校正因子可采用内标标准曲线法——简化内标法：

在一定实验条件下，待测组分的含量 m_i 与$\frac{A_i}{A_s}$成正比例。先用待测组分的纯品配制一系列已知浓度的标准溶液，加入相同量的内标物；再将同样量的内标物加入同体积的待测样品溶液中，分别进样，测出$\frac{A_i}{A_s}$，作$\frac{A_i}{A_s} - m$ 或$\frac{A_i}{A_s} - C$ 图，由$\frac{A_{i(样)}}{A_s}$即可从标准曲线上查得待测组分的含量。

（3）外标法。取待测试样的纯物质配制成一系列不同浓度的标准溶液，分别取一定体积，进样分析。从色谱图上测出峰面积（或峰高），以峰面积（或峰高）对含量作图即为标准曲线。然后在相同的色谱操作条件下，分析待测试样，从色谱图上测出试样的峰面积（或峰高），由上述标准曲线查出待测组分的含量。

外标法是最常用的定量方法。其优点是操作简便，不需要测定校正因子，计算简单。结果的准确性主要取决于进样的重复性和色谱操作条件的稳定性。

七、毛细管柱气相色谱法

最早的毛细管柱亦称空心柱，是一种又细又长，形同毛细管的开放式管柱，固定液涂在毛细管内壁上。（柱长：5～100m，内径：0.1～0.7mm）

1. 毛细管柱的种类

1）涂壁空心柱（wall - coated open tublar column，WCOT 柱）

固定液直接涂在毛细管内壁上，使用最早的毛细管柱。

2）多孔层柱（porous - layer open tublar column，PLOT 柱）

（1）吸附型多孔层柱：在管壁上涂一层多孔材料，如分子筛、氧化铝、熔融石英及高分子多孔微球等。

（2）分配型多孔层柱：将普通的载体沉于表面，再涂布合适的固定液。

2. 毛细管柱气相色谱仪

与普通色谱仪的不同处：

气路系统：加一个尾吹装置，以减少柱后死体积，改善柱效。

进样系统：进样量的准确性，包括分流、不分流、冷柱头等。

3. 毛细管柱的特点

1）优点

（1）总柱效高：毛细管柱内径一般为0.1～0.7mm，内壁固定液膜极薄，中心是空的，因阻力很小，而且涡流扩散项不存在，谱带展宽变小。由于毛细管柱的阻力很小，长可为填充柱的几十倍，其总柱效比填充柱高得多。

（2）分析速度快：毛细管柱的相比约为填充柱的数十倍。由于液膜极薄，分配比 k 很小，相比大，组分在固定相中的传质速度极快，因此有利于提高柱效和分析速度。它可在 1h 内分离出包含 100 多种化合物的汽油成分；可在几分钟内分离十几个化合物。

2）缺点：柱容量小

毛细管柱的相比高，k 必然很小，因此使最大允许进样量受到限制，对单个组分而言，约 0.5μg 就达到极限。为将极微量样品导入毛细管柱，一般需采用分流进样法，即将均匀挥发的样品进行不等量的分流，只让极小部分样品（约几十分之一或几百分之一）进入柱内。进入柱内的样品量占注射样品量的比例称为“分流比”。

八、顶空气相色谱法

“顶空气相色谱法”是一种测定液体或固体样品中挥发性组分的气相色谱。方法原理：样品于有一定顶端空间的密闭容器中，在一定温度和压力下，待测挥发组分在两相达动态平衡时，根据乌拉尔定律：

$$P_i = \gamma_i X_i P_i^0$$

$$A_i = k_i P_i = k_i \gamma_i X_i P_i^0 = K' X_i$$

式中，P_i为组分 i 在气相中的蒸气压；P_i^0 为纯组分 i 的饱和蒸气压；γ_i 为组分 i 的活度系数；当实验条件固定，且试液中组分浓度很低时，P_i^0、γ_i 均为常数；X_i为组分 i 在该溶液中物质的量；k 为组分 i 对检测器特性的校正系数，在条件稳定时为常数；当用组分 i 的浓度 c_i 代替式中物质的量 X_i 时，在测定条件下，有

$$A_i = K \cdot c_i$$

应用实例

只要在气相色谱仪允许的条件下可以汽化而不分解的物质，都可以用气相色谱法测定。对部分热不稳定物质，或难以汽化的物质，通过化学衍生化的方法，仍可用气相色谱法分析。

建立一种中华绒螯蟹中脂肪酸组成与含量分析测定气相色谱方法。

色谱条件：美国安捷伦 6890 型气相色谱仪，程序升温，DM－2560 毛细管色谱柱（100m ×0. 25mm ×0. 2μm），氢火焰离子化检测器，如图 1－30。

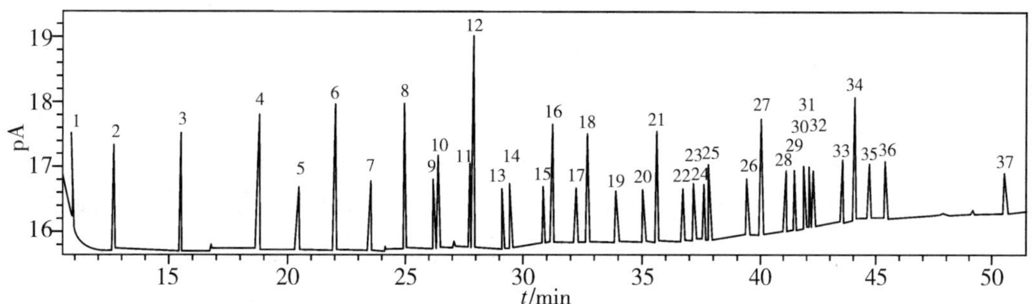

图 1－30　37 种脂肪酸甲酯混合标准溶液 GC 色谱图[35]

1. 丁酸甲酯（C4:0）；2. 己酸甲酯（C6:0）；3. 辛酸甲酯（C8:0）；4. 癸酸甲酯（C10:0）；5. 十一碳酸甲酯（C11:00）；6. 月桂酸甲酯（C12:0）；7. 十三碳酸甲酯（C13:0）；8. 豆蔻酸甲酯（C14:0）；9. 顺－9－十四碳烯酸甲酯（C14:1）；10. 十五碳酸甲酯（C15:0）；11. 顺－10－十五碳烯酸甲酯（C15:1）；12. 棕榈酸甲酯（C16:0）；13. 顺－9－十六碳烯酸甲酯（C16:1）；14. 十七碳酸甲酯（C17:0）；15. 顺－10－十七碳烯酸甲酯（C17:1）；16. 硬脂酸甲酯（C18:0）；17. 反－9－十八碳烯酸甲酯（C18:1n9t）；18. 油酸甲酯（C18:1n9c）；19. 反亚油酸甲酯（C18:2n6t）；20. 亚油酸甲酯（C18:2n6c）；21. 花生酸甲酯（C20:0）；22. γ－亚麻酸甲酯（C18:3n6）；23. 顺－11－二十碳烯酸甲酯（C20:1）；24. α－亚麻酸甲酯（C18:3n3）；25. 二十一烷酸甲酯（C21:0）；26. 顺－11，14－二十碳二烯酸甲酯（C20:2）；27. 山嵛酸甲酯（C22:0）；28. 顺－8，11，14－二十碳三烯酸甲酯（C20:3n6）；29. 芥酸甲酯（C22:1n9）；30. 顺－11，4，17－二十碳三烯酸甲酯（C20:3n3）；31. 花生四烯酸甲酯（C20:4n6）；32. 二十三烷酸

甲酯（C23:0）；33. 顺-13，16-二十二碳二烯酸甲酯（C22:2）；34. 二十四烷酸甲酯（C24:0）；35. 二十碳五烯酸甲酯（C20:5n3）；36. 二十四碳烯酸甲酯（C24:1）；37. 二十二碳六烯酸甲酯（C22:6n3）

§1-6　电泳技术

一、毛细管电泳技术

毛细管电泳（capillary electrophoresis，CE）是20世纪80年代后期迅速发展起来的一种新型的液相分离分析技术，并被认为是90年代这一领域中最有影响的分支学科之一，它是继高效液相色谱之后分离科学中的一个重大飞跃。随着1988年商品仪器的迅速推出，毛细管电泳开始突飞猛进地发展。毛细管电泳的出现为解决许多极其困难的分离问题带来了新的希望，它使得分析科学从微升水平进入纳升水平，并使得单细胞、单分子的分析成为可能。现在利用CE已可实现超高速的DNA测序工作。毛细管电泳在经过了10多年的高速发展后，现在已进入成熟和全面推广应用阶段，它已在生命科学、生物工程、医学药物、环境和食品科学等领域中显示出其重要的应用前景。

1. 毛细管电泳的特点

毛细管电泳是以毛细管为分离通道，以高场电压为驱动力的一种新型液相分离技术，它具有高效分离，快速分析，微量进样，灵敏度高和低成本的特点，特别适合离子、大分子与生物化合物的分离分析。

1）与传统电泳技术相比，具备以下特点

（1）分离效率高。由于传统电泳技术难以解决因提高电压带来的焦耳热问题，造成分离效率严重下降。采用毛细管后，使分离通道变细变长，管中产生的焦耳热容易散出，从而可通过提高分离电压实现高分离效率。

（2）分离模式多。在现代毛细管电泳中，样品组分的迁移是电渗流和电泳流共同作用的结果，故可以采用多种分离模式。目前已有的模式包括毛细管区带电泳、毛细管凝胶电泳、毛细管等速电泳、毛细管等电聚焦、毛细管电色谱和胶束电动毛细管色谱等，并容易实现各种模式之间的切换。

（3）应用范围广。CE既能分析有机和无机小分子，又能分析多肽和蛋白质大分子；既能用于带电离子的分离，又能用于中性分子的测定。特别适合对复杂混合物的分离分析和药物对映异构体的纯度测定。

（4）最小检出限低。以样品的绝对量表示的最小检出限CE比HPLC的低，它为单分子的检测提供了可能。

（5）分析成本低。毛细管本身成本低，且溶剂和试剂消耗量少。

（6）样品用量少。仅为纳升级，适用于珍贵样品的检测。

（7）仪器简单。只需一个高压电源、一个检测器和一截毛细管即可组成简单的 CE 仪器。

（8）环境友好。因分离介质多为水相，且产生的废液量少，故对环境影响很小。

2）与高效液相色谱相比，具备以下特点

（1）流体流动形式不同。在毛细管电泳中流体流动为平流，峰展宽小；在高效液相色谱中为层流，峰展宽大。

（2）毛细管电泳中组分分子的扩散很小，不存在传质阻力，柱效高；高效液相色谱中的涡流扩散、传质阻力与分子扩散是造成柱效低的主要原因。

（3）毛细管中组分移动是电渗流和电泳流的共同作用。高效液相色谱是由压力流带动。

（4）毛细管电泳中组分分离是依据迁移速率的差异。高效液相中则是依据分配系数（或吸附）的差异。

（5）毛细管电泳特别适合对生物大分子的分离，高效液相色谱则反之。

2. 毛细管电泳的分离原理

毛细管电泳的分离原理是以毛细管为分离通道，以电渗流为驱动力，依据样品中组分之间淌度和分配行为的差异而实现分离。在毛细管电泳分离中带电离子的运动受两种运动力的共同作用：电泳力和电渗力。因此，毛细管中粒子的移动速率（v）等于电泳迁移速率（$\boldsymbol{v}_{ep}$）与电渗流速率（$\boldsymbol{v}_{EOF}$）的矢量和：

$$v = \boldsymbol{v}_{ep} \pm \boldsymbol{v}_{EOF}$$

当样品从阳极端注入毛细管时，各种离子将按表中的速率向负极迁移，分离后出峰次序为：正离子 > 中性粒子 > 负离子，中性分子的迁移速率与电渗流相同，不能被分离，见表 1－4。

表 1－4　电渗中样品组分的迁移速率

组分	表光淌度	表观迁移率
正离子	$\mu_{ep} \pm \mu_{EOF}$	$\boldsymbol{v}_{ep} \pm \boldsymbol{v}_{EOF}$
中性分子	μ_{EOF}	$\boldsymbol{v}_{EOF}$
负离子	$\mu_{ep} - \mu_{EOF}$	$\boldsymbol{v}_{ep} - \boldsymbol{v}_{EOF}$

3. 影响毛细管电泳分离的因素

在 CE 中，一般也按理论塔板数的多少衡量其柱效，柱效是反映 CE 过程中溶质区带展宽程度的指标。用实际电泳图计算得到的塔板数远低于理论值，这是因为在实际的 CE 过程中，除纵向分子扩散影响电泳分离柱效外，还有进样、焦耳热、吸附作用等各种因素的影响。

1）纵向扩散引起峰展宽

组分纵向扩散引起峰展宽，其大小由溶质扩散系数和它的迁移时间决定。溶质的扩散系数是溶质的一种物理表征，相同形状的不同物质，扩散系数大小与它们的相对分子质量的3次方呈反比。因此，被分离的分子扩散系数越小，区带越窄，分离效率越高。大分子溶质的扩散系数比小分子溶质的小得多，因此可获得更好的分离效果。正确选择分离操作条件对减小纵向扩散引起峰加宽也是非常重要的，其包括工作电压、毛细管长度、缓冲溶液种类与浓度及 pH 等。

2）进样引起峰展宽

进样引起的区带展宽与进样塞长度及形状有关。因毛细管很细，较大的进样体积会在管内形成较长的样品区带。如果进样长度比扩散控制的区带宽度还大，分离效果就会很差。因此在 CE 中，对进样的要求是很严的。CE 进样量一般为纳升级。

3）焦耳热和温度梯度引起峰展宽

由于焦耳热可导致不均匀的温度梯度和局部黏度的变化，严重时会造成层流或湍流，从而引起区带展宽。另外，电泳过程中电场强度的升高程度最终要受到焦耳热的限制。

4）毛细管壁的吸附作用引起峰展宽

造成毛细管吸附的主要原因是阳离子与毛细管表面负电荷的静电相互作用，以及疏水相互作用。毛细管具有大的比表面对散热是有利的，但却增加了吸附作用。吸附作用的存在对分析不利，轻则造成峰拖尾，重则引起不可逆吸附。一般通过以下方法来抑制或消除吸附：在毛细管内壁涂敷抗吸附层物质，如聚乙二醇；采用极低的 pH 条件，以抑制硅羟基的解离；在分离介质中加入两性离子添加剂。

5）电分散引起峰展宽

电分散作用指样品溶液的电导与分离介质（缓冲液）的电导不匹配时而造成的区带展宽现象。如果样品溶液的电导比缓冲液的低，样品区带的电场强度就大，离子在样品区带的迁移速率就高。当进入分离介质时，速率就会变慢，因而在样品溶液与分离介质之间的界面上会形成样品堆积，结果就可能造成前伸峰。反之，则会造成拖尾峰。鉴于此，在 CE 分析中，一般要求样品溶液的离子强度应当接近于分离介质的离子强度。当然，电分散所造成的样品堆积常常是提高检测灵敏度的有效方法。

6）其他因素引起峰展宽

由于毛细管两端背景电解质的液面高度差异而导致的“层流”会引起区带展宽，它与毛细管的内径大小以及溶质的扩散系数有关。用较大内径的毛细管来分离扩散系数小的物质时，层流引起的区带展宽更为严重。因此，在实验中，应注意保持毛细管两端背景电解质的液面高度一致。另外，对于柱后检测，要考虑检测器的死体积对峰宽的影响。

4. 毛细管电泳的仪器与操作

毛细管电泳的仪器与色谱仪器很相似，都具有进样部分、分离部分、检测和数据处理等部分。图 1－31 为毛细管电泳仪的示意图，其主要组成部分包括高压电源、进样系统、毛细管柱、电极管和检测器。

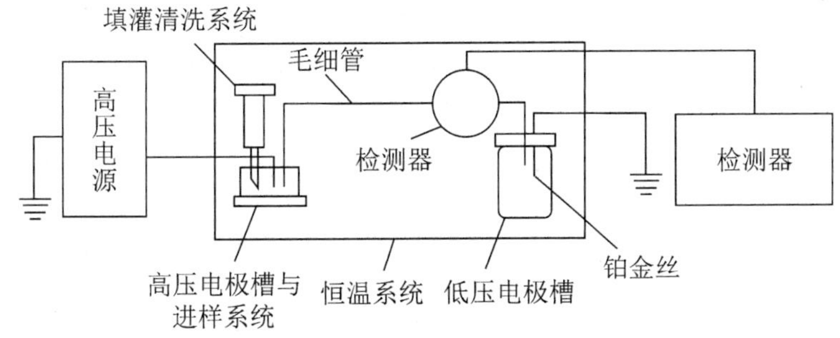

图 1－31　毛细管电泳仪示意图[36]

1）高压电源

高压电源包括电源、电极和电极槽等，其一般采用 0～30kV 连续可调的直流电压电源，电压输出精度应高于 1%，大部分直流高压电源都配有输出极性转换装置，可根据分离需要选择正电压或负电压。电极通常由直径为 0.5～1mm 的铅丝制成。在许多情况下，可用注射针代替铂丝。电极槽通常是带螺纹的小玻璃瓶或塑料瓶（约0～5mL），要便于密封。

在仪器设计和操作过程中，必须注意高压的安全保护问题。商品仪器通常带有保护装置，设有的自锁控制，在漏电、放电、突发高电流或高电压等危险情况下，使高压电源会自动关闭。高压容易放电，特别在湿度高的地方。防止高压放电的方法包括：干燥、隔离或适当降低分离电压。

2）进样系统

为了达到高效和快速的目的，毛细管电泳对进样的要求比较严格，特别是极小的毛细管直径，使这种技术在进样上受到很大的限制。因为在管径小于 100μm 时，用注射器进样已很困难。为了使毛细管电泳实现高效，在进样时，应当满足两方面的要求：①进样时不能引入显著的区带扩张；②样品量必须小于 100nL，否则易造成过载。这就需要采用无死体积的进样方法，让毛细管直接与样品接触，然后由重力、电场力或其他动力来驱动样品流入管中，而进样量可通过控制驱动力的大小和时间长短来控制。目前主要的进样方法有电动进样和压力进样两种。

3）毛细管柱

毛细管电泳的分离过程是在毛细管柱内完成的。因此，毛细管柱是毛细管电泳的核心部件。理想的毛细管柱应是化学和电都是惰性的，能透过紫外和可见光、易于弯曲、耐用且便宜。毛细管柱的材料可以是聚四氟乙烯、玻璃和石英等，目前多数采用石英。毛细管柱尺寸的选择主要考虑分离效率和检测灵敏度，内径越小，分离效率越高；但同时窄内径的毛细管限制了进样量，故当前商用石英毛细管的内径通常为25～75μm。毛细管柱长的增加可增加柱效，但受高压电源的限制，长的毛细管柱将导致电场强度降低，延长分析时间。因此，在实际应用中常采用的长度为30～50cm，凝胶柱要短得多。对于第一次使用的未涂渍柱，使用前宜用5～15倍柱体积的1mol/L NaOH和水，以及3～5倍柱体积的运行缓冲液依次冲洗一遍，然后再用运行缓冲液平衡管柱。

4）电极槽

电极槽内一般装有要运行的缓冲液，应该使缓冲液在所选择的pH范围内有较强的缓冲能力。否则，电解引起pH的微小变化将导致实验结果的重复性明显下降。缓冲液的浓度要选合适：浓度过低使重复性变差；浓度过高又会降低电渗流，影响分析速度。一般来说，选择20～50mmol/L的浓度较为合适，当分析蛋白质和多肽时，浓度可高一些。

5. 检测器

毛细管电泳的检测在原理上与液相色谱相似。由于毛细管内径极小，因此，在CE的检测中首先面临的问题是如何既对溶质做灵敏的检测，又不使谱带展宽。通常采用的办法是在电泳的柱上检测，这是减小谱带展宽的有效途径。CE的柱上检测是和HPLC的柱外检测有显著区别的。因为在HPLC中，当流动相流速恒定时，不同样品谱带在色谱柱中的运动速率是一致的，因而在检测池中的运动速率也是一致的。这样，对吸光系数和浓度相同的两种组分，测得的峰面积就是相同的。然而，在CE中，由于不同组分的区带在毛细管中的迁移速率是不同的，因而通过检测池中的运动速率也是不同的，这样，对于吸光系数相同和浓度相同的两种组分，所测得的峰面积就不相同。所以用CE做定量分析必须用标准样品加以校准。紫外可见检测器是CE中最常用的检测器，其次是激光诱导荧光检测器、电化学检测器和质谱检测器。

二、毛细管电泳的分离模式

毛细管电泳的发展速度非常迅速，除上述的分离模式外，还有微芯片电泳（microchip electrophoresis，MCE），其利用刻制在硅、玻璃、塑料等基体上的毛细管通道来进行，它是一种微型化的毛细管电泳技术，可以在秒级时间内完成上百个样品的同时分离分析。为了提高单位信息量，提出了阵列式芯片电泳，由于一块芯片带有多条通道，极大地加速了测量的速度，它为DNA的测序作出了极大的贡献。表1-5列出了4种最广泛使用的分离模式，以下做重点讨论。

表 1-5　毛细管电泳的主要分离模式

名称	缩写	管内填充物	说明
毛细管区带电泳	CZE	pH 缓冲的自由电解质溶液，可含有一定添加剂	属自由溶液电泳型，加入添加剂后引入色谱机理
胶束电动毛细管电泳	MECC	CZE 载体和带电荷胶束	CZE 扩展的色谱型
毛细管凝胶电泳	CGE	电泳用的凝胶或其他筛分介质	具有分子筛效应，非电泳型
毛细管电色谱	CEC	CZE 载体和液相色谱固定相	属非自由溶液色谱型

1. 毛细管区带电泳

毛细管区带电泳（capillary zone electrophoresis，CZE）是毛细管电泳最基本的一种分离模式。电泳时所采用的背景电解质是缓冲溶液，分离是基于样品中各个组分间质荷比的差异。在电场作用下，样品组分以不同的速率在独立的区带内迁移而被分离。由于电渗流作用，正负离子均可实现分离。带正电的粒子在毛细管缓冲液中的迁移速率等于电泳流和电渗流速率两者的和，正离子移动方向与电渗流相同，因此首先流出；负离子移动方向与电渗流相反，由于电渗流的速率远远大于电泳速率，所以最后流出；中性物质在电场中不迁移，只是随电渗流一起流出毛细管，故得不到分离。在 CZE 中，影响分离的因素主要有缓冲液的种类、离子强度、浓度、pH、添加剂、分析电压、温度等。

2. 胶束电动毛细管色谱

胶束电动色谱（micelle electro kinetic chromatography，MEKC）是以胶束作为固定相的一种电动色谱，是电泳技术与色谱技术的结合。由于多数 MEKC 是在毛细管中完成的，故又称胶束电动毛细管色谱（MECC）。它是在电泳缓冲液中加入表面活性剂，当溶液中表面活性剂浓度超过临界胶束浓度时，表面活性剂分子的疏水基团聚集在一起形成胶束（准固定相）。溶质不仅因淌度差异而分离，同时可基于在水相和胶束相间的分配系数不同而得到分离。

相比于 CZE，MECC 增加了带电的离子胶束，它是不固定在柱中的载体（准固定相）。另一相是导电的水溶液，是分离载体的溶剂。在电场作用下，水相溶液由电渗流驱动流向阴极，离子胶束依其电荷性的不同，移向阳极或阴极。对于常用的十二烷基磺酸钠胶束，因其表面带负电荷，泳动方向与电渗流相反，向阳极方向移动。在大多数情况下，电渗流速率大于胶束电泳速率，所以胶束的实际移动方向和电渗流相同，都向阴极移动。中性溶质基于与胶束作用的强弱，在两相间的分配系数不同而分离。

3. 毛细管凝胶电泳

毛细管凝胶电泳（capillary gel electrophoresis，CGE）由于应用了凝胶，黏度大，抗对流并能减少溶质的扩散，因此能限制谱带的展宽，所得的峰形尖锐，柱效极高。它综合了毛细管电泳和平板凝胶电泳的优点，成为当今分离度极高的一种电泳分离技术。其分离原理类似于体积排阻色谱，即在毛细管内填充聚合物凝胶或其他筛分介质。应用最多的介质是交联和非交联（线性）的聚丙烯酰胺凝胶（polyacrylamide gel，PAG）。当带电的被分析物在电场作用下进入毛细管后，这些聚合物起到类似于“分子筛”的作用，小的分子容易进入凝胶而首先流出毛细管柱，大分子则因受到较大的阻力而后流出柱，流经凝胶的物质原则上按照分子大小的顺序而被分离。毛细管凝胶电泳主要用于蛋白质和核酸等生物大分子的分离。在人类基因组测序中，由于采用了芯片阵列技术，为完成人类 DNA 基因测序，作出了极大的贡献。

4. 毛细管电色谱

毛细管电色谱（canpilarry electrophoresis chromatography，CEC）是将 CE 的高柱效和 HPLC 的高选择性有机地结合在一起，开辟了高效的微分离技术新途径。它的分离过程包含了电泳和色谱两种机制，溶质根据它们在流动相与固定相中的分配系数不同和自身的电泳淌度差异得以分离。CEC 可看成是 CZE 空管被色谱固定相填充、涂布和键合的结果，在毛细管的两端加高压直流电压，以电渗流代替高压泵推动流动相。从原理上看，CEC 流过柱子的溶剂前沿与毛细管电泳相似，其切面呈塞状的平面流型抑制了样品谱带的展宽，具有很高的分离效率。对中性化合物而言，其分离过程与 HPLC 很相似，即通过溶质在流动相与固定相之间的分配差异而获得分离。对于带电样品的离子，则迁移和分配的机理同时存在，共同对保留和分离产生影响，产生了更多的选择性变化。

CEC 的最大特点是分离速度快和分离效率高，选择性高于毛细管电泳。但由于柱容量小，其检测灵敏度尚不如 HPLC。就应用范围来看，CEC 与 HPLC 同样广泛，它可采用 HPLC 的各种模式。目前，反相毛细管电色谱研究最多，毛细管填充长度一般为 20cm，填料为 C_{18}或 C_8 烷烃、3μm 粒径，用乙腈和甲醇作流动相等。

应用实例

（1）头孢类抗生素分析

分离条件为：柱长 65cm，柱内径 50μm，工作电压 15kV；缓冲溶液：40mmol/L 磷酸盐（pH = 7.0）；检测波长：214nm，如图 1 - 32 所示。

（2）毛细管区带电泳法测定达卢生坦的含量

分析条件：未涂层融硅石英毛细管，30mmol/L 磷酸氢二钠 - 磷酸（pH = 7.05）为运行缓冲液，工作电压 20kV，检测波长 214nm，如图 1 - 33 所示。

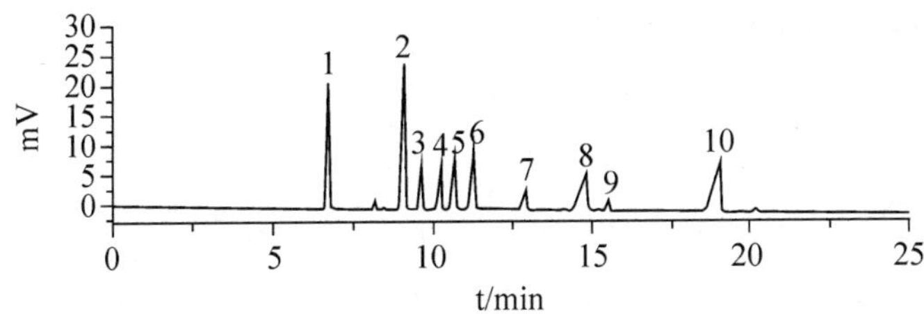

图 1-32　头孢抗生素类药物毛细管区带电泳图

1. 头孢呋辛；2. 头孢哌酮；3. 头孢吡肟；4. 头孢氨苄；5. 头孢他啶；6. 头孢噻肟；7. 头孢拉定；8. 头孢克肟；9. ACA；10. ADCA[37]

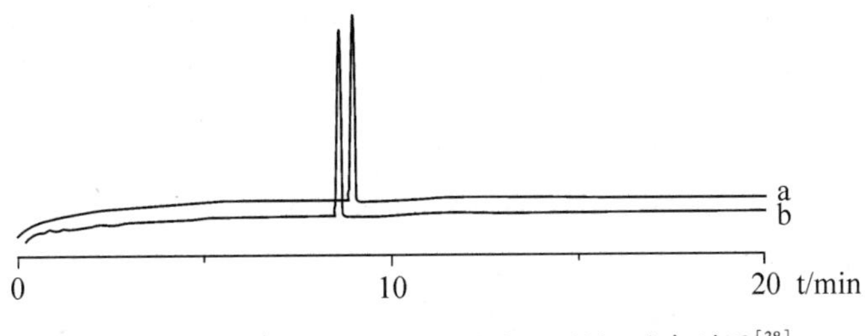

图 1-33　达卢生坦（a）和供试品（b）的色谱图[38]

参考文献

[1] Robinson T, Michael T. Electrochemistry of organic compounds: A Survey course for Chemistry seniors [J]. Journal of Chemical Education, 1959, 36 (3): 144-148.

[2] Strain H H, Sherma J. Michael Tswett's contributions to sixty years of chromatography [J]. Journal of Chemical Education, 1967, 44 (4): 235-238.

[3] Strain H H, Sherma J M. Tswett: "Adsorption analysis and chromatographic methods: Application to the chemistry of chlorophylls" [J]. Journal of Chemical Education, 1967, 44 (4): 238-243.

[4] Esteki M, Shahsavari Z, Simal - Gandara J. Food identification by high performance liquid chromatography fingerprinting and mathematical processing [J]. Food Research International, 2019, 122: 303-317.

[5] Degano I, Nasa J L. Trends in high performance liquid chromatography for cultural heritage [J]. Topics in Current Chemistry, 2016, 374: 20-48.

[6] Sontag G, Pinto M I, Noronha J P, et al. Analysis of food by high performance liquid chromatography coupled with coulometric detection and related techniques: a review [J]. Journal of Agricultural and Food Chemisty, 2019, 67 (15): 4113-4144.

[7] Alvarez-Segura T, Cabo-Calvet E, Baeza-Baeza J J, et al. Study of the column efficiency using gradient elution based on Van Deemter plots [J]. Journal of Chromatography A, 2019, 1584: 126-134.

[8] Moody H W. The evaluation of the parameters in the van Deemter equation [J]. Journal of Chemical Education, 1982, 59 (4): 290-292.

[9] Asnin D L, Boteva A A, Krasnykh O P, et al. Unusual van Deemter plots of optical isomers on a chiral brush-type liquid chromatography column [J]. Journal of Chromatography A, 2019, 1592: 112-121.

[10] Brgles M, Sviben D, FocrčićD, et al. Nonspecific native elution of proteins and mumps virus in immunoaffinity chromatography [J]. Journal of Chromatography A, 2016, 1447: 107-114.

[11] Wonryeon C. Displacement phenomena in lectin affinity chromatography [J]. Analytical Chemistry, 2015, 87 (19): 9612-9620.

[12] Clonis Y D, Labrou N E, Kotsira V P, et al. Biomimetic dyes as affinity chromatography tools in enzyme purification [J]. Journal of Chromatography A, 2000, 891 (1): 33-44.

[13] Perret G, Boschetti E. Aptamer affinity ligands in protein chromatography [J]. Biochimie, 2018, 145: 98-112.

[14] Ma W N, Wang C, Liu R, et al. Advances in cell membrane chromatography [J]. Journal of Chromatography A, 2021, 1639: 461916.

[15] Riguero V, Clifford R, Dawley M, et al. Immobilized metal affinity chromatography optimization for poly-histidine tagged proteins [J]. Journal of Chromatography A, 2020, 22, 1629: 46155.

[16] Boysen R I. Advances in the development of molecularly imprinted polymers for the separation and analysis of proteins with liquid chromatography [J]. Journal of Separation Science, 2019, 42: 51-71.

[17] Oesper R E. Arne Tiselius [J]. Journal of Chemical Education, 1951, 28 (10): 538-538.

[18] Zhang L H, Wu S H. High performance hydrophobic interaction chromatography [J]. Journal of Chromatography A, 2022, 1611: 460576.

[19] Wang G, Hahn T, Hubbuch J. Water on hydrophobic surfaces: Mechanistic modeling of hydrophobic interaction chromatography [J]. Journal of Chromatography A, 2016, 1465: 71-78.

[20] Cherney L T, Krylov S N. Slow-equilibration approximation in kinetic size exclusion chromatography [J]. Analytical Chemistry, 2016, 88 (7): 4063-4070.

[21] 何艳，周艳玲，胡小祥，等. 消炎退热颗粒高效液相色谱指纹图谱及多成分含量测定研究 [J]. 中药新药与临床药理, 2021, 32 (5): 693-701.

[22] 赵永刚，沈燕，章勇，等. 固相萃取/高效液相色谱法测定水中的苯胺类化合物 [J]. 企业技术开发, 2010, 29 (21): 62-63.

[23] Zhao X F, Wang J, Liu G X, et al. Binding mechanism of nine N-phenylpiperazine derivatives and α1A-adrenoceptor using site directed molecular docking and high performance affinity chromatography [J]. RSC Advances, 2015, 5: 57050-57057.

[24] Liang Q, He J Y, Zhao X, et al. Selective discovery of GPCR ligands within DNA-encoded chemical libraries derived from natural products: a case study on antagonists of angiotensin II type I receptor [J]. Journal of Medicinal Chemistry, 2021, 64: 4196-4205.

[25] Zhao X F, Jin Y H, Yuan X Y, et al. Covalent inhibitor-based one-step method for endothelin receptor a immobilization: from ligand recognition to lead identification [J]. Analytical Chemistry, 2020, 92: 13 750-13 758.

[26] Gao J, Chang Z M, Tian R, et al. Reversible and site-specific immobilization of beta2-adrenergic receptor by aptamer-directed method for receptor-drug interaction analysis [J]. Journal of Chromatography A, 2020, 1622: 461091.

[27] Li Q, Ning X H, An Y X, et al. Reliable analysis of the interaction between specific ligands and immobilized beta-2-adrenoceptor by adsorption energy distribution [J]. Analytical Chemistry, 2018, 90 (13): 7903-7911.

[28] Zhao X F, Zheng X H, Fan T P, et al. A novel drug discovery strategy inspired by traditional medicine philosophies [J]. Science, 2015, 347 (6219Suppl): S38-S40.

[29] Li Q, Liu L F, Mao D K, et al. ATP-triggered, allosteric self-assembly of DNA nanostructures [J]. Journal of the American Chemical Society, 2020, 142 (2): 665-668.

[30] Jia X N, Liu J J, Shi B M, et al. Screening bioactive compounds of siraitia grosvenorii by immobilized beta2-adrenergic receptor chromatography and druggability evaluation [J]. Frontiers in Pharmacology, 2019, 10: 915.

[31] Daulat A M, Maurice P, Jockers R. Recent methodological advances in the discovery of GPCR-associated protein complexes [J]. Trends in Pharmacological Sciences, 2008, 30: 72-79.

[32] Zeng K Z, Li Q, Wang J, et al. One-step methodology for the direct covalent capture of

GPCRs from complex matrices onto solid surfaces based on the bioorthogonal reaction between haloalkane dehalogenase and chloroalkanes [J]. Chemical Science, 2018, 9: 446-456.

[33] Wang J, Wang Y X, Liu J J, et al. Site-specific immobilization of β_2-AR using O6-benzylguanine derivative-functionalized supporter for high throughput receptor-targeting lead discovery [J]. Analytical Chemistry, 2019, 91 (11): 7385-7393.

[34] 方惠群，于俊生，史坚. 仪器分析 [M]. 北京：科学出版社，2002.

[35] 申兆栋，黄冬梅，方长玲，等. 气相色谱法测定中华绒螯蟹中脂肪酸组成与含量 [J]. 色谱，2021，39 (12)：1340-1346.

[36] 许国旺. 现代实用气相色谱法 [M]. 北京：化学工业出版社，2004.

[37] 侯卓，闫超，王彦，等. 头孢类抗生素的高效毛细管电泳方法建立与研究 [J]. 临床医药，2018，5 (84)：176-177.

[38] 谷建敏，孔德志，杜秀芳，等. 毛细管区带电泳法测定达卢生坦的含量 [J]. 药物分析杂志，21，30 (4)：725-726.

章节习题

1. 简述现有 4 种分离技术及其中 1 种的原理。

2. 简述高效液相色谱仪的组成及其原理。

3. 简述正相色谱、反相色谱及其分离机理。

4. 气相色谱仪由哪几大系统组成？各有什么作用？

5. 简述 HPCE 分离机制和特点及其与 HPLC 的区别。

6. 简述毛细管电泳的原理。

7. 将正离子、负离子、中性分子从阳极注入毛细管时，上述各自粒子的出峰顺序是什么，并说明原因。

高效分析技术及其原理

基本要点

1. 掌握荧光光谱分析法的基本原理及适用范围。
2. 掌握质谱分析法的基本原理，离子源的种类及特点。
3. 熟悉常见有机化合物的裂解规律。
4. 熟悉核磁共振波谱分析法的基本原理。
5. 了解近红外光谱法的基本原理及应用范围。
6. 了解拉曼光谱法的原理及应用。

高效分析技术主要是通过测定某些物质的物理或者化学性质参数来确定其化学组成、含量或结构的分析方法。在最终测量过程中，利用物质的这些性质获得定性、定量、结构及解决实际问题的信息。本章以波谱分析法为例，主要介绍了荧光光谱分析法、核磁共振波谱分析法、质谱分析法、近红外光谱法以及拉曼光谱法的原理、应用范围、仪器构造以及具体应用实例等内容。

§2－1　荧光和磷光光谱法

分子发光分析法是基于被分析物质的基态分子吸收能量被激发到较高电子能态，在其返回基态的过程中，以发射辐射的方式释放能量，以通过测量辐射光的强度对被测物质进行定量分析的一类方法。

基态分子激发至激发态所需的能量可以通过以下多种方式提供，如光能、化学能、热能、电能等。当分子吸收了光能而被激发到较高能态，返回基态时发射出波长与激发光波长相同或不同的辐射现象称为光致发光。最常见的两种光致发光现象就是荧光和磷光。分子受到光能激发后，由第一电子激发单重态跃迁回到基态的任意振动能级时所发出的光辐射，称为分子荧光。激发态分子从第一电子激发三重态跃迁回到基态所发出的光辐射，称为磷光。由测量荧光强度和磷光强度建立起来的分析方法分别称为分子荧光光谱分析和磷光分析。在化学反应过程中，分子吸收反应释放出的化学能而产生激发态物质，当回到基态时发出光辐射，这种分子受到化学能激发后产生的发光现象称为化学发光。利用化学发光现象建立的分析方法称为化学发光分析法。

分子荧光光谱法的灵敏度比紫外-可见吸收光谱法高几个数量级。近年来，荧光光谱法作为高效液相色谱、毛细管电泳的高灵敏度检测器等应用，说明其在超高灵敏度的生物大分子的分析方面受到广泛关注。本节内容介绍了荧光光谱的产生原理、光谱特征以及影响荧光强度的因素等内容。

一、分子荧光的产生

每个分子具有严格分立的能级，称为电子能级，而每个电子能级中又包含一系列的振动能级和转动能力。分子吸收了电磁辐射后处于激发态，激发态分子经历碰撞及发射的去激发过程。一般用 Jablonski 能级图[1-5]来定性描述分子吸收和发射过程，如图 2-1 所示，由图可见总能量主要包括 3 个部分，即电子能量、振动和转动能量。(由于一般的光谱仪器分辨不出转动能量因而图中未画出)

电子激发态的多重度是用 $M=2s+1$ 表示，s 为电子自旋量子数的代数和，其数值为 0 或 1。根据泡利不相容原理，分子中同一轨道所占据的两个电子必须具有相反的自旋方向，即自旋配对。若分子的电子数是偶数（大多数有机化合物分子属于这种情况），则分子中电子自旋之和为 $s=0$，即基态分子的电子是自旋成对的，由分子多重性的定义有 $M=2s+1=1$，称之为单重态，用 S 表示。大多数有机物分子的基态处于单重态。当分子吸收能量后，如果电子在跃迁过程中并不发生自旋方向的改变，则分子处于激发的单重态，即分子处于能级 S_1 或 S_2。如果电子在跃迁过程中还伴随着自旋方向的改变，则分子具有两个自旋不配对的电子，即 $s=1$，$M=3$。此时，分子处于激发的三重态，用 T 表示，如图中最低三重态 T_1，较高的激发三重态 T_2。根据鸿特规则，处于分立轨道上的非成对电子，平行自旋比成对自旋的状态更稳定，故三重态的能级比单重态的能级略低。

每个电子能级都有多个振动能级，在同一个电子能级中，最低的线代表该能级的振动基态。图 2-1 中，分子吸收了光可能被激发产生两个电子吸收带，即 λ_1 是$S_0 \rightarrow S_2$的跃迁，λ_2 是 $S_0 \rightarrow S_1$ 的跃迁。但是，分子直接被激发到三重态 T_1 的概率比较小，当分子吸收一定频率的光辐射发生能级跃迁，可跃迁至不同激发态的各振动能级，其中大部分分子上升到第一激发单重态 S_1，这一过程称为激发，一般为 10^{-15}s 左右。分子被激发到较高的能级后不稳定，将以不同途径释放多余的能量回到基态，这个过程即

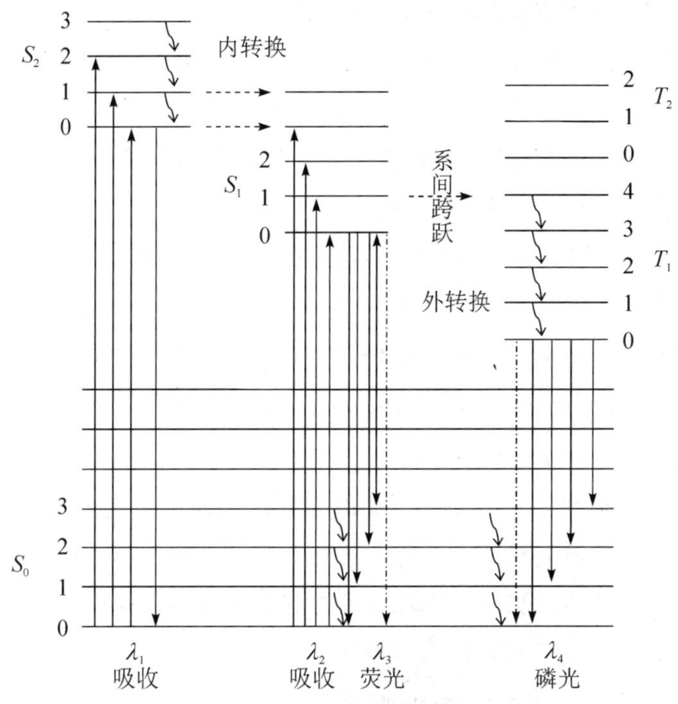

图 2－1　分子吸收和发射过程的 Jablonski 能级图[1]

为分子的去激发过程。去激发过程包括下面几个可能的途径：

1. 振动弛豫（vibrational relaxation）

在溶液体系中，溶液的浓度很低，被激发到激发态（如 S_1 和 S_2）的分子能通过与溶剂分子的碰撞迅速以热的形式把多余的振动能量传递给周围的分子，而自身返回该电子能级的最低振动能级，这个过程称为振动弛豫。振动弛豫过程的发生极为迅速，约为 10^{-12}s，图 2－1 中以各振动能级间的小箭头表示振动弛豫。

2. 内转换（internal conversion）

内转换是指同一多重态的两个电子能态间的非辐射跃迁过程，即激发态分子将激发能转变为热能下降至较低能级的激发态或者基态。如当 S_2 的较低振动能级与 S_1 的较高振动能级的能量相当或重叠时，分子有可能从 S_2 的振动能级以无辐射方式过渡到 S_1 的能量相等的振动能级上。内转换过程的速率很大程度上取决于涉及此过程的两个能级之间的能量差，当两电子能级很靠近以至于其振动能级有重叠时，内转换就容易发生，发生的时间约为 10^{-12}s。内转换过程同样也发生在激发三重态的电子能级间。由于振动弛豫和内转换过程极为迅速，因此，激发后的分子很快回到电子第一激发单重态 S_1 的最低振动能级，所以高于第一激发态的荧光发射十分少见。

3. 荧光发射

假如分子被激发到 S_2 激发单重态的某一振动能级上，处于该激发态的分子很快发生振动弛豫而下降到该单重激发态的最低振动能级，然后经过内转换及振动弛豫过程，下降至 S_1 激发单重态的最低振动能级。处于该最低振动能级的分子，可以通过几种可能的去活化过程回到基态：①是在 $10^{-9} \sim 10^{-7}$s 的较短时间内发射光量子回到基态的各振动能级，这一过程称为荧光发射；②是以发生外转换的方式由激发态 S_1 下降至基态 S_0；③是发生激发单重态 S_1 至激发三重态 T_1 的系间跨越。

由于 S_2 以上激发单重态之间的内转换速率很快，多数分子在发生辐射跃迁之前就通过非辐射跃迁下降至激发态 S_1。而 S_0 和 S_1 两能态之间的最低振动能级的能量间隔最大，因此，内转换的速率相对较小（需 $10^{-12} \sim 10^{-6}$s），此时荧光现象可能产生，且通常观察到的是自 S_1 态最低能级的辐射跃迁。

4. 外转换（external conversion）

激发态分子与溶剂和其他溶质分子间的相互作用及能量转移等过程称为外转换，这一过程往往伴随着能量的释放。外转换常发生在第一激发单重态或激发三重态的最低振动能级向基态转换的过程中，也就是荧光的竞争过程，因此该过程使发光强度减弱或消失，这种现象称为“猝灭”或“熄灭”。

5. 系间跨越（intersystem conversion）

与内转换不同，系间跨越是不同多重态的两个电子能态之间的一种无辐射跃迁，该过程是激发态电子改变其自旋态，分子的多重性发生变化的结果。当两种能态的振动能级重叠时，这种跃迁的概率增大。图 2－1 中的 $S_1 \rightarrow T_1$ 跃迁就是系间跨越的例子，也就是单重态到三重态的跃迁，即较低单重态振动能级与较高的三重态振动能级重叠，这种跃迁是“禁阻”的。

6. 磷光发射

发生从激发单重态 S_1 至激发三重态 T_1 的系间跨越后，分子通过快速的振动弛豫到达激发三重态的最低振动能级。当没有其他过程与之竞争时（如 T_1 至 S_0 的系间跨越），在 $10^{-14} \sim 10^{-12}$s 左右时间内返回基态而发射磷光。由此可见，荧光和磷光的根本区别在于荧光是由单重－单重态跃迁产生的，而磷光则由三重－单重态跃迁产生。

二、荧光量子效率

分子能发射荧光主要取决于以下两个条件：①是能吸收激发光，这要求分子具备一定的结构；②是吸收了与其本身特征频率相同的能量后，具有一定的荧光效率。

荧光量子效率，也称为量子产率，是发荧光的分子数与总的激发态分子数之比。也可以定义为物质吸光后发射的荧光的光子数与吸收的激发光的光子数之比值。

$$\text{荧光效率}（\varphi）=\frac{\text{发射荧光的量子数}}{\text{吸收激发光的量子数}}$$

分子的荧光效率往往小于1，如罗丹明B－乙醇溶液的$\varphi=0.97$，荧光素水溶液的$\varphi=0.65$，菲乙醇溶液的$\varphi=0.10$等，通常该值为0.1～1时，具有分析应用价值。许多会吸收光的物质并不一定会发出荧光，即分子的荧光效率极低，这是由于激发态分子释放激发能过程中除了荧光发射以外，还存在多种非辐射跃迁与之竞争，而这些非辐射跃迁过程不仅与分子结构有关，还与所处的环境密切相关。

三、荧光光谱的基本特征

由前述可知，分子对光的吸收具有选择性，因此不同波长的入射光具有不同的激发效率。

1. 激发光谱

荧光激发光谱是通过固定发射波长，扫描激发波长而获得的荧光强度－激发波长的关系曲线。激发光谱反映了在某一固定的发射波长下，不同激发波长激发的荧光的相对效率。

2. 发射光谱

荧光发射光谱是通过固定激发波长，扫描发射（即荧光测定）波长所获得的荧光强度－发射波长的关系曲线，它反映了在相同的激发条件下，不同波长处的分子的相对发射强度。

3. 同步荧光光谱

同步荧光光谱是在同时扫描激发和发射单色器波长的条件下，所得到的荧光强度－激发波长的关系曲线。测定同步荧光光谱有3种方法：①固定波长同步扫描荧光法；②固定能量同步扫描荧光法；③可变波长同步扫描荧光法。其特点包括：①使光谱简化；②使谱带窄化；③减小光谱的重叠现象；④减小散射光的影响。

4. 三维荧光光谱

三维荧光光谱是20世纪80年代发展起来的一种新的荧光技术，以荧光强度为激发波长和发射波长的函数得到的光谱图为三维荧光光谱，也称总发光光谱、等高线光谱等。三维荧光光谱可用两种图形表示：①三维曲线光谱图；②平面显示的等强度线光谱图。

任何荧光分子都具有两种特征的光谱，即激发光谱和发射光谱。它们可用于鉴别荧光（磷光）物质，亦可作为进行荧光（磷光）定量分析时选择合适的激发波长和发射波长的依据。

化合物激发光谱的形状理论上应该和其吸收光谱相同，但由于荧光测量仪器的特性如光源的能量分布、单色器透射率以及检测器的灵敏度等都与波长有关，测得的表观激发光谱大多与吸收光谱的形状有差异，这种差异可以通过校正消除，校正光谱与吸收光谱的形状非常相近。

四、荧光光谱的特征

在溶液中，荧光光谱显示了某些普遍的特征。这些特征为我们识别荧光物质的正常荧光提供了基本原则。

1. 斯托克斯（Stokes）位移

在溶液中，分子的荧光发射波长总是比其相应的吸收（或激发）光谱的波长长，这种波长移动的现象称为斯托克斯位移。其产生的主要原因是处于激发态的分子在发射荧光之前，一方面通过振动弛豫等损失了部分能量，另一方面辐射跃迁可能使激发分子下降到基态的不同振动能级，然后通过振动弛豫进一步损失能量；此外，溶剂与激发态分子发生碰撞导致能量损失，因而产生了发射光谱波长的位移，这种位移表明了在荧光激发和发射之间产生了能量损失。

2. 发射光谱和吸收光谱呈镜像对称关系

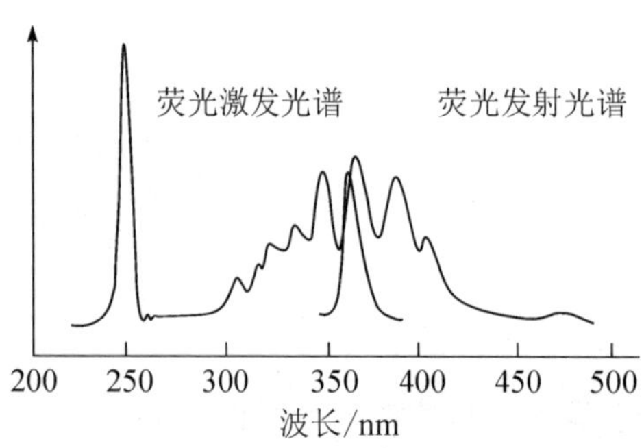

图 2－2　蒽的荧光激发和发射光谱图

一般而言，分子的荧光发射光谱与其吸收光谱之间存在着镜像关系。由于荧光发射光谱是由激发态分子由第一电子激发态的最低振动能级回到基态不同振动能级所产生的，其形状取决于基态各振动能级的分布。而基态和第一激发态的各振动能级分布极为相似，因此吸收光谱的形状与荧光发射光谱的形状呈镜像对称关系。图 2－2 是蒽激发光谱和荧光发射光谱图，可以看出吸收和发射之间存在较好的镜像关系。

3. 荧光发射光谱的形状与激发波长无关

一般地，用不同波长的激发光激发荧光分子，可以观察到形状相同的荧光发射光谱。这是由于荧光分子无论被激发到哪一个激发态，处于激发态的分子经过振动弛豫及内转换等过程后最终回到第一激发态的最低振动能级。而分子的荧光发射总是从第一激发态的最低振动能级跃迁到基态的各振动能级上，因此其发射光谱通常只含有 1 个发射带，且其形状只与基态振动能级的分布情况和跃迁回到各振动能级的概率有关，而与激发波长无关。上述特性也有例外，例如有些荧光物质具有两个解离态，每个解离态显示不同的发射光谱。

五、影响荧光强度的因素

荧光是由具有荧光结构的物质吸收光后产生的，其发生强度与该物质分子的吸光作用及荧光效率有关，因此荧光与物质分子的化学结构密切相关。而对于发光弱的物质可以转化为强荧光物质，从而提高选择性和灵敏度。所以，影响物质荧光强度的因素有两个：①分子结构；②发光分子所处的环境。

1. 结构对分子荧光的影响

1）跃迁类型

大多数荧光化合物都是由 $\pi \to \pi^*$ 或 $n \to \pi^*$ 跃迁所致的激发态去激活后，发生 $\pi^* \to \pi$ 或 $\pi^* \to n$ 跃迁产生的，其中 $\pi^* \to \pi$ 跃迁的量子效率高。

2）共轭效应

能强烈发射荧光的分子几乎都是通过 $\pi^* \to \pi$ 跃迁的去活化过程产生辐射的，因此共轭双键结构有利于发光。共轭度越大，分子的荧光效率也就越大，且荧光光谱向长波长方向移动。因此绝大多数能发荧光的物质为含方向环或杂环的化合物。

3）取代基效应

苯环上的取代基会引起最大吸收波长的位移及相应荧光峰的改变。通常，给电子基团（如 $-NH_2$，$-OH$，$-OCH_3$，$-NHCH_3$，$-N(CH_3)_2$ 等）使荧光增强；吸电子基团（如 $-Cl$，$-Br$，$-I$，$-NHCOCH_3$，$-NO_2$，$-COOH$ 等）使荧光减弱。表 2 - 1 中列出了乙醇溶液中某些取代基对苯的荧光波长及其强度的影响。

表 2 - 1　取代基对苯的荧光的影响[6]

化合物名称	分子式	荧光波长/nm	相对荧光强度
苯	C_6H_6	270 ~ 310	10
甲苯	$C_6H_5CH_3$	270 ~ 320	17
丙苯	$C_6H_5C_3H_7$	270 ~ 320	17
- 氟代苯	C_6H_5F	270 ~ 320	10
- 氯代苯	C_6H_5CI	275 ~ 345	7
- 溴代苯	C_6H_5Br	290 ~ 380	5
- 碘代苯	C_6H_5I	—	0
苯酚	C_6H_5OH	285 ~ 365	18
酚离子	$C_6H_5O^-$	310 ~ 400	10
苯甲醚	$C_6H_5OCH_3$	285 ~ 345	20
苯胺	$C_6H_5NH_2$	310 ~ 405	20
苯胺离子	$C_6H_5NH_3^+$	—	0
苯甲酸	C_6H_5COOH	310 ~ 490	3
苯基氰	C_6H_5CN	280 ~ 360	20
硝基苯	$C_6H_5NO_2$	—	0

4）结构刚性效应

具有刚性平面结构的分子，其荧光量子产量高。例如酚酞和荧光素的结构十分相近，但荧光素在溶液中具有很强的荧光，而酚酞却没有荧光。这主要是由于荧光素中的氧桥使分子具有刚性平面结构，这种构型可以减少分子振动，也就减少了系间跨越至三重态及碰撞去活的可能性。

2. 荧光分子所处的溶液环境对其荧光发射的影响

1）溶剂效应

溶剂对物质荧光特性的影响通常较大，同一种荧光物质在不同的溶剂中，其荧光光谱的位置和强度都有可能有差异。一般荧光峰的波长随着溶剂极性的增大而向长波长方向移动，这可能是由于在极性大的溶剂中，荧光物质与溶剂的静电作用显著，从而稳定了激发态，使荧光波长发生红移。但也有少数例外，如苯磺胺萘类化合物，在戊醇、丁醇、丙醇、乙醇和甲醇 5 种溶液中，随着醇极性的增大，荧光强度减小，荧光峰蓝移。当荧光物质与溶剂发生氢键作用或化合作用，或溶剂使荧光物质的解离状态发生改变时，荧光峰的位置和强度也会发生很大改变。如图 2－3 所示，为 2－苯胺基－6－萘磺酸在不同溶剂中的荧光光谱。

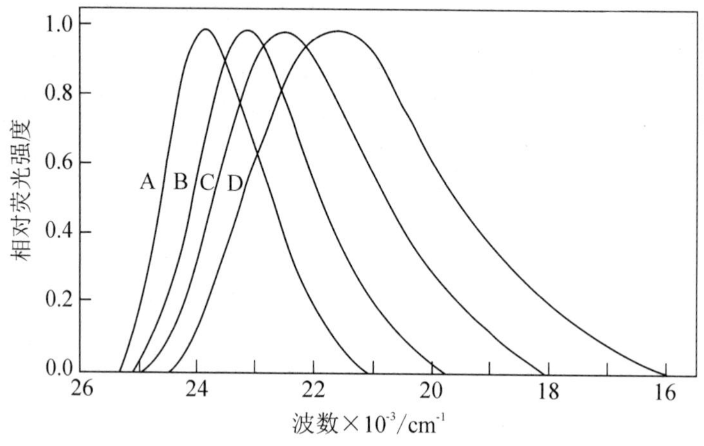

图 2－3　2－苯胺基－6－萘磺酸的荧光发射光谱

（A. 乙腈；B. 乙二醇；C. 30% 乙醇－70% 水；D. 水）[4]

2）温度的影响

大多数荧光物质随着温度的升高，其荧光效率和荧光强度降低，这是因为在较高温度下，分子的内部能量有发生转化的倾向，且溶质分子与溶剂分子的碰撞频率增大，使发生振动弛豫和外转换的概率增加。一般地，降低温度时，溶液中荧光物质的量子效率和荧光强度将增大，并伴随光谱的蓝移。由于荧光物质的荧光强度在低温下较室温显著增大，有利于提高测定的灵敏度。因此，近年来，低温荧光分析已发展成为荧光分析中的一个重要分支。

3）pH 的影响

对于含有酸性或碱性基团的荧光物质而言，溶液的 pH 将对这类物质的荧光强度产生较大的影响，这是由于在不同的 pH 环境下，荧光物质的分子和它们的离子在电子构型上有所不同。例如在 pH 为 5 ~ 12 的溶液中，苯胺以分子形式存在，产生蓝色荧光；当 pH <5 时，以苯胺阳离子形式存在；而 pH >12 时，又以阴离子存在，二者均无荧光。

4）荧光猝灭

荧光分子与溶剂或其他溶质分子之间发生相互作用，使荧光强度减弱的作用为荧光猝灭。能够引起荧光猝灭的物质成为猝灭剂。荧光猝灭有多种形式，其机理也较为复杂，其中最常见的是碰撞猝灭，它是单重激发态的荧光分子与猝灭剂发生碰撞后，以无辐射跃迁返回基态，引起荧光强度的下降。另外，某些猝灭剂分子会与荧光分子之间发生相互作用，进而形成配合物或者发生电子转移，引起荧光猝灭。例如甲基蓝溶液被铁离子猝灭，其主要原因是由于二者之间发生了电子的转移。

3. 环境对荧光分子荧光强度的影响

除去物质本身结构的影响外，分子的荧光强度还与其所处的环境有关，如各种散射光、激发光照射等的影响。

1）各种散射光的影响

在荧光分析中可能测得由溶剂产生的散射光，可能是与激发波长相同的瑞利散射光，也可能是稍长或稍短于激发波长的拉曼散射光。当激发光波长与荧光物质的荧光峰波长很靠近时，或拉曼光谱较激发光长一些时，瑞利散射光和拉曼散射光有可能与荧光光谱重叠产生较严重的干扰。这一干扰可以通过选择合适的激发波长来消除，其原理是溶剂的瑞利散射和拉曼光随着激发光波长的改变发生改变，而荧光波长与激发光波长无关，因此只要改变激发光的波长就可能避免散射光的干扰。

2）激发光照射的影响

有些荧光物质的稀溶液在激发光的照射下容易发生分解作用，引起荧光强度的急剧降低。所谓光分解作用，即物质受到光线照射后，所吸收的能量使分子内的一个或几个键发生断裂，使该物质分解。对于容易发生光分解作用的荧光物质溶液的测定，最好采用强度较低的激发光，同时缩短测定时间，减少荧光物质的分解和由此引起的测量误差。

六、分子荧光光谱仪

荧光光谱仪是由光源、激发单色器、样品池、发射单色器、检测器及记录系统等组成，如图2－4所示。

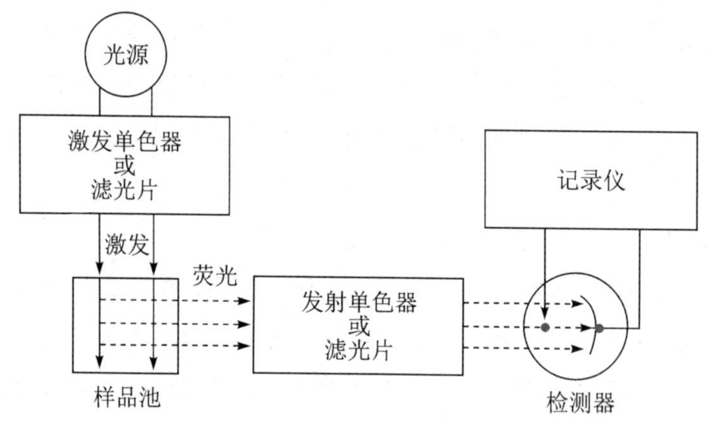

图2－4　荧光光谱仪基本部件示意图

1）激发光源

可提供紫外－可见光区激发光的光源有很多，选择激发光源主要应该考虑它的稳定性和强度。光源的稳定性直接影响测定的精密度和重复性，而强度则直接影响测定的灵敏度和检出限。目前大部分荧光分光光度计采用高压氙灯作为光源，在滤光片荧光计中则常采用高压汞灯。

2）样品池

通常采用弱荧光的石英材质制成的方形或长方形池体。

3）单色器

荧光分析仪具有两个单色器，荧光计采用滤光片，分光光度计采用光栅。第一个单色器置于光源和样品池之间，用于选择所需的激发波长，使之照射于被测试样上。第二个单色器置于样品池与检测器之间，用于分离出所需检测的荧光发射波长。

4）检测器

荧光的强度通常较弱，需要较高灵敏度的检测器，一般采用光电管或光电倍增管，检测位置与激发光成直角。

用于分子荧光分析的仪器也可用于分子磷光的测定。由于磷光的产生是从激发三重态的最低能级跃迁回基态产生的，而激发三重态的寿命长，使发生 $T1-S_0$ 的系间跨越以及激发态分子与周围溶剂分子间发生碰撞的概率增大，这些都将使磷光强度减弱或消失。为了减少这些去活化过程，通常在低温下进行磷光的测定。实现磷光试样的低温测定，可将盛有试样溶液的石英试样管置于盛有液氮的石英杜瓦瓶内，此时许多溶液介质形成刚性玻璃体，如磷光分析中常用的 EPA 混合溶剂（5:5:2 的二乙醚、异戊烷和乙醇的混合物）。由于低温磷光受低温试验装置和溶剂选择的限制，近年来发展了室温磷光技术，即可在室温下以固体基质吸附磷光体，增加分子刚性，提高磷光量子效率；也可用表面活性剂形成的胶束增稳，减小内转换和碰撞等去活化的概率。

另外，会发磷光的物质常常会发荧光，为了实现磷光和荧光的同时测定，需要在荧光分光光度计中增加一个机械切光器附件。常用的一种切光器是在杜瓦瓶外面安装一个可以转动的圆筒，圆筒上开有 1 个以上的孔。当圆筒旋转时，来自激发单色器的入射光透过开孔交替照射到样品池上，由样品发出的光也交替照射到达发射单色器的入口。当圆筒旋转至不遮挡激发光的位置时，测得的是磷光和荧光的总强度；当圆筒旋转至这段激发光的位置时，由于荧光的寿命短，一旦激发光被遮挡，荧光随即消失，而磷光的寿命长，能持续一段时间。所以此时测得的仅为磷光信号。通过控制圆筒的转速，还可以测定磷光的寿命。

七、荧光光谱法的特点

荧光分析法最大的特点是灵敏度高，一般而言，与紫外 - 可见分光光度法相比，其灵敏度可高出 2 ~ 4 个数量级。这是因为荧光分析法是在入射光的直角方向测定荧光强度，即在黑背景下进行检测，因此可以通过增加入射光强度 I_0 或增加荧光信号的放大倍数来提高灵敏度。而紫外 - 可见分光光度法中测定的参数是吸光度，该值与入射光强度和透射光强度的比值相关，入射光强度增大，透射光强度也随之增大，增大检测器的放大倍数也同时影响入射光和透射光的检测，因此限制了灵敏度的提高。由于荧光光谱法的灵敏度很高，所以测定时用的试样量很少。

荧光分析法的选择性优于紫外 - 可见分光光度法，可同时用激发光谱和荧光发射光谱定性。另外，荧光分析法提供的信息丰富，如激发光谱、发射光谱、荧光强度、荧光效率、荧光寿命等，这些参数反映了分子的各种特性。

荧光分析法的测量简单，但本身能发荧光的物质不多，增强荧光的方法有限，因此作为常规试样的定量分析方法不及紫外 - 可见分光光度法的应用范围广。

八、荧光光谱法的应用

荧光光谱法应用广泛，可测定 60 余种元素，尤其对生物大分子的检测。此外，还可作为高效液相色谱及毛细管电泳的检测器。

1. 痕量分析方面

荧光分析法的灵敏度很高，特别适用于微量及痕量物质的分析。虽然能发荧光的样品不多，但可以通过一些间接的方法实现无机离子和有机分子的痕量测定。例如有些阴离子（如氟等）能使荧光强度减弱，其减弱的程度与猝灭剂的浓度有关，因此可以利用荧光猝灭法测定这些阴离子。另外，也可将被测物质与能发荧光的试剂形成衍生物，通过测定衍生物的荧光强度间接得到被测物的浓度，这些荧光试剂（又称为荧光探针）的使用，大大拓宽了荧光分析法的应用范围。

为了提高测定的灵敏度和选择性，近年来发展了多种荧光分析新技术。如激光诱导荧光光谱分析法，其采用单色性好、强度大的激光作为光源，同时采用多通道检测的电荷耦合器件CCD、单光电子二极管或单电子光电倍增管等作为检测器，大大提高了荧光分析法的灵敏度，甚至可以实现单分子检测，使之成为分析超低浓度物质的有效方法。

时间分辨荧光分析法则是根据不同物质的荧光寿命及衰减特性的差异进行选择性测定的一种新技术。该方法采用脉冲激光作为光源，通过选择合适的延缓时间，可测定被测组分的荧光而不受其他组分、杂质的荧光以及瑞利散射等杂质光的影响，荧光测定的选择性大为提高。

由于荧光探针以及荧光分析新技术的使用，目前荧光分析法可用于测定多种无机物和有机物，在生物分析、医药领域和环境科学等领域的应用日益广泛。磷光分析法则主要用于有机化合物如药物、多环芳烃以及石油产品的测定。

2. 联用技术的检测器

荧光分析法可与高效液相色谱、毛细管电泳等多种分析技术联用，作为这些分离分析方法的检测器。例如，食品中黄曲霉素的测定通常采用高效液相色谱分离，荧光检测器检测。由于荧光分析法，特别是激光诱导荧光分析法灵敏度高、选择性好，因此称为微型化分析方法，是基因芯片、微流控芯片的理想检测手段。

3. 物质定性或定量测定

1）单组分的荧光直接和间接测定

在荧光测定时可以采用直接测定和间接测定的方法来测定单组分荧光被测物质的浓度。若被测物本身发生荧光，则可以通过测量其荧光强度来测定该物质的浓度。大多数的无机化合物和有机化合物，它们或不发生荧光，或荧光量子效率很低而不能直接测定，此时可采用间接测定的方法：①利用化学反应使非荧光物质转变为能用于测定的荧光物质；②荧光猝灭法，若被测物质是非荧光物质，但它具有使某荧光化合物的荧光猝灭的作用，此时，可测量荧光化合物荧光强度的降低来测定该荧光物质的浓度，如对氟、硫、铁、银、钴、镍等元素的测定。

（1）无机化合物。表2－2列出了几种常用的荧光测定试剂及被测定的无机金属离子。利用金属离子（如铍、铝、硼、镓、硒、镁及某些稀土元素等），与有机试剂形成荧光配合物来进行荧光分析。

表 2－2　几种常用的荧光试剂

试剂	测定的元素
安息香	B，Zn，Ge，Si
2，2－二羟基偶氮苯	Al，F，Mg
2－羟基－3－萘甲酸	Al，Be
8－羟基喹啉	Al，Be

（2）有机化合物。荧光分析可以测定多种有机化合物，因此在药物分析、临床、环境保护等领域中十分重要。

芳香族化合物具有共轭不饱和体系，可用荧光分析法测定，胺类、甾族化合物、蛋白质、酶和辅酶、维生素及多种药物等也可用该方法测定。对于不产生荧光的物质（如甾族化合物），经浓 H_2SO_4 处理后，可使不产生荧光的环状醇类结构改变为能产生荧光的酚类物质。几种用于有机化合物的荧光试剂见表 2－3。

表 2－3　用于有机化合物的常见荧光试剂

被测物质	试剂
雌激素	H_2SO_4
皮质甾族	H_2SO_4
氨基酸	邻苯二醛（缩合）
维生素 B_1	Fe $(CN)_6^{3-}$ 或 Hg^{2+}（氧化至硫铵荧）

2）多组分的荧光测定

利用荧光物质本身具有荧光激发光谱和发射光谱，实验时可以选择任一波长来进行多组分的荧光测定。若二组分的荧光光谱峰不重叠，可选用不同的发射波长来测定各组分的荧光强度；若二组分的荧光光谱峰相近，甚至重叠，而激发光谱有明显差别，这时可选用不同的激发波长来进行测定。

§2－2　核磁共振波谱分析法

20 世纪 50 年代初红外光谱法的问世翻开了有机化合物结构鉴定的新篇章。对未知化合物而言，红外光谱能给出所含的官能团，指出是什么类型的化合物，并且红外光谱仪价格低廉、易于购置。而 20 世纪 60 年代发展起来的核磁共振波谱却有助于指出是什么化合物。该技术可以帮助解决有机合成领域中的以下问题：①结构测定或确定，并可以获得化合物的构型或构象信息；②可以检测化合物的纯度；③可用于研究质子交换、环的转化等多方面信息以及动力学研究等。因此，核磁共振技术现已成为测定有机化合物的重要手段。

核磁共振波谱分析法（nuclear magnetic resonance spectroscopy，NMR）是研究具有磁性质的某些原子核对射频辐射的吸收，是测定各种有机和无机成分结构的最强有力的工具之一[7-10]。在磁场作用下，一些具有磁性的原子核存在着不同的能级，如果此时外加一个能量，使其恰好等于相邻 2 个能级之差，则该核就可能吸收能量（成为共振吸收），从低能态跃迁至高能态，而所吸收能量的数量级相当于射频频率范围的电磁波。因此，核磁共振就是研究磁性原子核对射频能的吸收。

在磁场中，原子核分裂出的磁能级之间的能量差很小。例如在 1.41T 磁场强度下，磁能级的能量差约 25×10^{-3}J/mol。若要在这样的磁能级之间产生跃迁，所需的电磁辐射能量极小，只要处于 $10^{9}\sim10^{10}$nm 间的射频辐射就足够了。可见，核磁共振波谱法类似于紫外 - 可见及红外吸收光谱法，也属于吸收光谱法，只是研究的对象是处于强磁场中的原子核对射频辐射的吸收。本节主要介绍核磁共振波谱分析法的基本原理、仪器组成、有机化合物结构与质子核磁共振波谱关系以及在药物分析中的应用等内容。

一、原子核的自旋与核磁共振

由于原子核是带电荷的粒子，若有自旋现象，即产生磁矩。物理学的研究证明了不同的原子核，其自旋情况不同，原子核的自旋情况可用自旋量子数 I 表示，各种原子核的自旋量子数见表2 - 4。

表 2 - 4　各种原子核的自旋量子数

质量数	原子序数	自旋量子数 I
偶数	偶数	0
偶数	奇数	1，2，3…
奇数	奇数或偶数	$\frac{1}{2}$，$\frac{3}{2}$，$\frac{5}{2}$…

自旋量子数等于 0 的原子核有^{16}O，^{12}C，^{32}S，^{28}Si 等。实验证明，这些原子核没有自旋现象，因而没有磁矩，不产生共振吸收谱，故不能用核磁共振来研究。

自旋量子数等于 1 或大于 1 的原子核：$I=\frac{3}{2}$的有^{11}B，^{35}Cl，^{79}Br，^{81}Br 等；$I=\frac{5}{2}$的有^{17}O，^{127}I 等；$I=1$ 的有^{2}H，^{14}N 等。这类原子核核电荷分布可以看做是一个椭圆体，电荷分布不均匀，它们的共振吸收常常会产生复杂的情况，目前在核磁共振的研究上应用还较少。

自旋量子数等于$\frac{1}{2}$的原子核有^{1}H，^{19}F，^{31}P，^{13}C 等。这些核可当做一个电荷分布均匀的球体，像陀螺一样自旋，故有磁矩形成。这些核特别适用于核磁共振实验。前面3种原子在自然界的丰度接近100%，核磁共振容易测定。尤其是氢核（质子），不但易于测定，而且它又是组成有机化合物的主要元素之一，因此对于氢核核磁共振谱的测定，在有机分析中十分重要。一般核磁共振主要是氢核的核磁共振，而碳的核磁共振研究主要应用于有机化合物的结构解析中。

如果将氢核置于外加磁场 B_0 中，则它对于外加磁场可以有（$2I+1$）种取向。由于氢核的 $I=\frac{1}{2}$，因此它只能有两种取向：一种与外加磁场平行，这时能量较低，以磁量子数 $m=+\frac{1}{2}$ 表示；另外一种与外磁场逆平行，这时氢核的能量稍高，以 $m=-\frac{1}{2}$ 表示。在低能态（或者高能态）的氢核中，如果有些氢核的磁场与外磁场不完全平行，外磁场就要使它趋向于外磁场的方向。也就是说，当具有磁矩的核置于外磁场中，它在外磁场的作用下，核自旋产生的磁场与外磁场发生相互作用，因而原子核的运动状态除了自旋外，还要附加一个以外磁场方向为轴线的回旋，它一面自旋，一面围绕磁场方向发生回旋，这种回旋运动称为进动（precession）。它类似于陀螺的运动，陀螺旋转时，当陀螺的旋转轴与重力的作用方向有偏差时，就产生摇头运动，这就是进动。进动时有一定的频率，称为拉摩尔频率。自旋核的角速度 ω_0，进动频率 ν_0 与外加磁场的磁感应强度 B_0 之间的关系可用拉摩尔公式表示：

$$\omega_0 = 2\pi\nu_0 = \gamma B_0$$

上式中，γ 是各种核的特征常数，称为磁旋比（magnetic ratio），有时也称为旋磁比（gyromagnetic ration），各种核有它的固定值。氢核的高能态和低能态之间的能量差 $\Delta E=\frac{\mu B_0}{I}$，由于 $I=\frac{1}{2}$，则 $\Delta E=2\mu B_0$，其中 μ 为自旋核产生的磁矩。在外加磁场作用下，自旋核能级的裂分可用图2－5示意。由图可见，当磁场不存在时，$I=\frac{1}{2}$的原子核对两种可能的磁量子数并不优先选择任何一个，此时具有兼并的能级；若置于外加磁场中，则能发生裂分，其能量差与核磁矩 μ 有关，也和外磁场强度有关。一个核要从低能态向高能态跃迁，就必须吸收 $2\mu B_0$ 的能量。

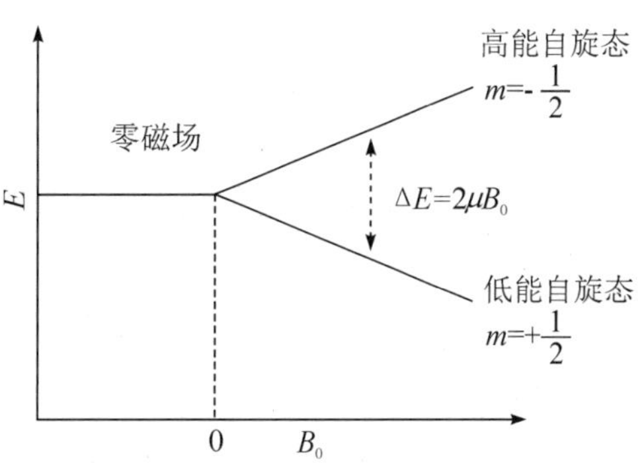

图2－5　外磁场作用下，核自旋能级的裂分示意图

换言之，核吸收 $2\mu B_0$ 的能量后，便产生共振，此时核有 $m=+\frac{1}{2}$ 向 $m=-\frac{1}{2}$ 发生跃迁的趋势，所以，与吸收光谱相似，为了产生共振，可以用具有一定能量的电磁波照射核。

当电磁波的能量符合 $\Delta E = 2\mu B_0 = hv$ 时，进动核便与辐射光子相互作用，也称为共振，体系此时吸收能量，核由低能态跃迁至高能态。在核磁共振中，该频率相当于射频范围。如果与外磁场垂直方向，放置一个射频振荡线圈，产生射电频率的电磁波，使之照射原子核，当磁感应强度为某一数值时，核进动频率与振荡器所产生的旋转磁场频率相当，则原子核与电磁波发生共振，此时将吸收电磁波的能量而使核跃迁至较高能态。

公式 $\omega_0 = 2\pi\nu_0 = \gamma B_0$ 中表明了发生核磁共振时的条件，即发生共振时射电频率 ν_0 与磁感应强度 B_0 之间的关系，此式还说明了以下两点：

（1）对于不同的原子核，由于磁旋比的不同，发生共振的条件不同，即发生共振时的射电频率和磁感应强度的相对值不同。根据这一点即可鉴别各种元素及同位素。如用核磁共振方法测定重水中 H_2O 的含量，D_2O 和 H_2O 的化学性质十分相似，但两者的核磁共振频率却相差极大，因此核磁共振法是一种十分敏感而准确的方法。

（2）对于同一种核，γ 值一定。当外加磁场一定时，共振频率也一定，当磁感应强度改变时，共振频率也随之改变。例如氢核在 1.409T 的磁场中，共振频率为 60MHz；而在 2.350T 时，共振频率为 100MHz。

二、弛豫

如前所述，当磁场不存在时，$I = \frac{1}{2}$的原子核对两种可能的磁量子数并不优先选择任何一个。在这类核中，$m = -\frac{1}{2}$和 $m = +\frac{1}{2}$的核数目完全相同。在磁场中，核则倾向于 $m = +\frac{1}{2}$这种方式，此种核的进动方式是与磁场定向有序排列的。所以，在有磁场存在下，$m = +\frac{1}{2}$能态比 $m = -\frac{1}{2}$能态更为有利，然而核处于 $m = +\frac{1}{2}$的取向，可被热运动所破坏。根据波尔兹曼分布定律，以 ^1H 为例，可以计算，在室温（300K）及 1.409T 强度的磁场中，处于低能态的核仅仅比高能态的核稍多一些，约为 10^{-5}左右。

核磁共振就是由这部分稍微过量的低能态的核吸收射频能量产生共振信号的。对于每一个核来讲，由低能态跃迁至高能态或由高能态跃迁至低能态的概率是相同的，但由于低能态的核数目略高，所以仍有净吸收信号。然而在射频电磁波的照射下，这种跃迁可以继续下去。由于核磁共振中，氢核发生共振时吸收的能量是很小的，因而跃迁到高能态的氢核不可能通过发射谱线的形式失去能量而返回到低能态，这种由高能态回到低能态，由不平衡状态恢复到平衡状态而不发射原来所吸收的能量的过程称为弛豫（relaxation）过程。

弛豫过程有两种，即自旋-晶格弛豫和自旋-自旋弛豫。

1. 自旋-晶格弛豫（spin lattic relaxation）

处于高能态的氢核，把能量转移给周围的分子（固体为晶格，液体则为周围的溶剂分子或同类分子）变成热运动，氢核就回到低能态。于是对全体的氢核而言，总的能量是下降了，故又称为纵向弛豫（longitudinal relaxation）。

由于原子核外围有电子云包围着，因而氢核能量的转移不可能与分子一样由热运动的碰撞来实现。自旋-晶格弛豫的能量交换可以描述如下：当一群氢核处于外磁场中时，每个氢核不但受到外磁场的作用，也受到其余氢核所产生的局部场的作用。局部场的强度与方向取决于核磁矩、核间距以及相对于外磁场的取向。在液体中分子在快速运动，各个氢核对外磁场的取向一直在变动，于是也就引起局部场的快速波动，即产生波动场。如果某个氢核的进动频率与某个波动场的频率刚好相符，则这个自旋的氢核就会与波动场发生能量弛豫，即高能态的自旋核把能量转移给波动场变成动能，这就是自旋-晶格弛豫。

在一群核的自旋体系中，经过共振吸收能量以后，处于高能态的核增多，不同能态核的相对数目就不符合波尔兹曼分布定律。通过自旋-晶格弛豫，高能态的自旋核渐渐减少，低能态的渐渐增多，直到符合该定律。自旋-晶格弛豫过程所经历的时间以 T_1 表示，T_1 越小，纵向弛豫过程的效率越高，越有利于核磁共振信号的测定。

2. 自旋-自旋弛豫

两个进动频率相同、进动取向不同的磁性核，即两个能态不同的相同核，在一定距离内时，它们会相互交换能量，改变进动方向，这就是自旋-自旋弛豫。通过自旋-自旋弛豫，磁性核的总能量未变，因而又称为横向弛豫（transverse relaxation）。

自旋-自旋弛豫时间以 T_2 表示，一般气体、液体的 T_2 也是1s左右。固体及高黏度试样中由于各个核的相互位置比较固定，有利于相互间能量的转移，故 T_2 极小，约为 $10^{-4} \sim 10^{-5}$s，即在固体中各个磁性核在单位时间内迅速往返于高能态与低能态之间。其结果是使共振吸收峰的宽度增大，分辨率降低，因此在核磁共振分析中固体试样宜先配成溶液后进行。

三、核磁共振波谱仪

图2-6是核磁共振波谱仪的基本结构示意图，它主要由磁体、射频（RF）发射器、射频放大器、接收器、探头、频率或磁场扫描单元以及信号放大和记录仪等部件组成。

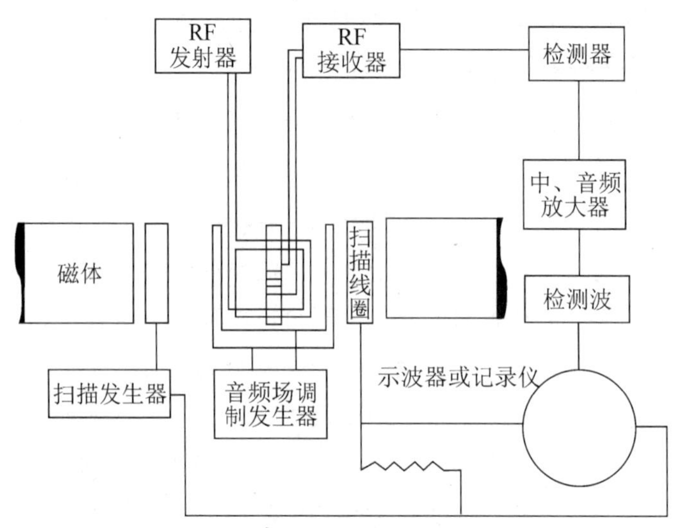

图 2-6　连续波核磁共振波谱仪的基本构造

1. 磁体

是所有核磁共振波谱仪都必须具备的基本组成部分，用以提供一个强而稳定、均匀的外磁场。可以是永久磁铁、电磁铁或超导磁体。但前两者所能达到的磁感应强度有限，最多只能用于制作 100MHz 的波谱仪，为了得到更高的分辨率，应使用超导磁体。目前已制成高达 1 000MHz 的核磁共振仪器。超导磁体是用铌－钛或铌－锡合金导线绕成空心螺旋管线圈，置于超低温的液氮杜瓦瓶中，安装时用大电流一次性励磁。在接近热力学零度的温度时，螺旋线圈内阻几乎为零而成为超导体，消耗的电功也接近零。将线圈闭合，超导电流仍保持循环流动，形成永久磁场。为了减少液氦损失，须使用双层杜瓦瓶，在外层放置液氮以保持低温，如果按照要求添加液氮和液氦，维持其超导状态，磁场将常年保持不变。所以日常维护费用较高。

2. 射频（RF）发射器

从一个很稳定的晶体控制的振荡器发射 60MHz（对于 1.409T 的磁场）或 100MHz（对于 2.350T 磁场）的电磁波以进行氢核的核磁共振测定。如果测定其他的核（如 ^{19}F, ^{13}C, ^{11}B）则要用其他频率的振荡器。把磁场固定，改变频率以进行扫描的，称为扫频。但一般以扫场比较方便，扫频应用较少。

3. 射频（RF）接收器

当振荡器发生的电磁波的频率 ν_0 和磁感应强度 B_0 达到前述特定的组合时，放置在磁场和射频线圈中间的试样中的氢核就要发生共振而吸收能量，这个能量的吸收情况为射频接收器所检出，通过放大后记录下来。所以核磁共振波谱仪测量的是共振吸收。由此可见，射频接收器相当于共振吸收信号的检测器。

4. 探头

探头中有试样管座、发射线圈、接收线圈、预放大器和变温元件等。发射线圈和接收线圈相互垂直并分别与射频发生器和射频接收器相连。试样管座处于线管的中心，用于放置试样管。试样管座还连接有压缩空气管，压缩空气驱动试样管快速旋转，以消除任何不均匀性。

5. 扫描单元

扫描单元是连续波核磁共振波谱仪特有的一个部件，用于通知扫描速率、扫描范围等参数。

四、有机化合物结构与质子核磁共振波谱

1. 化学位移及其影响因素

1）两类化学环境

当一个自旋量子数不为零的核置于外磁场中，它只有一个共振频率，图谱上只有一个吸收峰，但是，实际上测得的乙醇图谱如图 2－7 所示，这是由于核所处的化学环境对核磁共振吸收的影响。有两类化学环境的影响：①质子周围基团的性质不同，使它的共振频率不同，这种现象称为化学位移，图 2－7（A）说明了这一点；②所研究的质子受相邻基团的质子的自旋状态影响，使其吸收峰裂分的现象称为自旋－自旋裂分，图 2－7（B）说明这种情况。

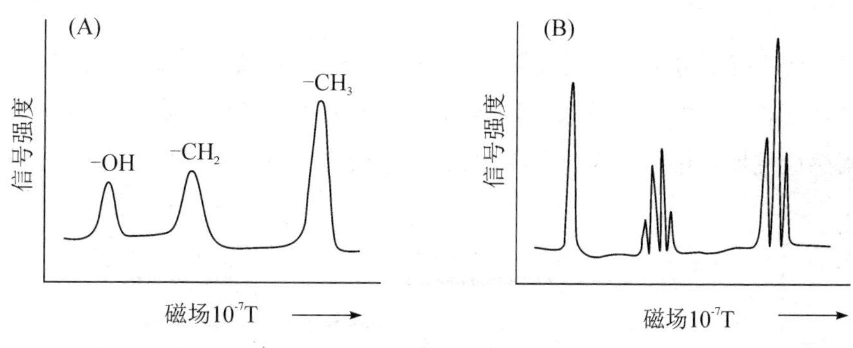

图 2－7　乙醇的核磁共振波谱图（60MHz）

（A）低分辨；（B）高分辨

2）化学位移及其表示

一个核置于强磁场中，其周围不断运动的电子就会产生一个方向相反的感应磁场，使核实际受到的磁场强度减弱，这种现象称为屏蔽，电子云对核的屏蔽程度不同，使核产生共振所需的射频辐射频率也不相同。由于核的共振频率的化学位移只有百万分之几，采用绝对表示法非常不便，因而采用相对表示法，为此选择一个参比化合物，

最常用的参比物是四甲基硅烷，简称 TMS，将它的 δ 值定为零，实验时加入样品溶液中。选用 TMS 的理由是：①其分子中 12 个质子的化学环境完全一致，只有一个尖峰，这些质子的化学位移最大，一般规定它的 δ 值为零，②TMS 惰性，与大多数有机溶剂混溶，但不溶于水，对水溶样品，应选择 4，4－二甲基－4－硅代戊磺酸钠（DSS）作为参比化合物。

3）局部抗磁效应

局部抗磁效应指质子的屏蔽程度决定于相邻的原子或基团的电负性：相邻的原子或基团的电负性大，该质子周围的电子云密度就小，屏蔽程度减小，该质子的共振信号移向低场，见表 2－5。若存在共轭效应，导致质子周围电子云密度增加，则移向高场；反之，移向低场。例如，由于醚的氧原子上的孤电子与双键形成 $p-\pi$ 共轭体系，使双键末端次甲基质子的电子云密度增加，与乙烯质子相比，移向高场。“由于羰基具有电负性”，使 $\pi-\pi$ 共轭体系的电子云密度出现次甲基端低的情况，与乙烯质子相比，移向低场。

表 2－5　电负性对化学位移的影响

	$CH_3Si(CH_3)_3$	CH_3-H	$CH_3-N<$	CH_3-Br	CH_3-Cl	CH_3-OH	CH_3-O_2	CH_2Cl_2
δ	0	0.2	2.2	2.7	3.0	3.2	4.3	5.3

4）各向异性效应

各向异性效应是由于置于外加磁场中的分子所产生的感应磁场，使分子所在空间出现屏蔽区和去屏蔽区，导致不同区域内的质子移向高场和低场，各向异性效应通过空间感应磁场起作用，涉及范围大，所以又称远程屏蔽。图 2－8 为各种化学环

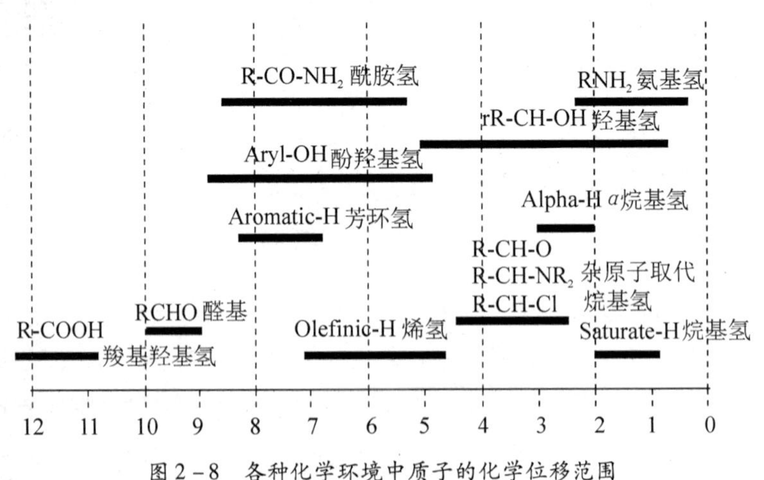

图 2－8　各种化学环境中质子的化学位移范围

境中质子的大致 δ 值，因为精确的 δ 值很大程度上取决于取代效应、溶剂、浓度、氢键以及交换效应等因素，其化学位移强烈依赖于氢键的形成，以及交换效应、浓度、温度等。

2. 自旋－自旋裂分与耦合常数

（1）原理上，乙醇的高分辨核磁共振波谱图的共振信号发生了裂分，这是由于相邻碳原子的质子之间的自旋－自旋裂分引起的。

（2）耦合常数与分子结构的关系：

①同碳质子（相隔两个化学键）之间的耦合所造成的峰的裂分现象，一般观察不到。

②邻碳质子间的耦合是最重要的，它的耦合常数在结构鉴定中十分有用。

③相隔 4 个或 4 个以上原子。

3. 化学全同与磁全同

同一分子中化学位移相等的质子称化学全同质子，化学全同质子具有相同的化学环境。如果有一组质子是化学全同质子，当它与组外的任一磁核耦合时，其耦合常数相等，这组质子称磁全同质子。

4. 一级图谱的耦合裂分规律

1）一级图谱

在质子核磁共振波谱分析法中，只有同时满足以下两个条件才能得到一级图谱。

①两组质子之间的化学位移之差与相应质子间的耦合常数之比应大于 20，可以作一级图谱处理。

②产生自旋耦合的核必须属磁全同。以对硝基苯乙醚为例，它有两个独立的自旋耦合系统，即乙氧基质子自旋系统和苯环质子自选系统，而苯环上的质子属非磁全同质子，不产生一级图谱，显然它们的图谱更为复杂。

2）一级图谱耦合裂分规律

一级图谱的自旋耦合裂分规律如下，但它只适合于 $I=\frac{1}{2}$ 的磁核。

①一个（或一组磁全同）质子与一组 n 个磁全同质子耦合，该质子的信号发生 $(n+1)$ 重裂分。

②一个（或一组磁全同）质子 A 与两组质子（M_n，X_m）耦合，且 M_n，X_m 类似磁全同质子，共振信号裂分为（$n+m+1$）重峰，丙烷中亚甲基质子与两组甲基质子的耦合属此类情况，结果裂分为七重峰。

③一个（或一组磁全同）质子 A 与两组质子（M_n，X_m）耦合，且 M_n，X_m 不属于磁全同质子，共振信号裂分为（$n+1$）×（$m+1$）重峰，1－硝基丙烷的中间亚甲基

质子被甲基和与硝基相连的亚甲基上的质子裂分为十二重峰。

④裂分峰的强度比符合二项式 $(a+b)^n$ 展开后的各项系数之比。

⑤一组多重峰的中点，就是该质子的化学位移值。

⑥磁全同质子之间观察不到自旋耦合裂分，如 $ClCH_2CH_2Cl$ 中的四个质子属磁全同，所以共振信号为单峰。

五、核磁共振波谱法的应用

1. 有机化合物结构的鉴定

（1）化学位移：由此可以推断质子所处的化学环境。

（2）自旋－自旋耦合裂分模式：由此可鉴别相邻的质子环境。

（3）积分线高度：相当于峰面积，与给定的一组耦合裂分模式相应的质子数目成比例。

2. 在化学研究及药物分析中的应用

1）研究氢键的形成

羟基质子由于形成氢键，导致化学位移改变。在苯酚的四氯化碳溶液中，羟基质子的化学位移明显与浓度有关。低浓度时，酚分子被四氯化碳分子包围而不易形成氢键；浓度较高时，由于氢键生成而发生分子间缔合，化学位移随之改变。相反，邻硝基苯酚分子内部形成氢键，其羟基质子的 δ 值受浓度变化的影响较小。

2）研究酮－烯醇的互变异构

2，4－二戊酮的氢谱如图 2－9 所示，图中出现的共振信号说明了两种分子同时存在，这就是酮和烯醇的互变异构体。不同质子的相应化学位移标注于质子旁，见图 2－10。在烯醇结构中，典型的烷烯质子的 δ 值约在 5.5，$\delta=15.3$ 初有一宽峰，如此高的 δ 值反映了该质子同时受两个氧原子的影响，因为羰基氧原子与羟基质子形成氢键。

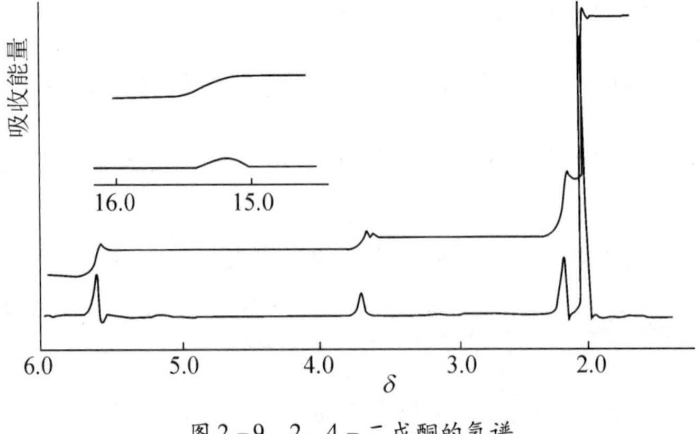

图 2－9　2，4－二戊酮的氢谱

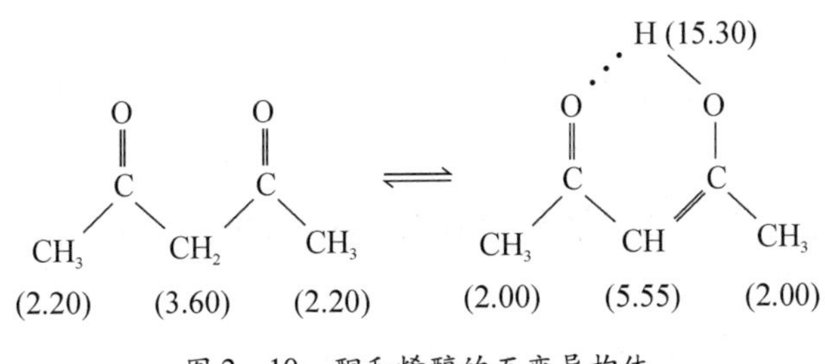

图 2-10　酮和烯醇的互变异构体

3）研究分子的动态效应

与杂原子相连的氢原子，能在分子内或分子间进行交换，交换速度不仅取决于杂原子的种类、官能团的性质以及样品所处的环境条件，这种交换效应常常发生在有可交换的质子的化合物内部，例如烷醇中的羟基质子就会发生动态交换效应。在纯乙醇的高分辨光谱图中，$-CH_3$ 的三重峰不变，但是羟基质子的共振信号被裂分为三重峰，$-CH_2-$ 质子被 $-CH_3$ 和羟基的质子裂分为八重峰。这是由于在高纯度乙醇中，羟基质子在分子内固定不动，与亚甲基质子发生耦合，但是，当乙醇中加入痕量酸，羧基质子与羟基质子之间发生快速的动态交换，不再与亚甲基质子发生耦合。利用这类交换反应，可以证实化合物中有一个可交换的质子。

4）在药物分析中的应用

NMR 方法的主要优点在于其几乎不需要样品准备时间，对分析样品没有任何破坏，且可对样品中的活性成分和杂质获得无差别性的结构信息反馈等。用于结构解析的 NMR 方法包括 ^1H 和 ^{13}C 谱及二维同核（COSY、TOCSY、NOESY、ROESY）、杂核（HSQC、HMQC、HMBC）相关谱等，同样适用于药物活性成分的结构分析鉴定。对于药剂品质、组成含量测定等则需要使用到定量 NMR 技术，定量 NMR 主要依赖 ^1H 谱图中质子峰积分面积的大小，以明确含量。

1. 建立一种核磁共振技术对川芎的质量进行评价

采用氢核磁定量方法快速测定川芎中主要成分阿魏酸、藁本内酯、洋川芎内酯 A 的含量，见图 2-11。

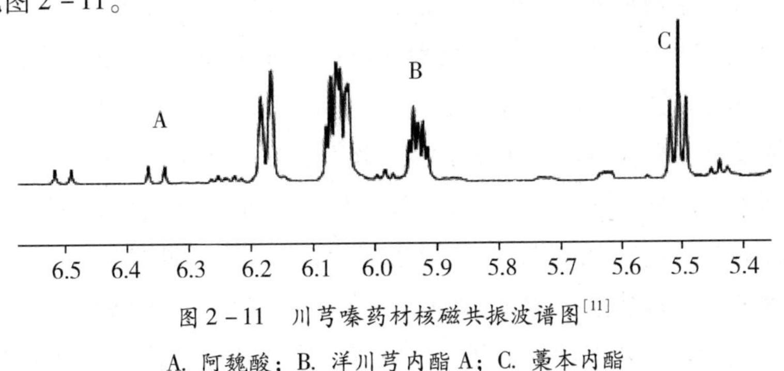

图 2-11　川芎嗪药材核磁共振波谱图[11]

A. 阿魏酸；B. 洋川芎内酯 A；C. 藁本内酯

方法：采用 zg30 脉冲序列，谱宽（SWH）为 11 904.8Hz，弛豫时间（D1）为 1s，脉冲宽度（P1）14.90s，样品扫描次数（NS）32。所有数据均使用 MestReNova 软件处理。

2. 采用核磁共振技术定量分析聚桂醇中脂肪碳链长度及聚氧乙烯醚的聚合度

方法：^{13}CqNMR 中，以乙酰丙酮罗铬为弛豫试剂，分别以氘代氯仿甲醇为混合溶剂，采用反门孔去耦的 zgig30 脉冲序列测定聚桂醇成分含量，测定结果见图 2－12。

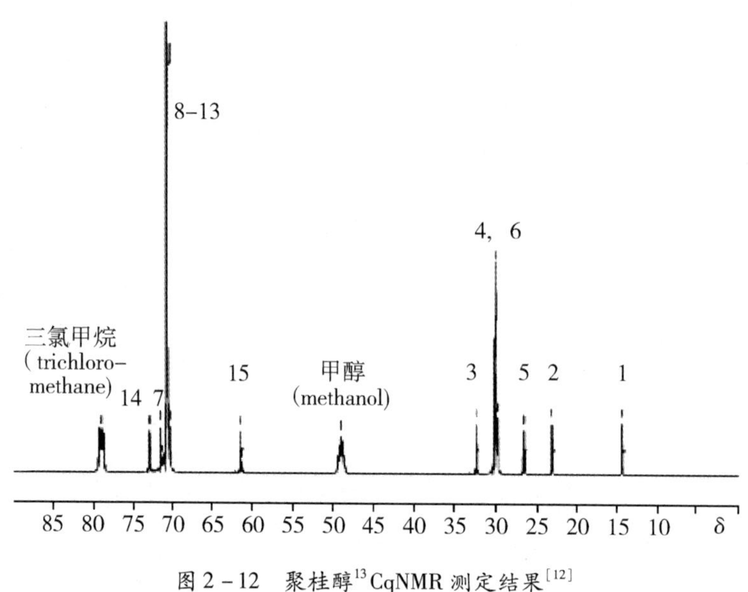

图 2－12　聚桂醇^{13}CqNMR 测定结果[12]

§2－3　质谱分析法

质谱法（mass spectrometry，MS）[13－18]是一种古老的仪器分析方法，早期质谱法的最重要贡献是发现了非放射性同位素。自 1912 年汤姆逊研制出世界上第一台质谱仪以来，其在化合物的结构解析中展开迅猛发展之势。1913 年，他首次报道了关于 Ne 的研究成果，并证明其共含有^{20}Ne 和^{22}Ne 两种同位素。直到 20 世纪 30 年代，离子光学理论的发展，有力地促进了质谱学的发展，并开始出现了诸如双聚焦质量分析器的高灵敏度、高分辨率的仪器。1942 年出现了第一台用于石油分析的商品化仪器，质谱法的应用得到突破性的发展，它在石油工业、原子能工业方面得到较多的应用。近几十年来，质谱法及仪器得到极大发展，其主要表现为：随着计算机的深入应用，用计算机控制操作、采集、处理数据和谱图，大大提高了分析速度；各种各样联用仪器的出现，如色－质联用、串联质谱等；许多新电离技术的出现等。这使得质谱法在化学工业、石油工业、环境科学、医药卫生、生命科学、食品科学、原子能科学、地质科学等广阔的领域中发挥越来越大的作用。

该方法是将样品分子置于高真空中（$<10^{-3}$Pa），当有机化合物在高真空系统中受热汽化以后，受到高速分子流或强电场等作用，失去外层电子而生成分子离子，或化学键断裂生成各种碎片离子，在电场和磁场的综合作用下，其碎片离子按照质核比的大小分开，排列成谱，将所得碎片离子谱图记录下来即为质谱。该方法的样品用量极少（一般只需要几微克就够了），而且可以得到精密的分子量和分子式。另外各类化合物的开裂是有规律的，因此，根据质谱中的各种阳离子可得到结构的线索。质谱法具有分析速度快、灵敏度高以及可以提供样品分子的相对分子质量和丰富的结构信息的优点。质谱图信息量大、应用范围广，是研究有机化合物结构的有力工具。由于分子离子峰可以提供样品分子的相对分子量的信息，所以质谱法也是测定分子量的常用方法。但同时，质谱仪器较为精密，价格较贵，工作环境要求较高，给其普及带来一定的限制。下文介绍了质谱仪的组成、电离源的种类、常见化合物裂解规律以及质谱的应用等内容。

一、质谱仪

质谱分析仪一般由样品导入系统、电离源、质量分析器、信号检测和数据处理系统五大模块组成，尽管现有质谱分析仪类型多样，但其共同点为：①使样品分子转变成离子；②通过电场使离子加速；③按质荷比分离分子；④将离子流转变成电信号。

1. 样品导入系统

将样品导入离子源的方法决定于样品的物理性质，如熔点、蒸气压等，如图 2－13 所示。

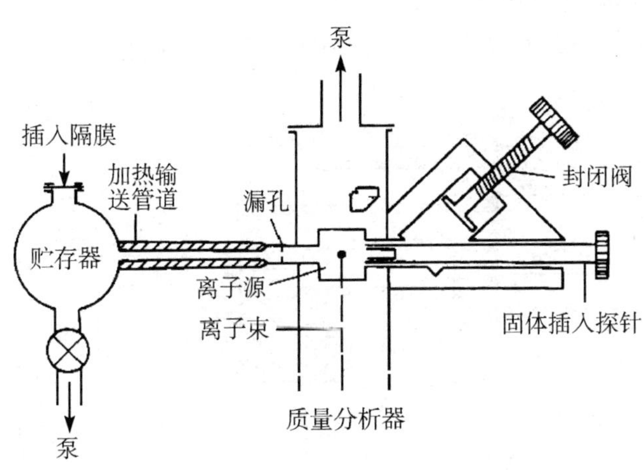

图 2－13　样品导入装置

2. 电离源

目前质谱仪中，有多种电离源可供选择，如电子电离源、化学电离源、场解析电离源、快速原子轰击源及电喷雾电离源等，其中以电子电离源及电喷雾电离源应用广泛。

1）电子轰击离子源（electron ionization，EI）

该离子源常用于气相色谱－质谱联用技术，最重要的组成部分是灯丝，图 2－14 为电子电离源的基本结构。当样品分子作为低压气体导入时，受到由加热灯丝（钨丝或铼丝）产生的并被阳极加速的高能电子流的轰击，生成分子离子和碎片离子。分子离子指失去一个电子而带正电荷的分子（M^+），其相应的峰称为分子离子峰，碎片离子指分子中某些化学键断裂而产生的质量较小的带正电荷的碎片。由于被电离的分子主要生成大量正离子和少量负离子，因此大多数质谱法只研究正离子。排斥极相对于“聚焦 2”为正，以排斥正离子，使其向上通过狭缝。“聚焦 1”加上达几千伏的负电压，使正离子急剧加速。由于排斥极带正电，聚焦电极带负电，使生成的正离子加速向上运动。由于离子在加速前于电离过程中得到的动能存在差异，并且离子常在离开狭缝不等的距离上生成，因此所生成的正离子的能量总有一定程度的分散。越是设计良好的离子源，这种能量的分散程度越低。电子轰击离子源具有以下优点：

①使用广泛，因为文献或计算机内存文件中已积累了大量采用电子电离源的已知化合物质谱数据。

②电离效率高。

③结构简单，操作方便。

主要缺点是：质谱图中的分子离子峰很弱或不出现，这是由于电子能量高达 70eV，而大多数有机化合物的电离电位约 7～10eV，因此除生成分子离子外，还进一步断裂成碎片离子，降低了分子离子峰的强度。约有 10%～20% 的有机化合物电离时，缺少分子离子峰。

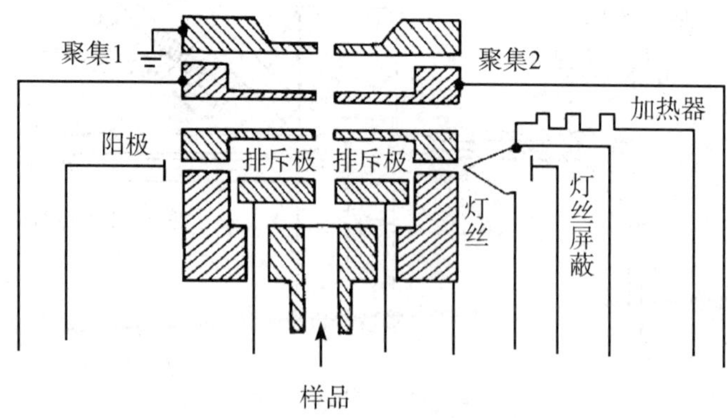

图 2－14　电子电离源横截面图

2）化学电离源（chemical ionization，CI）

在离子源内充满一定压强的反应气体，样品分子在承受电子（能量约300eV）轰击之前，被反应气（常用甲烷）稀释，稀释比例约为10^4:1，因此样品分子与电子之间的碰撞概率极小，所生成的离子主要来自反应气分子。除甲烷外，异丁烷、NH_3、He和Ar也可用作反应气。离子进一步与试样分子发生碰撞发生分子离子反应，进而生成准分子离子和少数碎片离子。如进入离子源的样品分子（$R-CH_3$）的绝大部分都与CH_5^+（相当于一种强酸）碰撞，使样品质子化，产生$(M+1)^+$离子。部分样品分子与$C_2H_5^+$反应，生成$(M+29)^+$离子。图2－15为化学电离源质谱图与电子电离源的比较。采用化学电离源的优点主要包括：

①图谱简单，因为电离样品分子的不是高能电子流，而是能量较低的二次离子，键的断裂可能性减少，峰的数目随之减少。

②准分子离子即$(M+1)^+$峰很强，可提供相对分子质量这一重要信息。

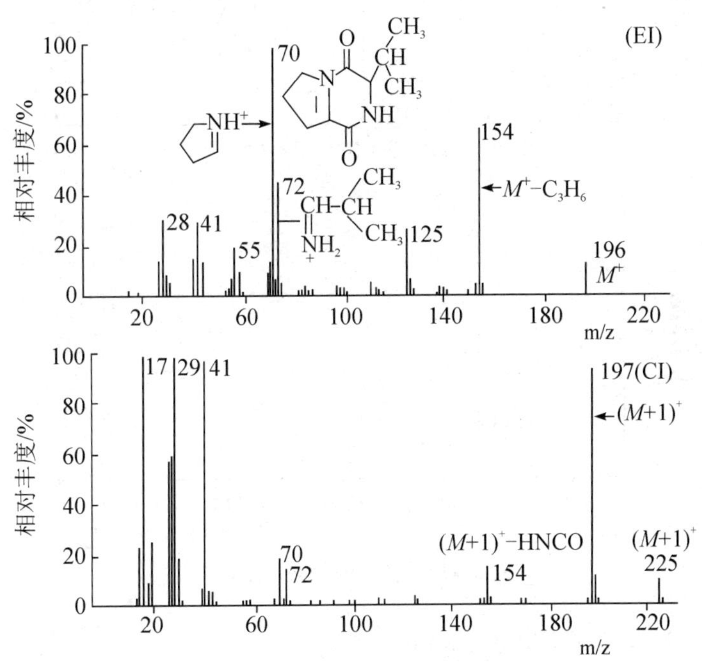

图2－15　化学电离源与电子电离源的比较

3）场电离源（field ionization，FI）

场电离源的主要构造如图2－16所示，其中最重要的部件是电极。阳极和阴极间的电压差达10kV。由于两级之间距离极其小，约10^{-4}cm，因而呈现的电压梯度可达10^8V/cm。若具有较大偶极矩和高极化率的样品分子与阳极相撞时，电子转移给阳极，而离子迅速被阴极加速而拉开，进入聚焦单元。阳极通常是一个尖锐的叶片或金属丝，其上长满微针，故称“金属胡须”发射器。由于场致电离源的能量约12eV，因此分子离子峰强度较大，有时也可以观察到准分子离子峰（如图 2－17），而碎片离子峰很少。

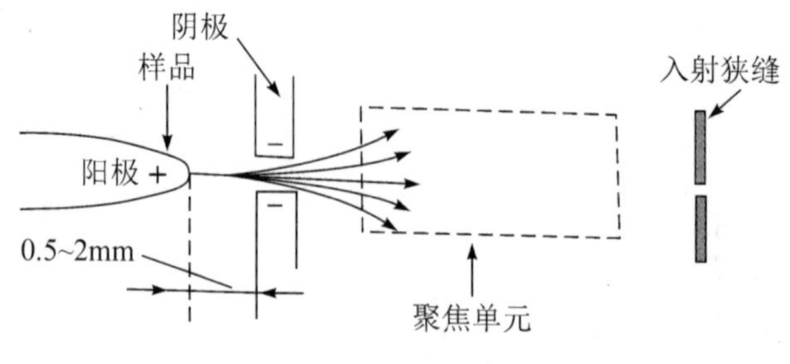

图 2－16　场电离源示意图

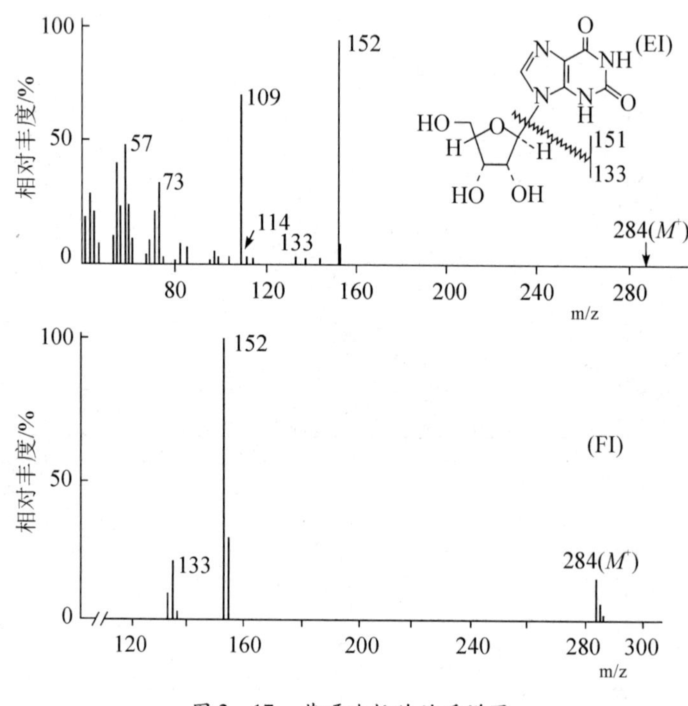

图 2－17　黄嘌呤核苷的质谱图

4）场解吸电离源（field desorption，FD）

场解吸电离源十分类似于场电离源，它有一个表面长满“金属胡须”（约 0.01mm 长）的阳极发射器。将样品溶液加于发射器表面，并将溶剂蒸发除去，在强电场中，样品分子中的电子跑入金属原子空轨道而放电，生成正离子，并由于库仑力，离子被逐出进入气相而不产生热分解。与前三种电离技术相比，场解吸源是最弱的电离技术，一般只产生分子离子峰和准分子离子峰，碎片峰极少（如图 2－18）。它特别适用于热不稳定和非挥发性化合物的质谱分析，在推断复杂未知物的结构时，若有条件，将电子电离、化学电离及场解吸三种离子源的质谱图加以比较，有助于未知物的鉴定。

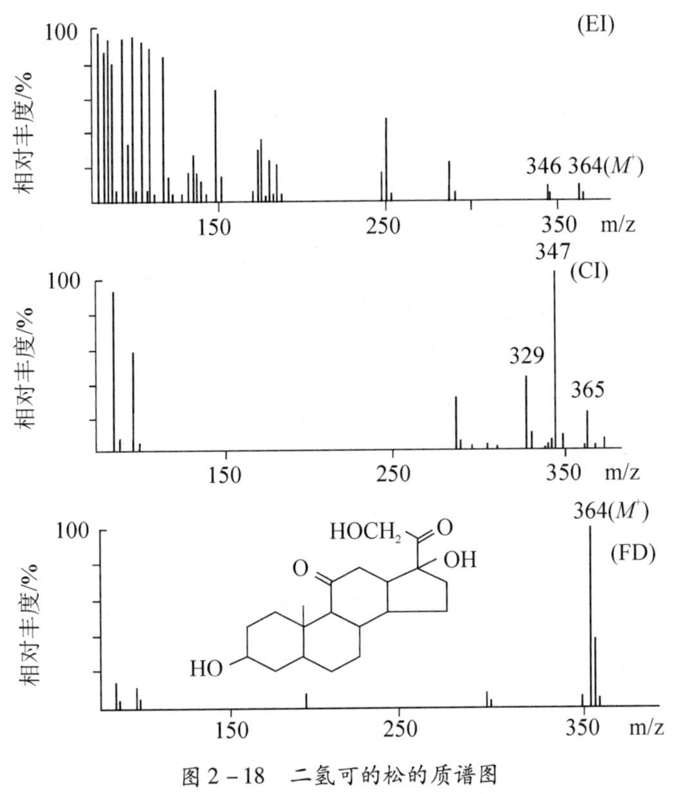

图 2－18 二氢可的松的质谱图

5）激光解吸源（laser desorption，LD）

样品被短周期、强脉冲激光轰击，产品共振吸收而使能量转移至样品。通常激光脉冲所加时间约为 1～100μs。若将低浓度样品分散在液体或固体基质中（摩尔比约 1∶5 000～1∶100），而该基质可以强烈地吸收激光，从而使能量间接转移到样品分子上，避免了样品的分解。利用这种技术，可以分析生物大分子，如长链肽、蛋白质、齐聚核苷酸、齐聚多糖，它是测定生物大分子分子量的有力手段，这种源又称为基质辅助激光解吸源。图 2－19 为 1×10^{-12}mol 马的细胞色素质谱图，其基质为 2，5－二羟基苯甲酸。

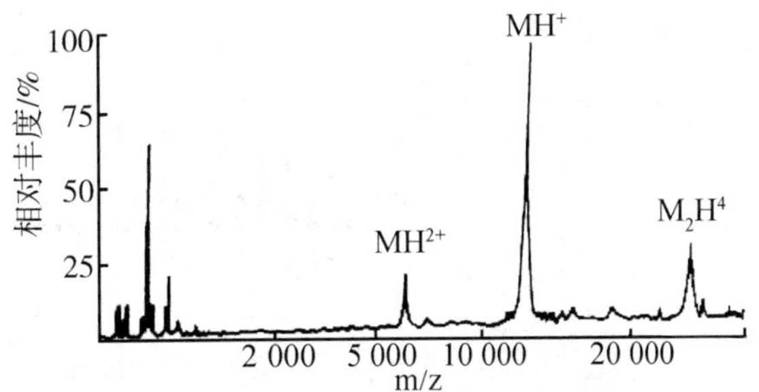

图 2－19 用基质辅助激光解吸源质谱法分析马细胞色素

6）快速原子轰击离子源（fast atom bombardment，FAB）

快速原子轰击源结构如图 2－20（a）所示，轰击样品的原子通常是稀有气体，如氙或氩。为了获得高动能，首先应让气体原子电离，然后通过电场加速，再与热的气体原子进一步碰撞导致电荷和能量的转移。快速运动的原子碰撞到涂有样品的金属板上，通过能量转移使样品分子电离，生成二次离子。在电场作用下，这些离子穿过狭缝进入质量分析器。通常将样品溶于惰性的非挥发性液体，如丙三醇中，然后以单分子层覆盖于探针表面，以提高电离效率，而悬浮样品不适合。采用快速原子轰击源的优点是：①分子离子和准分子离子峰强；②碎片离子也很丰富；③适合于热不稳定、难挥发的样品。缺点是：溶解样品的液体也被电离而使质谱图复杂化，但是这种可以预料的背景是不难克服的。图 2－20（b）为快速原子轰击源质谱图。

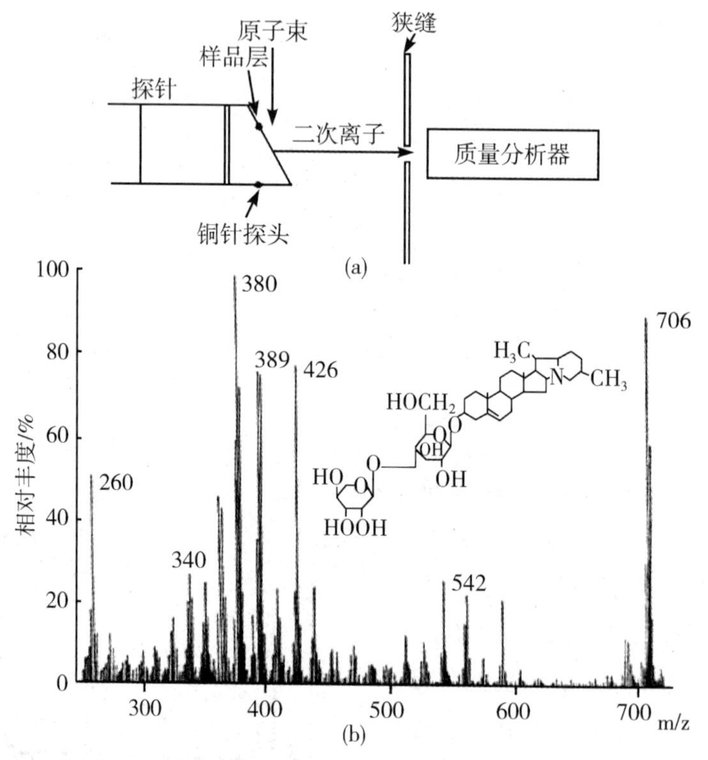

图 2－20　快速原子轰击及质谱图

7）电喷雾电离源（electro spray ionization，ESI）

在电喷雾电离源中，样品溶液从毛细管尖口喷出，在毛细管末端与围绕毛细管的圆筒状电极之间加以 3～6kV 电压，此时离开毛细管的液体不呈液滴状，而呈喷雾状。这些极微小的雾滴是在大气压条件下形成的，其表面的电荷密度较高。当溶剂被干燥的气体携带穿过喷雾而蒸发后，液滴表面的电荷密度增加。当电荷密度增加到一个临界点（称为瑞利稳定限）时，由于静电场的排斥力大于表面张力，使液滴变得更细小。这一静电排斥过程不断重复，液滴变得越来越细微，带电荷的样品离子就被静电力喷入气相而进入质量分析器，如图 2－21 所示。

电喷雾电离源可以采用正离子或负离子模式，这取决于被分析离子的极性。在 pH

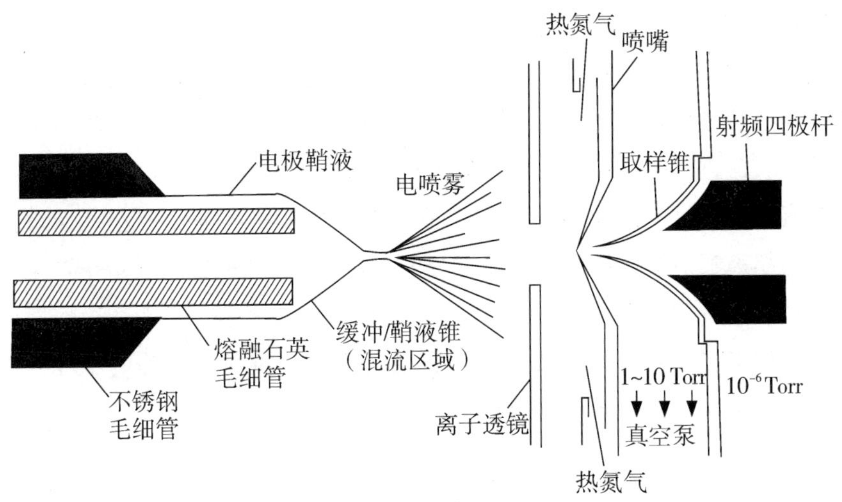

图 2－21　电喷雾离子源工作示意图

不同的溶液中，酸分子可形成负离子，而碱分子可形成正离子。因此为了分析正离子，毛细管尖口可带正电荷；反之，则带负电荷。被分析的离子还包括加合离子，如分析聚乙烯乙二醇，可以制备成含乙酸铵的溶液，由于 NH_4^+ 与氧原子之间形成加合物就产生新的带电荷的离子。样品离子所带电荷数目取决于被分析物的结构和溶剂。

电喷雾电离源的最大优点是：①样品分子不发生裂解，故称采用这种电离源的质谱为无碎片质谱。这特别适合于热不稳定的生物大分子，如肌红蛋白等分析；②取决可以获得一组分子离子电荷呈正态分布的质谱图，如图 2－22 所示。用合适软件计算后可标出电荷数，计算出分子量。由于在电喷雾质谱图中存在多电荷离子，使离子的 m/z 值减小，从而使 m 值很大的离子出现在质谱图中，因此它容易测定生物大分子的分子量。

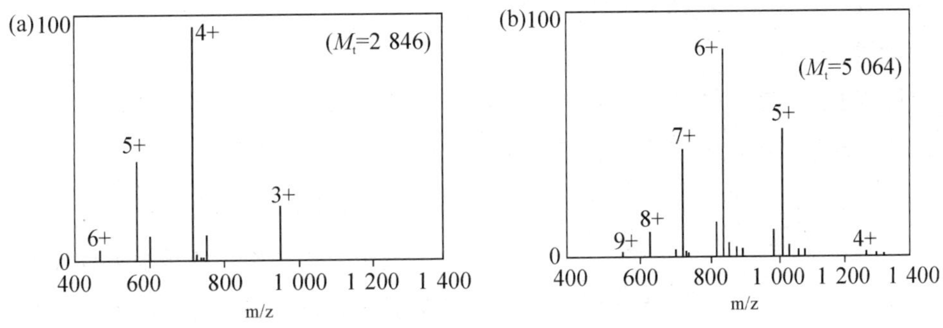

图 2－22　波状热菌素（a）与人体甲状旁腺素（b）的电喷雾源质谱图

8）无机物质谱电离源

适合于无机物分析的电离源主要是电感耦合等离子体源（inductively coupled plasma，ICP）、激光诱导等离子体源以及火花源。电感耦合等离子体源适合于分析液体样品，后两种可直接用于固体分析，用于质谱分析的火花源与原子发射光谱中的火花源的根本区别在于前者处于真空条件，后者处于常压下。

电感耦合等离子体源与原子发射光谱中使用的这种源基本相同。只是需将常压下产生的离子通过接口传输到处于真空状态下的质量分析器，如图 2－23 所示。当被分析样品的气溶胶流进入等离子体源，在等离子体标准分析区内生成的离子超声喷射流，首先进入具有固定电压的处于冷却的采样锥（形状似横置的漏斗）小孔而被提取。被此小孔收集的超声喷射流的中心线气流部分的1%再进入截取锥（截取锥与采样锥及等离子距中心处于同一轴线上），然后进入离子透镜系统。离子透镜系统由串联的多个电极组成，并施加电压，其特性类似于光学透镜，离子透镜内弧形等电压可使通过锥孔后而膨胀的离子束聚焦而进入质量分析器。

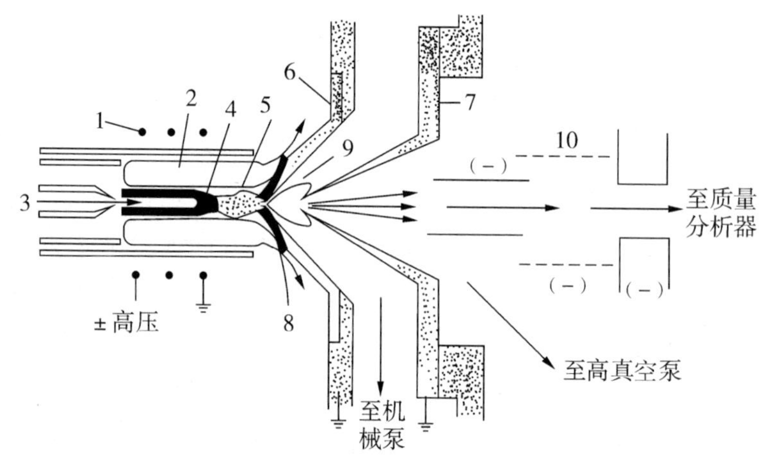

图 2－23　ICP－MS 联用示意图

1. 炬管和负载线圈；2. 感应区；3. 气溶胶流；4. 初辐射区；5. 标准分析区；6. 采样链；7. 辅助气；8. 超声喷射流；9. 采样锥；10. 离子透镜

3. 质量分析器

能将离子源中生成的各种正离子按质量大小分离的部件称为离子分离器，又称质量分离器。各类质谱仪的主要差别在于质量分析器。

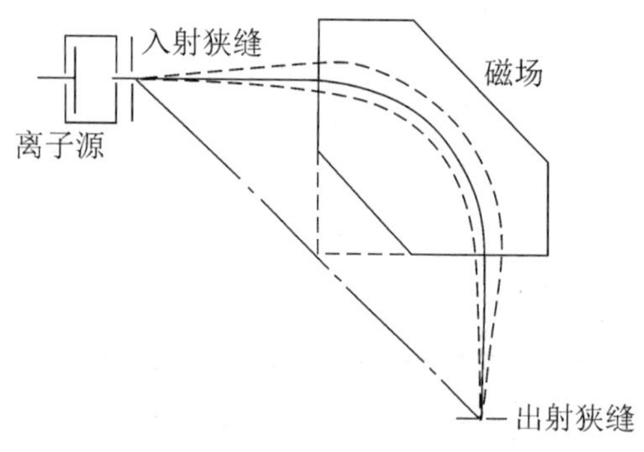

图 2－24　单聚焦磁偏转型

1）单聚焦磁偏转型

在离子源中产生的离子被电场加速后进入入射狭缝，然后进入磁场，偏转 90°后穿过出射狭缝，再聚焦于收集极，如图 2－24 所示。当这些离子垂直进入均匀的磁场时，由于磁场的作用，使离子做圆周运动。当具有相同质荷比的离子束，在进入入射狭缝时，各离子的运动轨迹是发散的，但在通过磁偏转型质量分析器之后，发散的离子束又重新聚焦于出射狭缝处，磁偏转型质量分析器的这种功能称为方向聚焦。采用该类型的质量分析器，往往会有以下特点：①相同质荷比，入射方向不同的离子均能汇聚成为离子束；②m/z 相同，运动速度 v 有微小差异的离子在通过磁场后会发散，导致仪器的分辨率降低。

2）双聚焦型

通过方向聚焦可以使质荷比相同而发射角度不同的离子重新聚焦于出射狭缝处，但无法使质荷比相同而能量（即射入质量分析器的速度）不同的离子完全聚焦于出射狭缝，影响分辨率的提高。若在离子源和磁场之间增加一个静电分析器，就可以消除相同质荷比离子由于动能的差别而产生的误差，双聚焦型质量分析器如图 2－25 所示。当离开入射狭缝的离子束在穿过静电分析器的环形通道时，离子运动的轨道半径可以通过外加静电场控制。离子运动轨迹不仅是质荷比的函数，也是离子动能的函数。只有动能与运动半径相匹配的离子才能通过静电分析器实现能量聚焦，然后再进行方向聚焦，经过双聚焦之后，分辨率大为提高。即质量相同，能量不同的离子通过电场和磁场时，均产生能量色散；两种作用大小相等，方向相反时互补实现双聚焦，大大提高了分辨率。

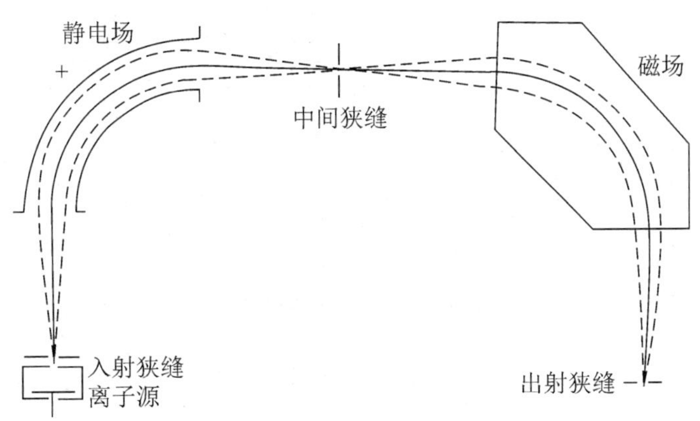

图 2－25　双聚焦质量分析器

3）四极杆质量分析器

四极杆质量分析器完全不同于前面介绍的分析器，其结构如图 2－26 所示。该分析器由两对高度平行的圆形金属极杆（长 0.1～0.3m）组成，精密地固定在正方形的四个角上。A、B 极杆处于 X 轴，C、D 极杆处于 Y 轴。其中一对加以直流电压 V_{DC}，另一对加以射频电压 $V_{RF\cos Wt}$（V_{RF}为射频电压振幅，W 为射频振荡频率，t 为时间）。加在两对极杆之间的总电压为：$V_{DC}+V_{RF\cos Wt}$。由于频射电压大于直流电压，此时四极之间的空间处于射频调制的直流电压的两种力场的作用下。当正离子进入就偏向负极，动能越低的离子越容易偏离。当射频电压使 A 极带负电，C 极带正电，则正离子偏向 A

极；反之，正离子偏向 C 极。射频的交变频率为108Hz，极杆的极性变化极其迅速。射频电压相当于增补或递减了固定的直流电压，离子也就按瞬时变化的电压差在极杆之间偏转。对于 B，D 极杆来说，同理，只是加到 A 和 C 极上的频射与加到 B 和 D 极上的射频是180°的相位差。只有在一对特定直流和射频电压时，具有特定动能的离子才能通过，其他离子则与极杆相撞。若使直流和射频电压振幅按不同比率改变或通过改变射频频率则可实现质量扫描，使不同质荷比的离子依次到达检测器。

四极杆质量分析器的优势在于：①分辨率较高；②分析速度极快，最适合与气相色谱仪和高效液相色谱仪联用，但是准确度和精密度低于磁偏转型质量分析器。

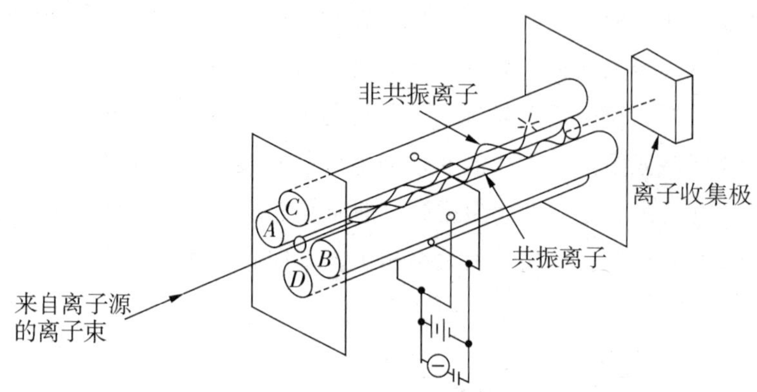

图 2－26　四极杆质量分析器

4）离子回旋共振质量分析器

采用离子回旋共振质量分析器的质谱仪是一种新型的质谱仪，又称傅里叶变换质谱仪，它的基本原理完全不同于磁偏转与四极质谱仪，而是建立在离子回旋共振技术的基础上。它的核心部件，离子回旋共振室的结构如图 2－27 所示。

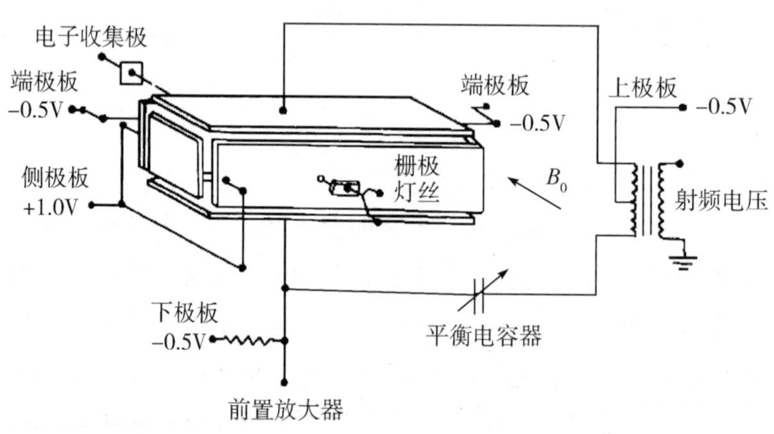

图 2－27　离子回旋共振室结构

离子回旋共振质谱仪的优点是：①分辨率高，容易区分相同标称相对分子质量的离子，如 N_2^+，$C_2H_4^+$ 和 CO^+ 等，分辨率高达 2.5×10^5，对推断精确的经验式极有价值；②可检测的离子的质量范围宽，可达 10^3；③可用于研究气相离子反应。因为离子在分析器中停留时间长，增加了分子－离子碰撞概率，导致离子－分子反应的发生。缺点是对真空度要求严格，仪器费用昂贵。

4. 信号检测和数据系统

离子的检测可采用电子倍增器，电子倍增器的原理类似于光电倍增器，它可以记录约 10^{-18}A 的电流，现代质谱仪都在计算机控制下操作。

二、离子的主要类型

1. 分子离子

分子失去一个电子而生成的离子称为分子离子或母离子，相应的质谱峰称为分子离子峰或母峰，用 *M* 表示。“+”表示带一个电子电量的正电荷，“·”表示它有一个未成对电子，是游离基。大多数分子容易失去 1 个电子，因此分子离子的质荷比值（*m/z*）等于分子量，这就是利用质谱仪来确定有机化合物分子量的依据。

分子离子峰具有以下特点：

①分子离子峰通常出现在质荷比最高的位置，存在同位素峰时例外。分子离子峰的稳定性决定于分子结构。芳香族、共轭烯烃及环状化合物等的分子离子峰强，见图 2－28；脂肪醇、胺、硝基化合物及多侧链化合物等很弱，甚至不出现，见图 2－29。

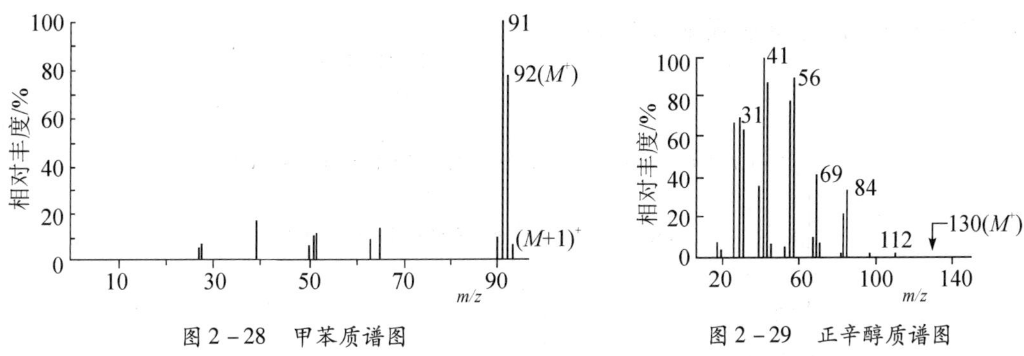

图 2－28 甲苯质谱图　　图 2－29 正辛醇质谱图

②分子离子峰左边 3～14 原子质量单位范围内一般不可能出现峰，因为同时使一个分子失去 3 个氢原子几乎不可能，而能失去的最小基团通常是甲基，即 $[M-15]^+$ 峰。

③凡是分子离子峰应符合“氮规则”。氮规则表明相对分子质量为偶数的有机化合物一定含有偶数个氮原子或不含氮原子；相对分子质量为奇数的，则只能含奇数个氮原子。

分子离子峰的主要用途是确定化合物相对分子质量。利用高分辨率质谱仪给出精确的分子离子峰质量数，是测定有机化合物相对分子质量的最快速、可靠的方法之一。

2. 同位素离子

由于不同元素的同位素含量不相同，因而在质谱图中出现强度不等的同位素峰。由于这些元素存在，往往在分子离子峰右边 1 或 2 个质量单位处出现 $[M+1]^+$ 或 $[M+2]^+$ 峰。从 $[M+2]^+$ 或 $[M+1]^+$ 峰的强度可以推断存在的同位素，常见同位素离子丰度见表 2－6。

表 2－6　天然同位素丰度（以最大同位素为 100）

同位素	$[M+1]^+$	$[M+2]^+$
^{13}C	1.08	—
^{2}H	0.016	—
^{15}N	0.38	—
^{17}O	0.04	—
^{18}O	—	0.20
^{33}S	0.78	—
^{34}S	—	4.40
^{37}Cl	—	32.00
^{81}Br	—	98.00

3. 碎片离子

碎片离子是由于离子源的能量过高，使分子中的某些原子键断裂而形成，利用碎片离子提供的信息，有助于推断分子结构。正丁酸甲酯的质谱图及 m/z 43，m/z 71 和 m/z 59 的碎片离子裂解过程见图 2－30。

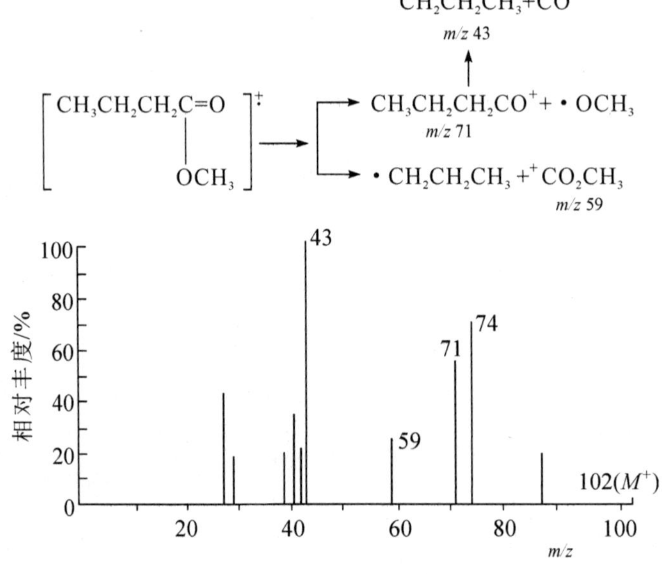

图 2－30　正丁酸甲酯的质谱图及碎片离子裂解过程

4. 重排离子

分子离子在裂解的同时，可能发生原子或原子团的重排，产生比较稳定的重排离子。最典型的就是麦氏重排（Mclafferty rearrangement，*Mcl*）重排，其特点是 γ 氢转移至羟基氧原子上。图 2－31 中的 m/z 74 峰，就是重排的结果。

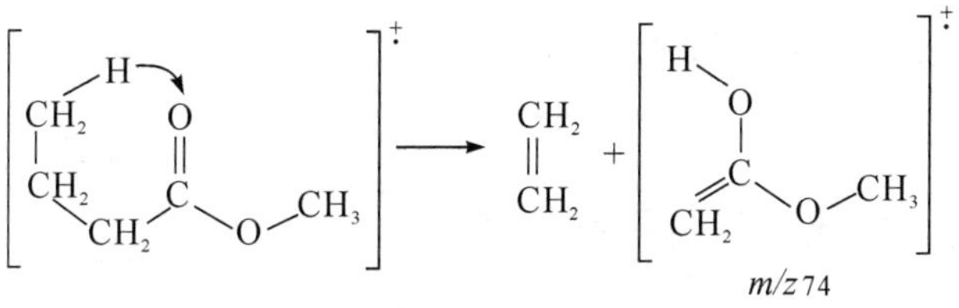

$$\left[\text{CH}_2\text{CH}_2\text{CH}_2\text{C}(=\text{O})\text{OCH}_3\right]^{+\cdot} \longrightarrow \text{CH}_2{=}\text{CH}_2 + \left[\text{CH}_2{=}\text{C}(\text{OH})\text{OCH}_3\right]^{+\cdot}$$

m/z 74

图 2－31　McLafferty 重排

5. 亚稳离子

当样品分子在电离室中生成 M_1^+ 以后，一部分离子被电场加速，经质量分析器到达检测器，另一部分 M_1^+ 就在电离室内进一步裂解成 M_2^+ 和中性碎片。

三、有机化合物的裂解规律

1. 常见有机化合物的裂解特点

1）分子结构与离子的关系

分子离子的裂解是一个复杂的竞争和连续反应的过程，得到何种裂解产物决定于母体与裂解产物的稳定性。质谱图正是这种竞争结果的反映。裂解最容易的途径是能生成最稳定离子的分裂途径和能生成稳定中性分子的途径。

2）离子裂解与电子奇偶数关系

分子离子的裂解遵循以下规律：

$M^{+\cdot}$（奇数电子）$\rightarrow A^+$（偶数电子）$+R^{\cdot}$（游离基）

$M^{+\cdot}$（奇数电子）$\rightarrow B^{+\cdot}$（奇数电子）$+N$（中性分子）

3）离子裂解数与离解电位关系

对以下两种裂解方式，何种方式最可能，相对丰度强，这要决定于离解电位的高低。由于第一种裂解方式的离解电位低，因此占优势。

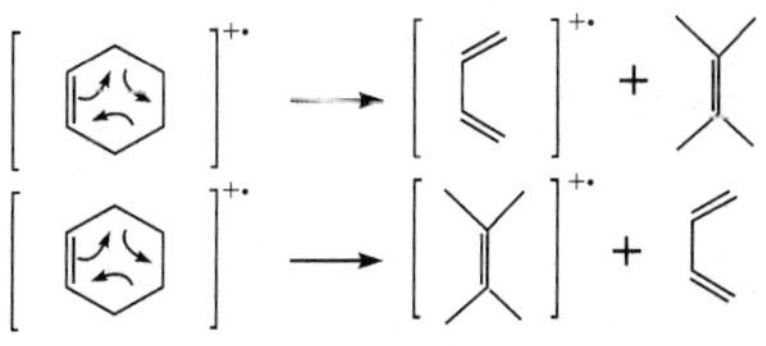

4）离子的 3 种裂解方式

裂解是指分子中有一个键开裂，有 3 种方式：均裂、异裂和半异裂。

均裂指一个σ键开裂，每个碎片保留一个电子，即

$$X - Y \longrightarrow X^{\cdot} + Y^{\cdot}$$

异裂指一个σ键开裂，两个电子都归属一个碎片，即

$$X - Y \longrightarrow X^{+} + Y^{:}$$

半异裂指离子化的σ键开裂，即

$$X \overset{+\cdot}{} Y \longrightarrow X^{+} + Y^{\cdot}$$

2. 重要类型有机化合物的裂解规律

1）烃类

饱和脂肪烃裂解时具有以下特点：

①生成一系列奇数质量峰，m/z 15，29，43…；

②m/z 43（$C_3H_7^+$）和m/z 57（$C_4H_9^+$）峰最强；

③若有侧链存在，裂解优先发生在侧链处。

烯烃的裂解特点是：

①有明显的一系列 41 + 14n（n = 0，1，2…）峰；

②基峰是由裂解形成$CH_2=CHCH_2^+$（m/z 41）产生的。

芳烃的裂解特点是[18-20]：

①分子离子峰强；

②在烷基芳烃中，基峰在m/z 91（$C_7H_7^+$），若芳环的α位上的碳原子被取代，基峰变成 91 + 14n，m/z 91 峰失去一个乙炔分子而成m/z 65 峰；

③在烷基碳原子数等于或大于 3 时，会发生一个氢原子的重排，且失去一中性分子后生成m/z 92 峰。

$$[C_6H_5-CH_2CH_2CH_2CH_3]^{+\cdot} \longrightarrow [C_6H_5-CH_2]^{+} (m/z\ 91) + \cdot CH_2CH_2CH_3$$

m/z 91 → m/z 91 → m/z 65

m/z 92 $+ CH_2{=}CH{-}CH_3$

2）羟基化合物

脂肪醇的裂解特点是[18-20]：

①分子离子峰很弱或不存在，长链脂肪醇尤其如此；

②由于失去一分子水，并伴随失去一分子乙烯，生成$(M-18)^+$和$(M-46)^+$峰。

$$\begin{array}{l} RHC—H \quad \overset{+\cdot}{O}H \\ H_2C—CH_2—CH_2 \end{array} \longrightarrow \left[\begin{array}{l} RCH—CH_2 \\ CH_2—CH_2 \end{array}\right]^{+\cdot} + H_2O \quad (M-18)$$

$$\longrightarrow [CH_2=CHR]^{+\cdot} + CH_2=CH_2 + H_2O \quad (M—46)$$

酚和芳香醇的裂解特点是[18-20]：

①酚的分子离子峰很强；

②由于失去 CO 或 CHO 基团，生成（$M-28$）$^+$或（$M-29$）$^+$峰；

③甲基取代酚先失去一个甲基氢原子，然后裂解脱去 CO 或 CHO 基团，2-烷基取代酚常出现（$M-18$）$^+$峰，这是由于邻位效应而易失去一分子水；对、间位取代的（$M-18$）$^+$峰较弱；

m/z 108　　m/z 107

-H·　-CO　-2H

m/z 79　　m/z 77

④芳香醇，例如苯甲醇的裂解类似于烷基取代酚，同时也有（$M-2$）$^+$或（$M-3$）$^+$峰。

CH_2OH　-2H　$CH=O$　-H·　$C\equiv\overset{+}{O}$

-H·　HO　-CO　-2H　H H

3）羰基化合物

（1）酮类的裂解特点是[18-20]：

①分子离子峰较强；

②主要是 α 断裂，可以发生在与羰基连接的任意一个键上，但以失去较大烷基碎片的概率较大；

$$\begin{array}{l} R \\ \quad \backslash \\ \quad C=\overset{+\cdot}{O} \\ \quad / \\ R_1 \end{array} \longrightarrow R—C\equiv\overset{+}{O} + \cdot R_1 \quad (R_1 > R)$$

③长链烷基基团能断裂产生 $43+14n$ 系列碎片离子；

④麦氏重排；

⑤芳香酮有强的分子离子峰，基峰来自以下断裂：

$$C_6H_5-\overset{+\cdot}{C}(=O)-R \xrightarrow{-R^{\cdot}} C_6H_5-C\equiv\overset{+}{O}$$

(2) 醛类的裂解特点是：

①在 $C_1\sim C_3$ 醛中，生成稳定的 CHO^+ 离子，是基峰。在高碳数直链醛中会形成 $(M-29)^+$ 峰，其他特点同酮；

$$R-\underset{\displaystyle H}{\underset{|}{C}}=\overset{+\cdot}{O} \longrightarrow R^+ + HC\equiv\dot{O}$$

$$m/z\ M-29$$

②芳香醛易生成苯甲酰阳离子。

4) 醚类

它的裂解特点是[18-20]：

①脂肪醚可发生一系列 α，β 断裂，生成 $31+14n$（$n=0,2,\cdots$）一系列碎片：

$$CH_3CH_2-\underset{\displaystyle CH_3}{\underset{|}{CH}}-\overset{+\cdot}{O}-CH_2CH_3$$

$$CH_3\dot{C}H_2 + CH_3CH=\overset{+}{O}-CH_2CH_3 \quad m/z\ 73 \qquad\qquad \dot{C}H_3 + CH_3CH_2CH=\overset{+}{O}-CH_2CH_3 \quad m/z\ 87$$

$$\downarrow \qquad\qquad\qquad\qquad \downarrow$$

$$H_2C=CH_2 + CH_3CH=\overset{+}{O}H \quad m/z\ 45 \qquad\qquad H_2C=CH_2 + CH_3CH_2CH=\overset{+}{O}H \quad m/z\ 59$$

②脂肪醚的 α 断裂，生成 $31+14n$ 一系列碎片；

③较长烷基链的芳醚按下式断裂；芳醚的分子离子峰较强。

$$C_6H_5-\overset{+\cdot}{O}CH_2CH_2R \longrightarrow C_6H_5-\overset{+\cdot}{O}H + CH_2=CHR$$

5) 羧酸、酯和酰胺

它们的裂解特点是[18-20]：

①发生 α 断裂：

$$RC(=O^{+\cdot})OH \longrightarrow HO\text{—}C\equiv\overset{+}{O} + R\cdot$$

$$m/z\ 45$$

$$R_1C(=O^{+\cdot})OR_2 \longrightarrow R_1\text{—}C\equiv\overset{+}{O} + OR_2^{\cdot}$$

$$RC(=O^{+\cdot})NH_2 \longrightarrow NH_2\text{—}C\equiv\overset{+}{O} + R\cdot$$

$$m/z\ 44$$

②有 γ 氢存在，则发生麦氏重排。

6）胺

它的裂解特点是：

①相对于 N 原子的 α 与 β 位碳原子之间的键断裂而产生基峰：

$$R_1\text{—}CH_2\text{—}\overset{+\cdot}{N}(R_3)\text{—}R_2 \longrightarrow Ri + CH_2\text{—}\overset{+}{N}(R_3)\text{—}R_2$$

$$m/z\ 30,\ 44,\ 58,\ \cdots$$

②对于仲胺和叔胺，其裂解方式十分类似于醚：

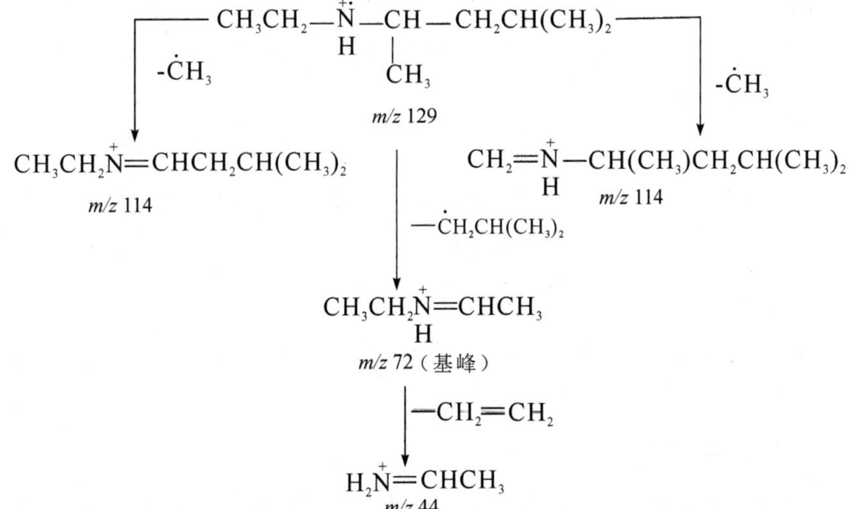

③芳香胺的分子离子峰强，烷基侧链的断裂同脂肪胺。许多芳香胺中有中等强度的（$M-1$）$^+$峰。它们脱去 HCN，H_2CN 的过程类似于苯酚脱去 CO，CHO。

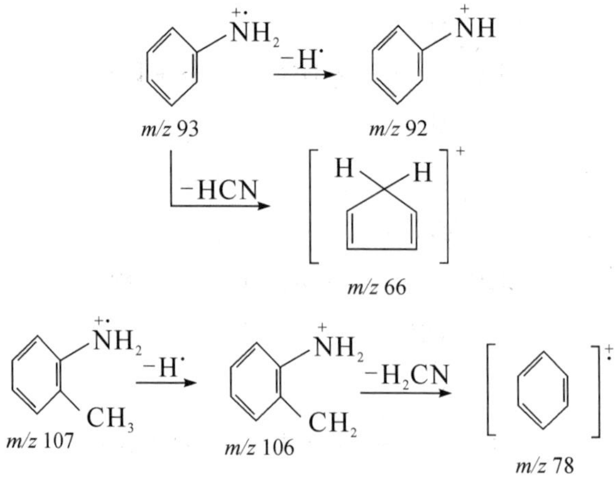

m/z 93 $\xrightarrow{-H^{\cdot}}$ m/z 92

m/z 93 $\xrightarrow{-HCN}$ m/z 66

m/z 107 $\xrightarrow{-H^{\cdot}}$ m/z 106 $\xrightarrow{-H_2CN}$ m/z 78

四、质谱分析法的应用

1. 有机化合物结构的鉴定

从未知化合物的质谱图进行推断，其步骤大致如下：

①确认分子离子峰；

②利用同位素峰信息；

③利用化学式计算不饱和度；

④充分利用主要碎片离子的信息，推断未知物结构；

⑤综合以上信息或联合使用其他手段最后确证结构式。

2. 相对分子质量及分子式的测定

用质谱法测定化合物的相对分子质量快速而精确，采用双聚焦质谱仪可精确到万分之一原子质量单位。利用高分辨率质谱仪可以区分标称相对分子质量相同，而非整数部分质量不相同的化合物。

用质谱法测定一个化合物的质量时，必须对 m/z 轴进行校正。对电子电离源和化学电离源，最常用的参比化合物是全氟煤油和全氟三丁基氨。对于这种校准化合物，在电离条件下及所要测量的 m/z 范围内能得到一系列强度足够的质谱峰。

3. 定量分析

定量一般采用内标方法，以消除样品预处理及操作条件改变而引起离子化产率的波动。

4. 反应机理的研究

用质谱法很容易检测某一给定元素的同位素，使同位素标记法得到广泛的应用。利用稳定的同位素来标记化合物，用它作示踪物来测定在化学反应或生物反应中该化合物的最终去向。这对研究有机反应的机理极为有用。例如要研究在某一特定下的酯的水解机理，是属酰氧断裂还是烷氧断裂，可设法使指定酯基的氧以^{18}O标记，然后只要跟踪^{18}O是在水解生成的烷醇中，还是在酸中。若在烷醇中，则是酰氧断裂，反之，属烷氧断裂。

5. 质谱在药物分析中的应用实例

例：某一化合物的质谱数据如下，试确定其结构。已知其化学式为$C_8H_{16}O$。

m/z	43	57	58	71	85	86	128
相对丰度/%	100	80	57	77	63	25	23

解：

（1）不饱和度为1。

（2）不存在烯烃所特有的基峰 m/z 41，以及一系列 $41+14n$，因此可能是羰基提供的不饱和度。

（3）可推断存在以下碎片离子：C_3H_7，CH_3CO（m/z 43）；C_4H_9，C_2H_5CO（m/z 57）；C_5H_{11}，C_3H_7O（m/z 71）；C_6H_{13}，C_4H_9CO（m/z 85）。

（4）相对分子质量为128，其碎片离子质量出现偶数，一定是重排离子。最常见的麦氏重排必须有 γ 氢。

由以上信息可推断化合物结构式为：

$$CH_3CH_2CH_2\underset{\underset{O}{\|}}{C}CH_2CH_2CH_2CH_3$$

从碎片裂解规律可进一步证实：

$$\underset{m/z\ 128}{CH_3(CH_2)_2-\overset{\overset{+\cdot}{O}}{\overset{\|}{C}}-(CH_2)_3CH_3} \longrightarrow \underset{m/z\ 71}{CH_3(CH_2)_2-C\equiv\overset{+}{O}} + \cdot CH_2(CH_2)_2CH_3$$

$$m/z\ 71 \longrightarrow \underset{m/z\ 43}{{}^{+}CH_2CH_2CH_3} + CO$$

$$m/z\ 128 \longrightarrow CH_3CH_2CH_2 + \underset{m/z\ 85}{\overset{+}{O}\equiv C(CH_2)_3CH_3} \longrightarrow \underset{m/z\ 57}{{}^{+}CH_2CH_2CH_2CH_3} + CO$$

$$\underset{m/z\ 128}{H_3C-H_2C-CH_2-\overset{\overset{+\cdot}{O}}{\overset{\|}{C}}-CH_2-CH_2-CH(H)-CH_3} \longrightarrow \underset{m/z\ 86}{H_2C(H)-H_2C-CH_2-\overset{\overset{+\cdot}{OH}}{\overset{|}{C}}=CH_2} + CH_3-CH=CH_2$$

$$m/z\ 86 \longrightarrow \underset{m/z\ 58}{\dot{H_2C}-\overset{\overset{+}{O}H_2}{\overset{|}{C}}=CH_2} + H_2C=CH_2$$

§2－4 近红外光谱法

19 世纪初人们通过实验证实了红外光的存在。20 世纪初人们进一步系统地了解了不同官能团具有不同红外吸收频率这一事实。直到 1950 年以后出现了自动记录式红外分光光度计。随着计算机科学的进步，1970 年以后出现了傅里叶变换型红外光谱仪。红外测定技术如全反射红外、显微红外、光声光谱以及色谱－红外联用等也不断发展和完善，使红外光谱法得到广泛应用。

红外及拉曼光谱都是分子振动光谱。通过谱图解析可以获取分子结构的信息。任何气态、液态、固态样品均可进行红外光谱测定，这是其他仪器分析方法难以做到的。由于每种化合物均有红外吸收，尤其是有机化合物的红外光谱能提供丰富的结构信息，因此红外光谱是有机化合物结构解析的重要手段之一。

红外光近红外光谱仪（Near Infrared Spectrum Instrument，NIRS）[19－22]是介于可见光（Vis）和中红外（MIR）之间的电磁辐射波，根据光吸收波数的不同，将近红外光谱区定义为 780～2 526nm 的区域，是人们在吸收光谱中发现的第一个非可见光区。

产生红外吸收的主要原因在于能量在 4 000～400cm^{-1}的红外光不足以使样品产生分子电子能级的跃迁，而只是振动能级与转动能级的跃迁。由于每个振动能级的变化都伴随许多转动能级的变化，因此红外光谱也是带状光谱。分子在振动和转动过程中只有伴随净的偶极矩变化的键才有红外活性。因为分子振动伴随偶极矩改变时，分子内电荷分布变化会产生交变电场，当其频率与入射辐射电磁波频率相等时才会产生红外吸收。因此，除少数同核双原子分子如 O_2，N_2，Cl_2 等无红外吸收外，大多数分子都有红外活性。

近红外光谱区与有机分子中含氢基团（O－H、N－H、C－H）振动的合频和各级倍频的吸收区一致，通过扫描样品的近红外光谱，可以得到样品中有机分子含氢基团的特征信息，而且利用近红外光谱技术分析样品具有方便、快速、高效、准确和成本较低，不破坏样品，不消耗化学试剂，不污染环境等优点，因此该技术受到越来越多人的青睐。近红外区的光谱吸收带是有机物质中能量较高的化学键（主要是 CH、OH、NH）在中红外光谱区基频吸收的倍频、合频和差频吸收带叠加而成的。由于近红外谱区光谱的严重重叠性和不连续性，物质近红外光谱中的与成分含量相关的信息很难直接提取出来并给予合理的光谱解析。而有机物在中红外谱区的吸收带较多、谱带窄、吸收强度大及有显著的特征吸收性，传统的光谱学家和化学分析家习惯于在中红外基频吸收波段进行光谱解析，所以近红外谱区在很长一段时间内是被人忽视和遗忘的谱区。下文介绍了产生红外吸收的条件、分子的振动类型、基频倍频等概念以及近红外光谱仪的几种类型。

一、产生红外吸收的条件

（1）分子振动时，必须伴随有瞬时偶极矩的变化。一个分子有多种振动方式，只有使分子偶极矩发生变化的振动方式，才会吸收特定频率的红外辐射，这种振动方式称为具有红外活性。

（2）只有当照射分子的红外辐射的频率与分子某种振动方式的频率相同时，分子吸收能量后，从基态振动能级跃迁到较高能量的振动能级，从而在图谱上出现相应的吸收带。

二、分子的振动类型

1. 分子基团（或键）的振动频率

分子的绝大多数是多原子分子，其振动方式显然很复杂。但是，一个多原子分子总可以视作双原子分子的集合。

2. 分子的振动类型

分子的简正振动可分为两大类：伸缩振动和弯曲振动，后者也称变形振动。伸缩振动指化学键两端的原子沿键轴方向做来回周期运动，它又可分为对称与非对称伸缩运动。弯曲运动指使化学键的键角发生周期性变化的运动，它又包括剪式振动、平面摇摆、非平面摇摆以及扭曲振动。

（1）伸缩振动（v）：原子沿着键轴伸长和缩短，振动时键长有变化，键角不变。

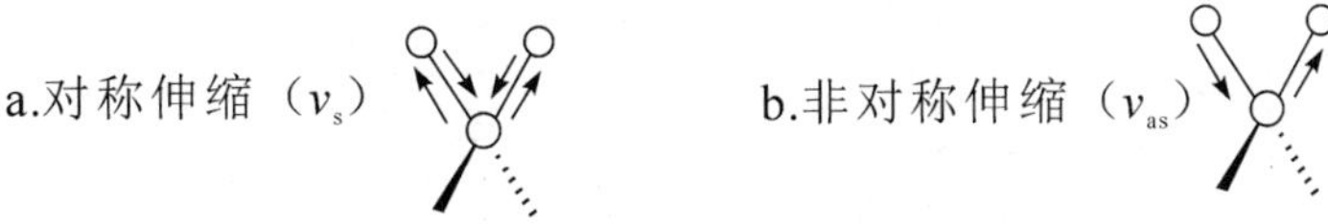

（2）弯曲振动（δ）：组成化学键的原子离开键轴而上下左右地弯曲。弯曲振动时，键长不变，但键角有变化。

①面内弯曲：

②面外弯曲：

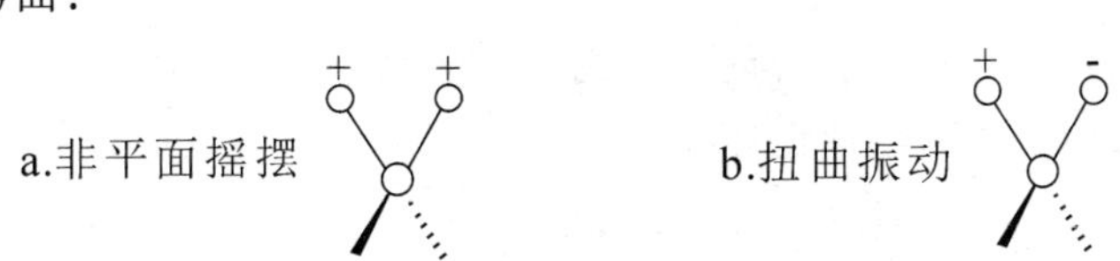

三、基频、倍频和组频

在室温下，绝大多数分子处于振动能级基态，在红外辐射激发下，分子从基态向 $\mu=1$ 的激发态跃迁，这种跃迁称为基本跃迁。基频：从基态跃迁到第一激发态的吸收频率称为基频。倍频：由于振动的非谐振性，到第二激发态、第三激发跃迁也可能发生，这些频率叫倍频。组频：组合频，两个或两个以上的基频之差或之和。

四、分子的振动自由度

多原子分子振动由伸缩振动、弯曲振动以及它们之间的耦合振动组成。在有 N 个原子组成的分子中，每个原子在空间的位置必须由 3 个坐标来确定，则由 N 个原子组成的分子就有了 $3N$ 个坐标，或称为有 $3N$ 个运动自由度。

五、近红外光谱仪

1. 近红外光谱仪的原理

当分子振动从低能级向高能级跃迁时，便会吸收一定波长的光，根据分子所吸收的特定波长的光便可得出分子所含有的化学基团。对于分子的振动，为了便于理解可以用经典力学来说明。用不同质量的小球代表原子，用不同硬度的弹簧代表各种化学键。

(m_1)0000000(m_2)

根据胡克（Hooke）定律，两个原子的伸展振动视为一种简谐振动，其频率可依下式近似估计：

$$\nu = \frac{1}{2}\pi\ \left(\frac{k}{\mu}\right)\ -\frac{1}{2}$$

式中，k 为力常数；μ 为折合质量 $=\frac{m_1 m_2}{m_1+m_2}$，m_1 和 m_2 分别为两个振动质点的质量。

$$\text{波数：}\bar{v}=\frac{1}{\lambda}=\frac{v}{c}=\frac{1}{2\pi c}\sqrt{\frac{k}{\mu}}$$

式中，π 和 c 为常数，吸收频率随键的强度的增加而增加，随键连原子的质量增加而减少。化学键的力常数越大，原子折合质量越小，则振动频率越高，吸收峰将出现在高波数区（即短波区）。

当振动频率和入射光的频率一致时，入射光就被吸收，因而同一基团基本上总是相对稳定地在某一稳定范围内出现吸收峰。

例如：C－C，C－N，C－O　1 300～800cm^{-1}

C = C，C = N，C = O　1 900 ~ 1 500cm^{-1}

C≡C，C≡N　2 300 ~ 2 000cm^{-1}

C – H，N – H，O – H　3 650 ~ 2 850cm^{-1}

在近红外光谱测量中，主要测量的是 C – H、N – H、O – H 基团。因此，在近红外光谱分析中，被测物质组成和结构的不同最终得到不同的光谱图。通过化学计量学的方法计算出样品的结构和红外光谱图之间的函数关系，再经过精确的校正，就可以根据测得的光谱图，计算出样品的结构等各种信息。当某一频率的红外光线聚焦照射在被分析的样品时，如果样品分子中某个基团的振动频率与所照射的红外线频率相等就会产生共振，这个基团就吸收一定频率的红外线，把分子吸收红外线的情况用仪器记录下来，便能得到反映试样成分的特征光谱，从而推测化合物的类型和结构。

2. 红外光谱区域的划分与种类

（1）一般说来，红外光谱可分为两部分：

① 3 800 ~ 1 400cm^{-1}部分是官能团特征吸收峰出现较多的部分，叫官能团区。

② 1 400 ~ 600cm^{-1}部分对各个化合物来说这一部分的特异性（个性）较强，其中各峰出现情况受整个分子结构影响较大，虽然也有官能团特征吸收落在此区域（特别是弯曲振动峰），但是总的说来，这一部分光谱是反映整体分子特征的，称为指纹区。它对鉴定各个有机化合物是很有用的。

（2）吸收峰的种类

①基频吸收峰：分子吸收红外光主要发生由基态到第一激发态的跃进，由这种跃进所产生的吸收叫基频吸收。振动的频率与其吸收峰频率是一样的。

②倍频峰：有的基团除了在基频有强的吸收外，在比基频高 1 倍或 n 倍处还出现了弱的吸收，称倍频峰。倍频带的频率约等于基频带的整数倍，一般只有第一倍频带具有实际意义。吸收频率近似于基频的 2 倍。

3. 红外光谱仪的组成

色散型红外光谱仪的原理可通过图 2 – 32 进行说明，从光源发出的红外辐射分成两束，一束通过试样池，另一束通过参比池，然后进入单色器。在单色器内，先通过以一定频率转动的扇形镜（即斩光器），其作用与其他的双光束光度计类似，即周期性地将光切割为两束，使试样光束和参比光束交替地进入单色器中的色散棱镜或者光栅，最后进入检测器。而随着扇形镜的转动，检测器就交替地接受这两束光。假定从单色器发出的是某波束的单色光，而该单色光不被试样吸收，此时两束光的强度相等，检测器不产生交流信号；改变波数，若试样对该波数的光产生吸收，则两束光的强度有差异，此时就在检测器上产生一定频率的交流信号（其频率决定于斩光器的转动频率）。通过交流放大器放大，此信号即可通过系统驱动参比光路上的光楔（即光学衰减器）进行补偿，此时减弱参比光路的光强度，使投射在检测器上的光强度等于试样光路的强度。试样对某一波数的红外光吸收越多，光楔也就越多地遮住参比光路以使参比光强同样程度地减弱，便两束光重新处于平衡。试样对各种不同波数的红外辐射的吸收有多有少，参比光路上的光楔也就相应地按照比例移动以进行补偿。记录仪与光楔同步，因而光楔部位的改变相当于试样的透光率，它作为纵坐标直接记录下来。由于单色器内棱镜或光栅的转动，使单色光的波数连续地发生改变，并与记录仪保持同步，即为横坐标，因此就可获得透光率 *T*/% 对波数（或波长）的红外吸收光谱曲线图。

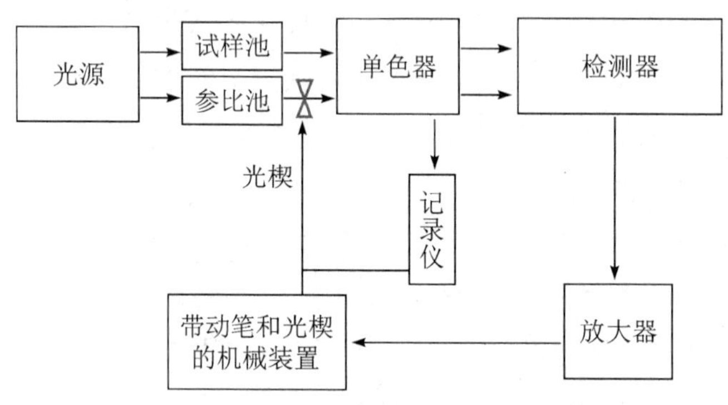

图 2－32　色散型红外光谱仪原理示意图

1）光源

红外光谱仪中所用的光源通常是一种惰性固体，用电加热使之发射高强度连续红外辐射。常用的有能斯特灯和硅碳棒两种。

能斯特灯是由氧化锆等材料烧结而成，是一种直径为 1～3mm，长 20～50mm 的中空棒或者实心棒，其两端往往缠绕有铂金丝作为导线。在室温下，它是一种非导体，然而当加热至 800℃高温时，则成为导体并具有电阻效应。因此在进行实验之前一定要进行预热，这种光源的特点是发出的光强度高，使用寿命往往可达到半年至 1 年之久，但机械强度较差，稍微受压或者受扭就会发生损坏。

硅碳棒一般是两端较粗，中间较细的实心棒，中间为其发光部位，其直径约为 5mm，长度约为 50mm。硅碳棒在室温下是导体，并具有正向的电阻系数，工作温度 1 300℃，不需要预热。与能斯特灯相比，它的优势在于坚固、寿命长，发光面积大；其缺点则为工作时电极接触部分需要用水冷却。

2）单色器

与其他波长范围内工作的单色器相类似，红外单色器也是由 1 个或者几个色散元件（例如棱镜或光栅），可变的入射狭缝和出射狭缝，以及用于聚焦和反射光束的反射镜所构成。在红外仪器中一般不使用透镜，以免产生色差。另外，根据不同的工作波长区域选用不同的透光材料来制作棱镜（以及吸收池窗口和检测器窗口等）。由于大多数的红外光学材料易吸湿，因此在使用过程中一定要注意防潮。

3）检测器

常见的红外检测器有真空热电偶、热释电检测器和汞镉碲检测器。真空热电偶检测器是色散型红外光谱仪中最为常用的一种检测器。它利用两种不同导体构成闭路时的温差现象，进而将温差转变为电位差。

傅里叶变换红外光谱仪中使用的是热释电检测器和汞镉碲检测器，热释电检测器就是用硫酸三苷肽（简称为 TGS）的单晶薄片作为检测元件。其极化效应与温度有关，随着温度的升高，极化效应降低。将 TGS 薄片正面真空镀 Ni－Cr，背面镀 Cr－Au 形成两电极。当红外光照射引起温度升高进而使其极化度改变，表面电荷减少，相当于因热释放了部分电荷（即为热释电），经放大转变为电压或电流的方式进行测量。热释电晶片封于真空中以提高灵敏度。此检测器具有结构简单、性能稳定、响应速度快等特点，能实现高速扫描。

汞铬碲检测器（简称 MCT 检测器）的检测元件是由半导体碲化镉和碲化汞混合制成，改变混合物组成可得不同测量波段、灵敏度各异的检测器。其灵敏度高于 TGS，相应速度快，适用于快速扫描测量和色谱－红外光谱（傅里叶变换红外光谱）的联用。

六、烃的特征吸收峰

1. 烷烃

νC－H3 000～2 800cm^{-1}为甲基、亚甲基的 C－H 不对称和对称伸缩振动。

δC－H1 465～1 360cm^{-1}甲基在 1 375cm^{-1}处有一个特征吸收峰（强）

异丙基在 1 370 和 1 385cm^{-1}出现等强度的两峰（强）

叔丁基在 1 370 和 1 395cm^{-1}出现不等强度两个峰（低）

波数的吸收峰为高波数的吸收峰强度的 2 倍。

亚甲基在 1 465cm^{-1}左右处出现特征峰。

－（CH_3）n－（$n \geq 4$）：在 722～744cm^{-1}出现吸收峰

－（CH_2）n－（$n < 4$）：吸收移向高波数方向

环丙烷由于键角变小，C－H 的伸缩振动移向 3 050cm^{-1}

2. 烯烃

νC－H3 095～3 010cm^{-1}（中）

νC＝C1 680～1 600cm^{-1}，其强度和位置决定了双键碳上的取代基和双键的共轭情况，对称性强其峰就弱，共轭使峰增强，波数则略低。

在 980 ~ 650cm^{-1}出现弯曲振动吸收峰，由此可以判断取代基数目、性质以及顺反异构等情况。如：

$$\begin{matrix} R & & H \\ & C{=}C & \\ H & & R \end{matrix} \quad 980 \sim 965cm^{-1}强$$

$$\begin{matrix} R & & R \\ & C{=}C & \\ H & & H \end{matrix} \quad 730 \sim 650cm^{-1}强$$

3. 炔烃

νC－H：3 320 ~ 3 310cm^{-1}（强）尖吸收峰

νC≡C2 100 ~ 2 200cm^{-1}，乙炔与对称二取代乙炔在红外光谱中没有吸收峰，因此有时即使有 C≡C 存在，在光谱中也不一定能看到。

δ≡C－H600 ~ 700cm^{-1}的弯曲振动吸收，对于结构鉴定非常有用。

4. 芳香烃

νC－H 在 3 080 ~ 3 030cm^{-1}与烯氢的 ν＝C－H 相近。

νC＝C 苯环的骨架振动正常情况下有 4 条谱带，分别约为 1 600cm^{-1}，1 585cm^{-1}，1 500cm^{-1}和 1 450cm^{-1}。归因于 C＝C 的面内振动（陈耀祖，《有机分析》，P_{600}）；有时芳环骨架的拉伸振动吸收位置在 1 575 ~ 1 625cm^{-1}（中）和 1 475 ~ 1 525cm^{-1}（强）有两个吸收峰（邢其毅，《基础有机化学》，P_{203}）。

δC－H 在 900 ~ 700cm^{-1}出现苯环氢面外变形振动峰，是识别苯环上取代基位置和数目的极其重要的特征峰。取代基越多，δC－H 频率越高。

七、近红外光谱仪的应用

与传统分析技术相比，近红外光谱分析技术具有诸多优点：①该技术能在几分钟内，仅通过对被测样品完成一次近红外光谱的采集测量，即可完成其多项性能指标的测定（最多可达 10 余项指标）；②光谱测量时不需要对分析样品进行前处理；③分析过程中不消耗其他材料或破坏样品；④分析重现性好，成本低[23]。

近年来，近红外光谱分析在中药分析领域取得了巨大进展。在食品分析领域，人们对红外光谱仪测定食品中各种元素以及有毒物质做了大量的研究，如：对于菜籽油的品质[24]、液态奶中的三聚氰胺[25]、牛奶中的乳蛋白和乳脂肪[26]、果蔬中的农药残留[27]、腊肉中的亚硝酸盐[28]、鸡蛋的贮藏时间[29]、牛肉的 pH 值[30]、大豆油中的脂肪酸[31]、羊肉化学成分[32]的测定等；另外，近红外光谱对于中药成分的测定也有大量的研究，如对于茯苓[33]、红参[34]、枸杞[35]、人参和西洋参[36]、丹参[37]、甘草[38]、菊花[39]中营养成分的测定都取得了良好的效果。

§2－5　拉曼光谱法

当一束单色光照射透明试样时，会发生光的吸收、折射、投射、反射及散射等多种情况。当发生散射时，则会产生拉曼光谱。散射过程一般分为两种，一种是弹性散射，即当具有 $h\nu_0$ 的入射光子与处于振动基态（$\nu=0$）或处于振动第一激发态（$\nu=1$）的分子发生碰撞时，分子吸收能量并被激发到能量较高的虚拟状态，分子在该状态下很不稳定，将会很快地返回至 $\nu=0$ 和 $\nu=1$ 的状态，此时往往会伴随着吸收能量以光的形式释放，光子的能量未发生改变，散射光的频率与入射光相同，这种散射现象称为瑞利散射（Rayleigh scattering），其强度是入射光的 10^{-3}。

如果分子与光子之间发生非弹性碰撞，则光子从分子中得到或者失去能量。其包括两种情况：①处在振动基态的分子，被入射光激发到虚拟状态，然后回到振动激发态，产生能量为 $h(\nu_0-\nu_1)$ 的拉曼散射，此处频率 ν 用波数 σ 表示，这种散射光的能量比入射光的能量低，此过程称为斯托克斯散射；②处在振动激发态的分子，被入射光激发到虚拟状态后跃迁回振动基态，产生能量为 $h(\nu_0+\nu_1)$ 的拉曼散射，称为反斯托克斯散射。这种散射光的能量比入射光的能量高，光子从分子得到部分能量。在拉曼光谱分子中多采用斯托克斯线，拉曼散射的强度是入射光的 $10^{-6}\sim10^{-8}$。

拉曼光谱是建立在拉曼散射效应基础上的光谱分析方法，在生物医学、高聚物、半导体、药物和化工等领域得到了广泛的应用。下文将对拉曼散射、拉曼位移以及拉曼光谱仪的组成等进行介绍。

一、拉曼散射

当频率为 ν_o 的单色光照射到样品上之后，仅有 0.1% 的入射光子与样品分子发生弹性碰撞（即不发生能量交换的碰撞方式），光子的频率并未改变，即散射光频率与入射光频率相同，而只是向各个方向散射，这种散射称为瑞利散射。其强度与入射光频率的 4 次方成比例。但是在入射光与样品分子之间发生的 10^6 次碰撞中，约有 1 次属非弹性碰撞，即光子与分子间发生了能量交换，使光子不但改变了方向，而且其能量有增加或减少，频率也不再是 ν_o，这种散射称为拉曼散射，相应的谱线称为拉曼散射线（拉曼线）。

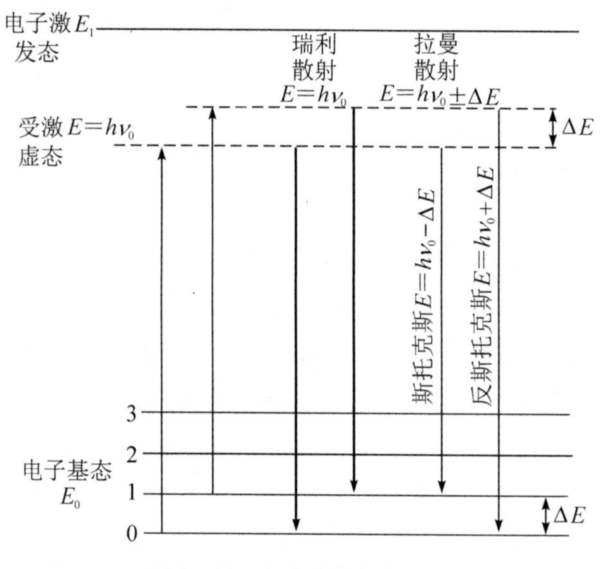

图 2－33　分子的散射能级图

从图 2－33 可以进一步理解拉曼散射和瑞利散射，在分子处于基态振动能级或处于激发态振动能级的状态下，在接受入射光子的能量之后，从基态跃迁到受激虚态（亦称准激发态），即光子对分子电子构型微扰或变形而产生的一种新的能态。但分子处于受激虚态下很不稳定，很快返回到原基态振动能级或原振动激发态能级，其吸收的能量以光子形式释放出来，光子的能量仍为 $h\nu_0$，这就是瑞利散射。如果从基态振动能级跃迁到受激虚态的分子不返回基态，而返回至振动激发态能级，即分子保留了一部分能量，此时散射光子的能量为 $h(\nu_0-\nu_v)$，$h\nu_v$ 为振动激发态的能量。由此产生的拉曼线称为斯托克斯线，强度大，其频率显然低于入射光频率，因此位于瑞利线（图中加粗线）左侧。若处于振动激发态的分子跃迁到受激虚态后，再返回到基态振动能级，此时散射光子的能量则为 $h(\nu_0+\nu_v)$，所产生的拉曼线称为反斯托克斯线，强度弱，其频率高于入射光频率，因此位于瑞利线右侧。在常温下，根据波尔兹曼分布，处于振动激发态的分子概率不足 1%，因此斯托克斯线远强于反斯托克斯线。

二、拉曼位移及拉曼光谱图

当用 He－Ne 激光源时，液体 CCl_4 的拉曼图如图 2－34 所示。若改用激发波长为 488.0nm 的氩离子激发源或波长不同的其他激发光光源时，在所得的每一张 CCl_4 拉曼光谱图中各拉曼线的形状及各拉曼线之间的相对位置不变化，但不同光谱图中的各拉曼线的中心频率却发生了位移。入射光频率与拉曼散射光频率之间的差值称为拉曼位移。拉曼位移与入射光频率无关，而仅与分子振动能级的改变有关，不同物质的分子具有不同的振动能级，因而有不同的拉曼位移。因此，拉曼位移是特征的，它克服了

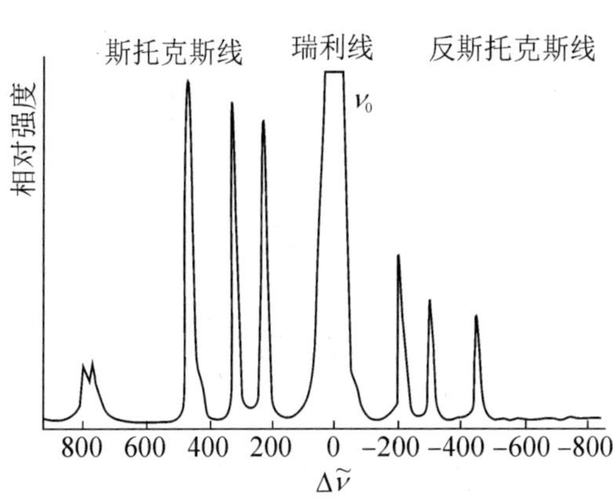

图 2－34　液体 CCl_4 拉曼光谱图

不同仪器条件给研究带来的困难，可以作为研究分子结构的重要依据。为了克服不同光源下，拉曼线中心频率的位移带来的问题，在实际工作中，拉曼光谱图常以拉曼位移（以波数为单位）为横坐标，拉曼线强度为纵坐标。由于斯托克斯线比反斯托克斯线强得多，因此拉曼光谱仪通常测得的是前者，故将入射光的波数视为零，定位为横坐标右端（忽略反斯托克斯线）。拉曼光谱图主要用于结构的定性鉴定。但只要使实验条件恒定，利用拉曼散射光强度与物质浓度之间的比例关系也能进行定量分析。

三、拉曼光谱与红外吸收光谱的比较

拉曼光谱与红外吸收光谱的机理有本质的差别，前者是由于分子与入射光频率不同的散射引起的，而红外吸收光谱则是分子对红外光的吸收而产生的。但两者同属于分子光谱，都用来研究分子的振动。红外吸收光谱法用来研究会引起偶极矩变化的极性基团和非对称性振动；拉曼光谱法则用来研究会引起分子极化率变化的非极性基团和对称性振动。

四、拉曼光谱仪

1. 色散型拉曼光谱仪

色散型拉曼光谱仪的工作原理图，如图 2－35。

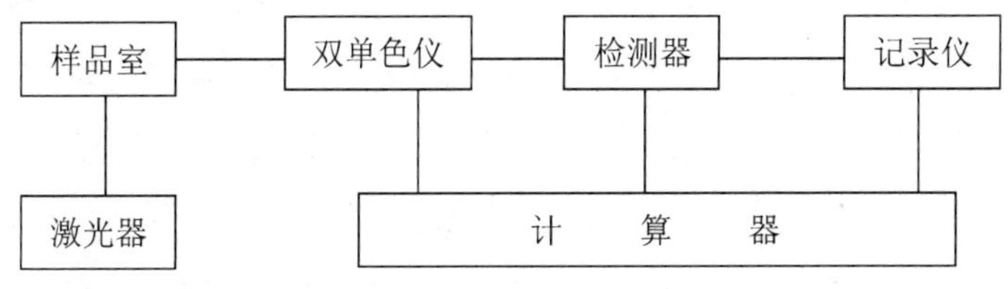

图 2－35　激光拉曼光谱仪原理图

1）光源和样品池

激光光源多用连续波激光器及脉冲激光器。目前主要使用的激光器有 He－Ne 激光器，其波长为 632.8nm；Ar^+ 离子激光器，波长为 488.0nm 和 514.5nm；Kr^+ 离子激光器，波长为 56.8nm；红宝石激光器，波长为 694.0nm。后 3 种激光功率大，能提高拉曼线的强度。

常用样品池有液体池、气体池和毛细管。固体、薄膜样品则可置于特制的样品架上。样品池或样品架置于能在三维空间可调的样品平台上。

2）单色器

拉曼光谱仪最好采用带有全息光栅的双单色器，它能有效地消除杂散光，可以使与激光波长非常接近、但强度弱的拉曼线得到检测。

3）检测器

最常用的检测器采用 Ca－As 光阴极光电倍增管。它的优点是光谱响应范围宽，量子效率高，而且在可见光区内的响应稳定。

2. 傅里叶变换拉曼光谱仪

傅里叶变换拉曼光谱仪工作原理，如图 2－36。

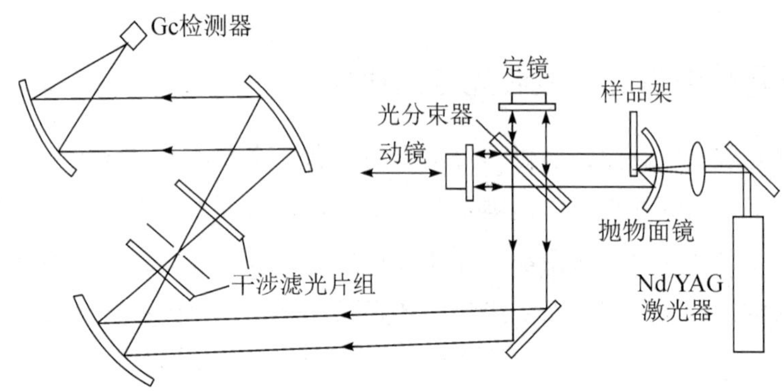

图 2－36 傅里叶变换拉曼光谱仪光路图

1）仪器结构

傅里叶变换拉曼光谱仪的光路设计类似于傅里叶变换红外光谱仪，但干涉仪与样品池排列次序不同。傅里叶变换拉曼光谱仪由激光光源、样品池、干涉仪、滤光片组、检测器及控制的计算机等组成。该仪器的激光光源为 Nd/YAG 激光器，其发射波长为 1.064μm，属近红外激光光源。由于它的能量较低，可以避免大部分荧光对拉曼光谱的干扰。从激发器发射出的光被样品散射后，再经过干涉仪，得到散射光的干涉图，然后经过计算机进行快速的傅里叶变换后，就得到正常的拉曼线强度随拉曼位移而变化的光谱图。同时采用一组特殊的滤光片组，它由几个介电干涉滤光片组成，可滤去比拉曼散射光强 10^4 倍以上的瑞利散射光。拉曼散射线的检测器常采用置于液氮冷却下的 GeSi 检测器或 InGaAs 检测器。

2）特点

它可以消除荧光干扰，这对许多有机化合物、高分子及生物大分子等研究极为有利。

五、拉曼光谱法的应用

中药复方是中医中药的特色和精髓，面对复杂的混合体系，拉曼光谱具有指纹性，对测试样品状态无要求，无损害，简单快捷，对中药进行的全组分测定获取全貌整体信息，不破坏配伍性等优点，在中药检测领域应用广泛。利用拉曼基团频率振动峰峰形与强度差异，可以测定出各种药材的标准谱并进行分类，编制图谱库，建立检测系统，对药材品种进行鉴定，辨识药材的真伪。拉曼光谱不仅可以分类，还可以鉴别产地，对药材进行定性定量分析，对药材的稳定性进行研究，以及对重要产品进行质量控制。

例：建立激光拉曼光谱对人参及其伪品进行区分。

方法：采用激光拉曼光谱技术并结合二阶导数拉曼光谱，对人参及其伪品峨参、北沙参、桔梗进行了鉴别。人参及其伪品均在拉曼光谱中出现了 1 460cm^{-1}，1 130cm^{-1},1 086cm^{-1}，942cm^{-1}，483cm^{-1}等拉曼振动峰。再利用上述不同药材各自在不同波数处出现的吸收峰对其进行鉴别。

参考文献

[1] Lakowicz J R. Principles of fluorescence spectroscopy [M]. New York: Springer, 2006.

[2] Feng G X, Zhang G Q, Ding D. Design of superior phototheranostic agents guided by-Jablonski diagrams [J]. Chemical Society Reviews, 2020, 49: 9179-8234.

[3] Frackwiak D. The Jablonski diagram [J]. Journal of Photochemistry and Photobioloy B: Biology, 1988, 2 (3): 399.

[4] Zimmermann J, Zeug A, Röder B. A generalization of the Jablonski diagram to account for polarization and anisotropy effects in time-resolved experiments [J]. Physical Chemistry Chemical Physics, 2003, 5 (14): 2964-2969.

[5] Zhou Z P, Yan X, Lai Y H, et al. Fluorescence polarization anisotropy in microdroplets [J]. Journal of Physical Chemistry Letters, 2018, 9 (11): 2928-2932.

[6] 方惠群，于俊生，史坚. 仪器分析 [M]. 北京：科学出版社，2019.

[7] Larive C K, Larse S C. NMR developments and applications [J]. Analytical Chemistry, 2017, 89: 1391-1391.

[8] Lei K M, Ha D W, Song Y Q, et al. Portable NMR with Parallelism [J]. Analytical Chemistry, 2020, 92 (2): 2112-2120.

[9] Dail P, Plessel R, Williamson K, et al. Complete ^{1}H and ^{13}C NMR assignment and ^{31}P NMR determination of pentacyclic triterpenic acids [J]. Analytical Methods, 2017, 9: 949-957.

[10] Nitsche C, Otting G. NMR studies of ligand binding [J]. Current opinion in Structural Biology, 2018, 48: 16-22.

[11] 张瑜，李欠，邱黛玉．基于核磁共振技术的川芎多指标质量评价研究 [J]. 药物分析杂志, 2021, 41 (4): 694-700.

[12] 刘阳，魏宁漪，何兰. ^{1}H 与 ^{13}C 核磁共振定量技术在聚桂醇成分分析中的应用比较 [J]. 药物分析杂志, 2018, 38 (4): 716-720.

[13] Han D Q, Yao Z P. Chiral mass spectrometry: an overview [J]. Trends in Analytical Chemistry, 2020, 123: 115763.

[14] Sanas M, Defoort M, Brenac A, et al. Optomechanical mass spectrometry [J]. Nature Communications, 2020, 11: 3781.

[15] Keifer D Z, Jarrold M F. Single-molecule mass spectrometry [J]. Mass Spectrometry Reviews, 2017, 36: 715-733.

[16] Chen M M, Su H F, Xie Y, et al. Sniffing with mass spectrometry [J]. Science Bulletin, 2018, 63 (20): 1351-1357.

[17] Liu Y, Cong X, Liu W, et al. Characterization of membrane protein-lipid interactions by mass spectrometry ion mobility mass spectrometry [J]. Journal of the American Society for Mass Spectrometry, 2017, 28: 579-586.

[18] Chandler S, Benesch J L P. Mass spectrometry beyond the native state [J]. Current Opinion in Chemical Biology, 2018, 42: 130-137.

[19] Horcada A, Valera M, Juárez M, et al. Authentication of Iberian pork official quality categories using a portable near infrared spectroscopy instrument [J]. Food Chemistry, 2020, 318: 126471.

[20] Wojtkiewicz S, Gerega A, Zanoletti M, et al. Self-calibrating time-resolved near infrared spectroscopy [J]. Biomedical Optics Express, 2019, 10: 2657-2669.

[21] Lin Q Q, Wang Z P, Young M, et al. Near-infrared and short-wavelength infrared photodiodes based on dye-perovskite composites [J]. Advanced Functional Materials, 2017, 27: 1702485.

[22] Qi J, Qiao W Q, Wang Z Y. Advances in organic near-infrared materials and emerging applications [J]. The Chemical Record, 2016, 16: 1531-1548.

[23] 张欣，单杨. 国外近红外光谱分析技术在食品安全问题中的应用研究进展 [J].

食品工业科技，2010，31（9）：398-405.

[24] 李希熙. 基于近红外光谱技术的菜籽油品质快速评价方法的研究 [D]. 武汉：华中农业大学，2015.

[25] 程文宇，管骁，刘静. 近红外光谱技术检测液态奶中微量三聚氰胺的可行性研究 [J]. 食品与机械，2015，31（1）：71-81.

[26] 高天云，王丽芳，姚一萍，等. 利用乳成分分析仪与近红外光谱仪比较分析牛奶中的乳脂肪和乳蛋白 [J]. 畜牧与饲料科学，2014，35（2）：6-9.

[27] 戴莹，冯晓元，韩平，等. 近红外光谱技术在果蔬农药残留检测中的应用研究进展 [J]. 食品安全质量检测学报，2014，5（3）：658-664.

[28] 周令国，祝义伟，肖琳，等. 傅里叶近红外光谱法快速测定腊肉中亚硝酸盐 [J]. 食品研究与开发，2013，34（17）：89- 91.

[29] 毕夏坤，赵杰文，林颢，等. 便携式近红外光谱仪判别鸡蛋的贮藏时间 [J]. 食品科学，2013，34（22）：281- 285.

[30] 马世榜，汤修映，徐杨，等. 可见/近红外光谱结合遗传算法无损检测牛肉 pH 值 [J]. 农业工程学报，2012，28（18）：263-268.

[31] 宋涛，张凤枰，刘耀敏，等. 透反射近红外光谱法快速测定大豆油中的脂肪酸 [J]. 光谱学与光谱分析，2012，32（08）：2100-2104.

[32] 王培培，张德权，陈丽，等. 近红外光谱法预测羊肉化学成分的研究 [J]. 核农学报，2012，26（03）：500-504.

[33] 付小环，胡军华，李家春，等. 应用近红外光谱技术对茯苓药材进行定性定量检测研究 [J]. 中国中药杂志，2015，40（02）：280-286.

[34] 朱捷强，潘万芳，仲怿，等. 基于近红外光谱的红参提取过程动态预测模型研究 [J]. 中国中药杂志，2014，39（14）：2660-2664.

[35] 汤丽华，刘敦华. 基于近红外光谱的枸杞化学成分定量分析 [J]. 现代食品科技，2013，29（09）：2306-2310.

[36] 黄亚伟，王加华，Jacqueline J S，等. 近红外光谱测定人参与西洋参的主要皂苷总量 [J]. 分析化学，2011，39（03）：377-381.

[37] 李冰. 近红外光谱法用于丹参中原儿茶醛含量定量预测研究 [D]. 长春：吉林大学，2004.

[38] 高鸿彬，刘浩，夏厚浩，等. 近红外光谱法快速测定甘草饮片中甘草酸和甘草苷的含量 [J]. 第二军医大学学报，2020，41（08）：921-925.

[39] 刘家水，毛小明，谈永进，等. 不同品种药用菊花与其他菊花的近红外光谱聚类分析及相似度研究 [J]. 甘肃中医药大学学报，2020，37（04）：18-22.

[40] 万秋娥，刘汉平，张鹤鸣，等. 激光拉曼光谱法无损鉴别人参及其伪品 [J]. 光谱学与光谱分析，2012，32：989-992.

章节习题

1. 什么是拉曼光谱？什么是红外光谱？简述二者的区别。
2. 简述4种离子源类型及其中1种离子源原理。
3. 如何利用质谱信息判断化合物的相对分子质量？
4. 什么是屏蔽效应和去屏蔽效应？
5. 化学位移的影响因素有哪些？
6. 简述荧光光谱法的基本原理及其适用范围。

样品前处理技术及其原理

基本要点

1. 掌握样品前处理的原则。
2. 掌握沉淀法的原理及适用范围。
3. 掌握离子交换技术、层析技术的原理及适用范围。
4. 熟悉萃取与蒸馏技术的原理及适用范围。
5. 了解超滤技术的原理及适用范围。

完整的待测样品分析研究中，主要环节包括样品的采集、样品前处理、分析方法的选择及测定、数据处理与结果分析 4 个步骤。样品前处理一直是样品检测中最为关键的一个环节，几乎占据整个分析检测流程工作量的 60%。样品前处理在整个样品分析中耗时最长，对分析方法的准确度、精密度、检测限、重现性都有直接的影响，是定量分析测试工作中不可或缺的环节[1,2]。进行样品前处理的主要目的包括以下几点：①去除基质或者共存物质的干扰，往往这些干扰会影响检测结果的准确性，造成结果偏高或者偏低；②对待测样品进行富集浓缩，以使待测样品的浓度增大，便于检测；③待测成分所处的状态不利于检测，通过前处理技术将其变为一种可测状态，有利于检测；④对于检测仪器而言，如果未对待测样品进行前处理，则容易对仪器造成损害，不利于仪器的维护，减少其使用寿命。

一般而言，现代分析仪器灵敏度的提高及分析对象的复杂化，对样品的前处理提出来了更高的要求。在实际的分析测试中，若待测样品较单纯，所选用的方法和仪器的灵敏度也能达到测试的要求，那么，试样经过一般处理即可进行测定。但实际工作中往往面对的都是比较成分较为复杂的试样。当待测样品中有其他组分与待测组分共存时，其他组分会干扰待测组分的测定。此时可以采取控制测定条件或加入掩蔽剂等方法消除干扰。当上述措施不能奏效时，就需要事先将被测组分与干扰组分分离。若试样中待测组分含量太低，则必须在分离的同时对待测组分进行富集，以提高试样待测组分的浓度。

样品前处理在药物分析中的应用：①将被测组分从复杂体系中分离出来后测定；②把对测定有干扰的组分分离除去；③将性质相近的组分相互分开；④把微量或痕量的待测组分通过分离达到富集的目的。

样品前处理技术根据分离机理的不同可分为沉淀分离法、萃取分离法、蒸馏技术、离子交换技术、层析技术、超滤法等。每一种前处理技术都包含下述 3 个过程：化学转换、两相中的分配、相的物理分离之间的单独或依次进行。面对种类繁多、千变万化的实际样品，必须根据最后所选用的分析测量方法、样品的性质和数量、被测组分的含量、分析时间的要求以及对分析结果准确度的要求等，选择合适的方法对试样进行预处理。

§3－1　沉淀分离法

在分析测试工作中，由于试样中的成分复杂，干扰因素多，而待测物的含量大多处于痕量水平，常低于分析方法的检出下限，因此在测定前必须对样品进行预处理，主要包括干扰组分的分离（或掩蔽）、微量或痕量待测组分的分离与富集，以排除分析过程中的干扰，提高待测物浓度，满足分析方法检出限的要求。

沉淀分离法是利用沉淀反应进行分离的方法。该方法以沉淀反应为基础，即根据溶解度原理，利用待测组分或干扰组分与沉淀剂的反应，使预测组分沉淀出来；或者将干扰组分析出沉淀，以达到除去干扰的目的。由于其操作简单，不需要特别的装置，故在实验室以及工业生产中广泛应用。

沉淀分离法是一种经典的化学分离方法，按照所使用沉淀剂类型、待分离组分含量的多少，沉淀分离法可以分为无机沉淀剂分离法、有机沉淀剂分离法、均相沉淀法以及共沉淀分离法 4 类。前 3 项主要应用于常量和微量组分的分离，后者则常用于痕量组分的分离富集。

由于沉淀分离方法简便，实验条件易于满足，再加之近年来一些高选择性的有机沉淀剂和有机共沉淀剂的研究和应用，使传统的沉淀分离方法仍具有旺盛的生命力，被广泛应用于化学工业、食品工业及生化领域中。工业上应用沉淀技术分离生化产物最典型的例子是蛋白质的分离提取[3]。

沉淀的目的：①通过沉淀，使目的产物得到浓缩或去除杂质；②通过沉淀，将已纯化的物质由液态转变成固态，有利于保存和进一步加工处理。

沉淀法的优点是设备简单、成本低、原材料易得、便于小批量生产，对一些生物活性物质的破坏作用小，目标物浓度越高对沉淀越有利，回收率越高。其缺点是沉淀物可能聚集有多种物质或含有大量的盐类，所得产品纯度低，需重新精制，而且过滤比较困难。

一、沉淀分离法原理

沉淀是溶液中的溶质由液相变为固相析出的过程。当溶液中的某种溶质达到过饱和状态时，溶质就会析出，溶质的过饱和度就是其析出的推动力。当向试样溶液中加入沉淀剂时，溶液中的溶质达到过饱和浓度时便会以固体的形式析出。常用的沉淀剂主要有无机沉淀剂和有机沉淀剂两大类。

二、常用的沉淀分离方法

1. 无机沉淀剂分离法

无机沉淀剂沉淀分离法通常以无机盐类作为沉淀剂，包括金属盐类沉淀分离法和盐析法。金属盐类沉淀分离法是利用金属离子与酸根在形成盐类后溶解度降低而沉淀分离，常用的沉淀剂有硫酸铵、碳酸铵、硫酸钠、柠檬酸钠、磷酸氢钠等。盐析法又称为中性盐沉淀法，在蛋白质和酶等生物大分子的溶液中加入一定质量浓度的中性盐溶液，降低蛋白质分子的水分活度，中和蛋白质表面的电荷，破坏蛋白质分子外表的水化膜，从而使蛋白质分子相互凝聚而沉淀析出；常用的沉淀剂有碳酸盐、草酸盐、硫酸盐、磷酸盐等。

2. 有机沉淀剂分离法

其原理是：有机试剂与金属离子能发生反应，并形成配合物沉淀。这些试剂与金属离子的反应具有很高的灵敏度和选择性，在分离分析中应用较为普遍。按照与金属离子反应的机理，有机沉淀剂主要分为3大类：①生成螯合物的沉淀剂，主要包括8－羟基喹啉、铜铁灵、丁二酮肟等；②生成离子缔合物的沉淀剂，该类沉淀剂能在溶液中电离成阳离子或阴离子，与带相反电荷的离子结合生成离子缔合物沉淀，常用沉淀剂包括苦杏仁酸、二苦胺、四苯硼酸钠；③生成三元络合物的沉淀剂，被沉淀组分与两种不同的配体形成三元络合物，常用的沉淀剂有吡啶等。

该方法的优点有：①沉淀表面不带电荷，吸附的杂质少，共沉淀不严重；②方法选择性好，富集效率较高，获得的沉淀性能好；③有机沉淀剂分子量大，有利于重量法测定。缺点包括：①不少有机沉淀剂在水中的溶解度很小，缩小了沉淀剂的选择范围；②沉淀物有时易浮于表面上或漂移至器皿边，给操作带来不便。

3. 均相沉淀法

在通常的沉淀分离操作中，是将沉淀剂直接加到试液中去，使之生成沉淀，虽然沉淀剂是在不断搅拌下缓慢加入的，但沉淀剂在溶液中的局部过浓现象总是不可避免的，于是得到的往往是细小颗粒的晶形沉淀，或者是体积庞大、结构松散的无定形沉淀，这样的沉淀，不仅容易吸附杂质，影响沉淀纯度，而且过滤、洗涤都比较困难，不利于沉淀分离。

均相沉淀法的原理是：加入溶液中的沉淀剂不立刻与被沉淀组发生反应，而是通过化学反应，使溶液中的一种构晶离子（一般为阴离子）由溶液中缓慢、均匀地产生出来，从而使沉淀在整个溶液中缓慢、均匀地析出。

沉淀的类型和形状主要取决因素是：聚集速率和定向速率的相对大小。其中，定向速率主要由沉淀物质的本质决定；而聚集速率取决于溶液中沉淀物质的相对过饱和度。当聚集速率大于定向速率，形成的是无定形沉淀；当聚集速率小于定向速率，形成的则是晶形沉淀。

优点：晶形沉淀颗粒大，无定形沉淀结构紧密、表面积较小，沉淀较纯净，易于处理；缺点：操作时间较长，生成的沉淀往往牢固地黏附于容器内壁。

实现途径：①改变溶液的 pH 值；②在溶液中直接产生出沉淀剂；③逐渐除去溶剂；④破坏可溶性的络合物，用一种能形成更稳定络合物的离子，将被沉淀的离子从络合物中置换出来，形成沉淀。

4. 共沉淀分离法

在沉淀分离中，凡化合物未达到溶度积，而由于体系中其他难溶化合物在形成沉淀过程中引起该化合物同时沉淀的现象称为共沉淀。在微量或痕量组分测定中，常利用共沉淀现象来分离和富集那些含量极微的、不能用常规沉淀方法分离出来的组分。其原理是溶液中一种难溶化合物在形成沉淀过程中，由于沉淀的表面吸附作用、混晶或固溶胶的形成、吸留或包藏等原因，将共存的某些痕量组分一起载带沉淀出来。共沉淀分离法中所使用的常量沉淀物质叫作载体，也称共沉淀剂。

利用共沉淀富集分离时，对载体或共沉淀剂的选择应注意以下 3 点：①能够将微量元素定量地共沉淀下来；②载体元素应该不干扰微量元素的测定；③被分离富集组分回收率高，所得到的沉淀易溶于酸或其他溶剂。

通常使用的共沉淀剂有无机共沉淀剂和有机共沉淀剂两类。无机共沉淀剂对微量组分的共沉淀作用主要是通过表面吸附或形成混晶等方式，多数是某些金属的氢氧化物和硫化物。无机共沉淀剂一般选择性不高，并且自身往往还会影响下一步微量元素的测定，因此应用受到限制。

1）利用吸附作用的共沉淀剂

常用的共沉淀剂有 $Fe(OH)_3$、$Al(OH)_3$、$MnO(OH)_2$ 等无定形沉淀。无定形沉淀表面积很大，与溶液中微量元素接触机会多，吸附量也大，有利于微量元素的共沉淀，而且无定形沉淀聚集速率很快，吸附在沉淀表面上的微量元素来不及离开沉淀表面就被新生的沉淀包藏起来，提高了富集的效率。

特点：被富集的离子与沉淀剂形成的化合物溶解度愈小，愈易被共沉淀，富集效率愈高；共沉淀作用的选择性不高。

2）利用晶格作用的共沉淀剂

两种金属离子生成沉淀时，如果它们的晶格相同，就可能生成混晶而共同析出。

3）形成晶核的共沉淀剂

有些痕量元素由于含量太少，即使转化成难溶物质，也无法沉淀出来，但可把它作为晶核，使另一种物质聚集在该晶核上，使晶核长大而一起沉淀下来。

4）沉淀的转化

用一难溶化合物，使存在于溶液中的微量化合物转化成更难溶的物质，也是一种分离痕量元素的方法。

局限性：无机共沉淀剂不易除去，大多情况下需进一步分离痕量元素和载体元素。

特点：用无机沉淀剂虽然可以沉淀分离许多离子，但总的来讲，方法的选择性较差，沉淀大多为胶体状，吸附共沉淀现象比较严重。

5. 等电点沉淀法

等电点沉淀法主要利用两性电解质分子在等电点时溶解度最低而沉淀析出的原理，不同的电解质等电点也不同。此法适用于氨基酸、蛋白质及其他两性电解质组分的沉淀分离。通过调节溶液的 pH 值即可控制不同的等电点，从而分离出不同的电解质。

6. 金属离子沉淀法

在蛋白质溶液中加入一定浓度的金属离子（如 Zn^{2+}、Ba^{2+}）或金属离子的双螯合物等，它们能与蛋白质分子中的某些特殊部位发生反应，使蛋白质的等电点转移，从而降低蛋白质的溶解度，使其沉淀析出。沉淀蛋白质的金属离子有 3 类：①与氨基、羧基等含氮化合物及含氮杂环化合物强烈结合的金属离子（如 Mn^{2+}、Fe^{2+}、Co^{2+}）；②与羧基结合、不与含氮化合物结合的金属离子（如 Ca^{2+}、Ba^{2+}、Mg^{2+}）；③与硫基化合物结合的金属离子（如 Hg^{2+}、Cu^{2+}、Pb^{2+}）。

三、沉淀分离法在生化领域中的应用[3]

生化领域中的主要产品，例如蛋白质、酶、激素、核酸、多糖、脂类、多肽、氨基酸等，其中有些是生物活性物质，这些活性物质的原始液组成复杂，目的产物浓度较低（一般在 5% 以下），还含有大量的其他杂质，其中有些杂质的物理化学性质和目的产物相近，给产品的精制带来困难，因此采用沉淀分离技术纯化精制生化产品是很有必要的，尤其是在某些蛋白质的纯化工艺中，沉淀法可能是唯一的分离方法，如从血浆中通过五步沉淀法生产纯度为99%的免疫球蛋白和96% ~99%的白蛋白就是如此。在有些溶液中单独使用沉淀法达不到要求时，还需要与其他分离技术结合使用，所以沉淀分离技术在生化领域中具有重要作用。

应用实例

1. 蛋白质和酶的分离纯化

大豆球蛋白的沉淀分离工艺如图3-1所示。

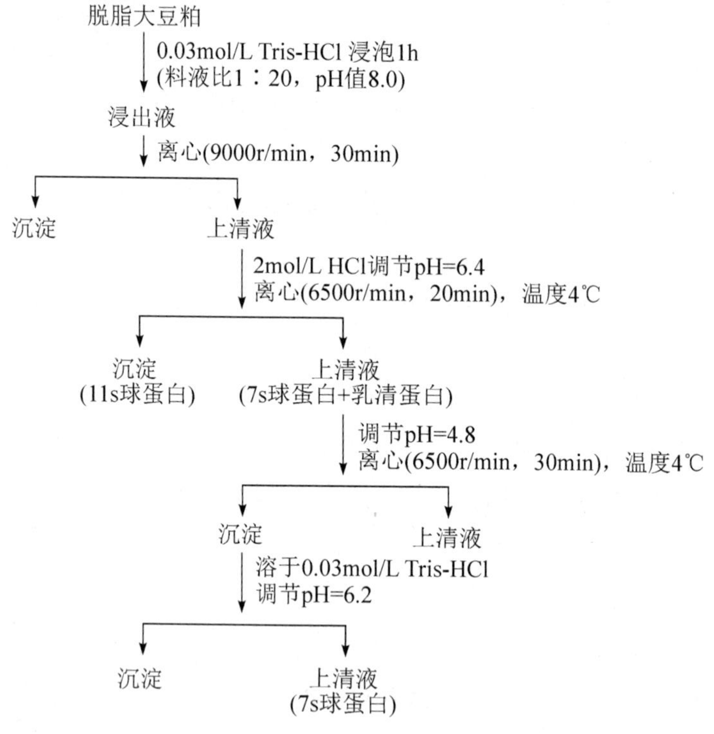

图3-1 大豆球蛋白的沉淀分离工艺[4]

2. 氨基酸的提取分离

由蛋白水解法所得为多种氨基酸的混合物，提取和精制是氨基酸生产中的一个重要环节。沉淀法分离氨基酸主要包括有机溶剂沉淀法、等电点沉淀法和特殊试剂沉淀法。

等电点沉淀法从小麦面筋水解液中分离提取谷氨酸的工艺流程如图3-2所示。

发酵液
一边搅拌一边加入HCl
起晶中和点pH=4~4.5
20BeHCl
育晶2h
菌体及细小的谷氨酸
等点搅拌pH=3~3.22
静置沉淀4~6h
母液
离心分离
谷氨酸

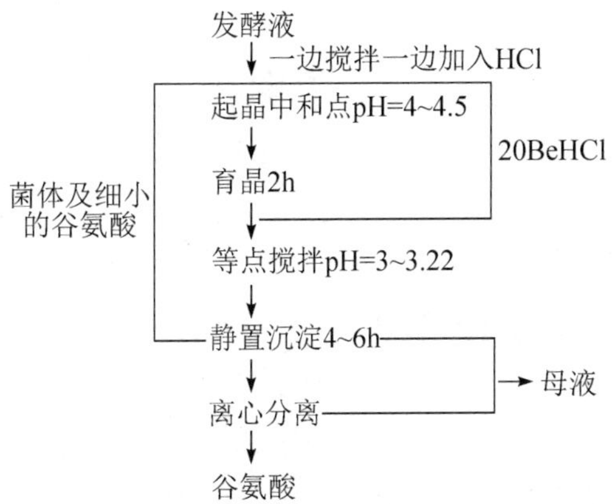

图 3－2　等电点沉淀法从小麦面筋水解液中分离提取谷氨酸的工艺流程[5]

3. 核酸的分离纯化

核酸类化合物都溶于水而不溶于有机溶剂，所以一般采用水溶液提取。由于得到的提取液含有蛋白质、多糖和各种核酸同类物质，必须进一步分离纯化除去杂质，分离纯化可采用有机溶剂沉淀法、等电点沉淀法、钙盐沉淀法、选择性溶剂沉淀法。

四、沉淀分离法在食品工业中的应用[6]

1. 等电点沉淀法用于大豆蛋白的分离

等电点沉淀主要应用于蛋白质等两性电解质的分离提纯。大豆蛋白质在 pH 4.5 左右达到等电点，此时其溶解度最低形成沉淀，利用这个性质来提取大豆分离蛋白，使大豆分离蛋白从提取液中聚沉下来，与其他可溶性物质分离。

2. 盐析用于乳铁蛋白的分离

盐析法从牛初乳中分离乳铁蛋白的分离流程如图 3－3 所示。

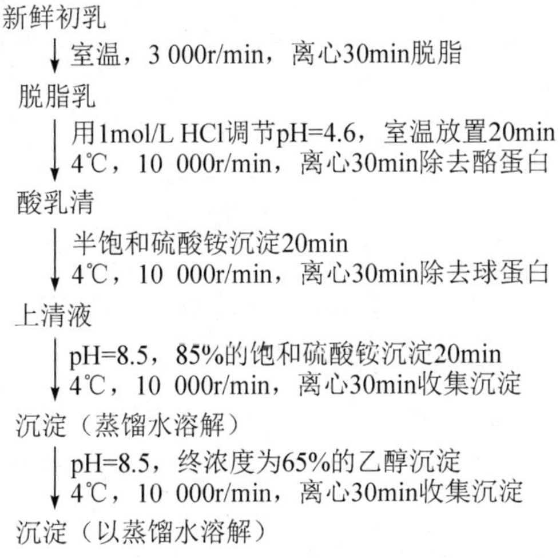

新鲜初乳
室温，3 000r/min，离心30min脱脂
脱脂乳
用1mol/L HCl调节pH=4.6，室温放置20min
4℃，10 000r/min，离心30min除去酪蛋白
酸乳清
半饱和硫酸铵沉淀20min
4℃，10 000r/min，离心30min除去球蛋白
上清液
pH=8.5，85%的饱和硫酸铵沉淀20min
4℃，10 000r/min，离心30min收集沉淀
沉淀（蒸馏水溶解）
pH=8.5，终浓度为65%的乙醇沉淀
4℃，10 000r/min，离心30min收集沉淀
沉淀（以蒸馏水溶解）

图 3－3　牛初乳中乳铁蛋白的分离流程图[6]

§3-2 萃取分离法

一、萃取分离法简介

溶剂萃取分离法又称液-液萃取分离法，简称萃取分离法。该方法通过将待测样品和与水不相混溶的有机溶剂一起振荡，利用物质在不同的溶剂相中分配系数的不同，而达到分离富集的目的。

萃取分离法是一种非常有用的分离技术。萃取体系由两个互不相溶的液相组成，一相是水相，另一相是与水不相混溶的有机相等，利用被分离物质在两相中的溶解度不同而实现相转移。该方法广泛应用于化学、冶金、食品等工业，通用于石油炼制工业。

二、萃取分离法原理

萃取分离法是利用化合物在两种互不相溶（或微溶）的溶剂中溶解度或分配系数的不同，在欲分离的液体混合物中加入一种与其不溶或部分互溶的液体溶剂，经充分混合后，使化合物从一种溶剂内转移到另外一种溶剂中。经过反复多次萃取，最终达到分离富集的目的。

物质对水的亲疏性是有一定规律的。萃取分离实质上是从水相中将无机离子萃取到有机相中以达到分离的目的。因此，萃取过程的本质就是将物质由亲水性转化为疏水性的过程。有时需要将有机相的物质再转入水相，这个过程称为反萃取。萃取和反萃取配合使用，能提高萃取分离的选择性。

萃取时，所选用的溶剂必须是与被抽提的溶液互不相溶的，且对被抽提分离的溶质有更大的溶解能力。萃取的过程是溶质在两相中经充分振摇平衡后按一定比例分配的过程。平衡时，溶质在两相中的浓度比值是一个常数，称为分配系数 K_d。在恒温、恒压及比较稀的浓度下，K_d 可表示为

$$K_d = \frac{[A]_{有机相}}{[A]_{水相}}$$

不同溶质在不同溶剂中有不同的 K_d 值。K_d 越小，表示该溶质 A 在水相中的溶解度越大；K_d 越大，表示该溶质 A 在有机相中的溶解度越大；当混合物中各组分的 K_d 很接近时，需通过不断更新溶剂进行多次抽提才能分离完全。

为了达到分离的目的，还需要考虑共存组分间的分离效果。一般用分离系数 β 来表示同一萃取体系中相同萃取条件下两种组分分配比比值。即

$$\beta = \frac{D_A}{D_B}$$

β很好地表示了两种物质的萃取分离效率。β值越大或越小，两种元素分离的可能性也越大，分离效果也越好；β值接近1，则表示该两种元素不能或难以萃取分离。

三、萃取分离技术应用

1. 液－液萃取分离技术

液－液萃取分离法在分析化学中有重要的用途，可以将待测组分分离、富集、消除干扰，从而提高分析方法的灵敏度。

例如，用异丙醚和磷酸三丁酯（TBP）从碲铋矿盐酸浸出液中分步萃取分离铁（Ⅲ）与碲（Ⅳ）。首先，用异丙醚萃取分离铁。萃取条件为控制 HCl 浓度为7.2 mol/L，水相和有机相体积比为3∶4，萃取1.5min；然后用蒸馏水反萃取1.0min。铁萃取率可达99.92%，碲萃取率仅为1.60%，铁与碲达到很好的分离效果。接着在萃余液中用30% TBP－70%磺化煤油溶液萃取碲，萃余液中 HCl 浓度为6mol/L，两相体积比为1∶2，萃取2min；再用蒸馏水反萃取10min，碲反萃取率接近100%。

2. 超临界流体萃取技术[7]

物质都有一个临界点，当物质的温度和压力在此临界点之上时，气－液两相的界面就会消失，两相将成为混合均一的一种流体状态，这种流体被称为超临界流体。超临界流体具有独特的物理特性和热力学性质，其物理性质介于气体和液体之间。具体来说，具有以下几点特性：

（1）超临界流体的密度与液体非常接近。溶质在溶剂中的溶解度一般与溶剂的密度成比例，因此，超临界流体的溶解能力与液体溶剂相当。

（2）超临界流体的扩散系数介于气体和液体之间，其黏度接近于气体。因此，超临界流体具有更类似气体的传递性质，物质在超临界流体中的传质速率远大于其处于液态中的传质速率。

（3）当流体状态接近于临界区域时，蒸发热会急剧下降，至临界点处则两相界面消失，蒸发焓为零，比热容变为无限大。因而，在临界点附近进行的分离操作比在气－液平衡区进行的分离操作更有利于传热和节能。

（4）流体在临界点附近的压力和温度的微小变化都会导致流体密度相当大的改变，从而使在流体中溶质的溶解度也产生相当大的变化。

利用超临界流体来溶解和分离物质的技术称之为超临界流体萃取，见图3－4。超临界萃取技术是一种环境友好、清洁、高效、节能的绿色分离技术，超临界流体萃取技术综合了“蒸馏”和“液－液萃取”两个化工单元操作的优点，是一种非常独特的分离工艺，在医药工业、化学工业、石油工业、食品工业、日用品工业等领域中都得到了不同程度的应用。

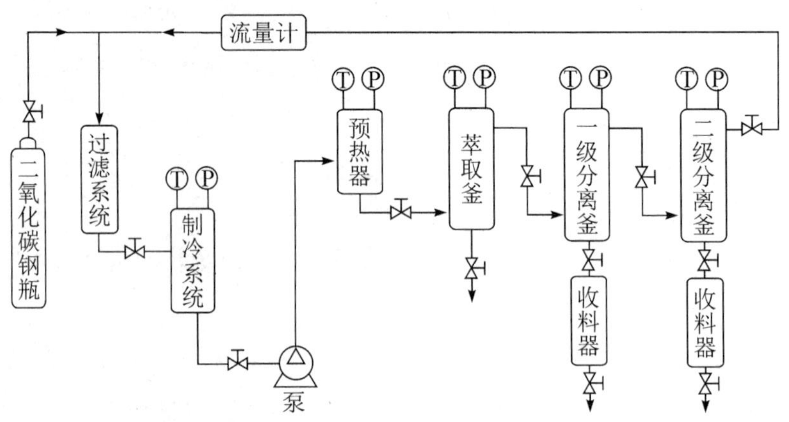

图 3－4　超临界萃取实验装置示意图[8]

3. 双水相萃取技术[8]

双水相体系是指某些聚合物之间或聚合物和盐之间或其他组合等，在水中以一定的浓度混合后形成的互不相溶性的两相或多相体系，利用溶质在两相的分配系数的差异而进行萃取的方法称为双水相萃取。与液－液萃取相比，双水相系统中的含水量高很多，可达 70%～90%，不仅不会造成生物活性物质的变性或失活，甚至还能起到稳定和保护生物活性的作用，因此现已被广泛用于酶、蛋白质、病毒、核酸等生物产品的分离和纯化。

彭佳黛等[10]采用 PEG2000/（NH_4）$_2SO_4$ 双水相系统萃取 α－淀粉酶抑制剂，研究了在双水相体系中在不同 PEG2000 质量分数、不同硫酸铵质量分数、不同氯化钠质量分数对从银针茶中分离纯化 α－淀粉酶抑制剂的分配系数和活力回收率的影响。

刘杨等[11]以 PEG/硫酸钠双水相体系，经一次萃取从钝顶螺旋藻（*Spirulina platensis*）细胞破碎液中富集分离藻蓝蛋白。

Tubio 等[12]研究确定了从 α－胰凝乳蛋白酶（Ch TRP）中分离胰岛素（TRP）的最佳条件，并将其应用到用聚乙二醇/柠檬酸钠（PEG/Na Cit）双水相体系从牛胰腺中液－液萃取胰岛素。

§3－3　蒸馏分离法

一、蒸馏技术简介

蒸馏是一种热力学的分离工艺，它利用混合液体或液－固体系中各组分沸点的不同，使低沸点组分蒸发，再冷凝分离整个组分的单元操作过程，是蒸发和冷凝两种单元操作的联合。蒸馏可将易挥发和不易挥发的物质分离开来，也可将沸点不同的液体混合物分离开来。但液体混合物各组分的沸点必须相差很大（至少 30℃）才能得到较好的分离效果。与其他的分离手段，如萃取、过滤结晶等相比，它的优点在于无须使用系统组分以外的其他溶剂，从而保证不会引入新的杂质。蒸馏是分离混合物的一种重要的操作技术，尤其是对于液体混合物的分离有重要的实用意义。

二、蒸馏分离法原理

液体的分子由于分子运动有从表面逸出的倾向，这种倾向随着温度的升高而增大。当液体温度达到沸点时，即液体的蒸气压达到饱和蒸气压时，大量气泡从液体内部逸出，即液体沸腾。液体的饱和蒸气压只与温度有关，即液体在一定温度下具有一定的蒸气压。蒸馏技术是利用液体混合物中各组分的挥发性差异而将组分分离的传质过程，其装置见图 3－5。将液体沸腾产生的蒸气冷却凝结成液体的过程称为蒸馏。

特点：①蒸馏无须外加组分，可直接从混合液中获得产品；②适用范围广，蒸馏分离对象包括常温、常压下呈液态或通过改变操作条件可液化的气态或固态的混合物；③过程涉及能量传递，在蒸馏操作中，通过对混合液的加热建立气、液两相体系，并要对生成的气相再冷凝液化，因此需要消耗大量的能量。

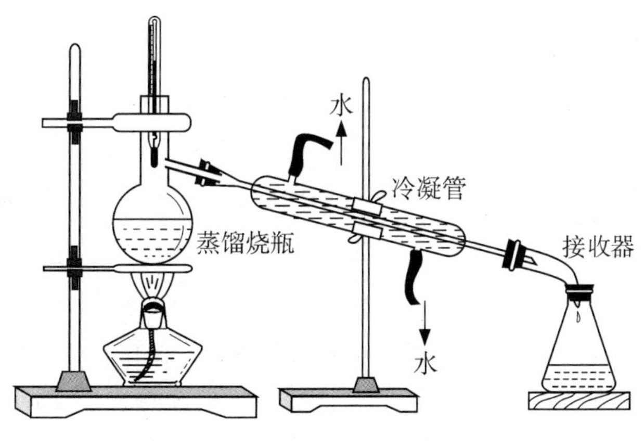

图 3－5　一般蒸馏装置

分类：工业蒸馏过程有多种分类方法：①按蒸馏方式，可以分为平衡蒸馏、精馏和特殊蒸馏；②按操作流程可以分为间歇蒸馏和连续蒸馏；③按操作压力可以分为加压蒸馏、常压蒸馏和减压蒸馏；④按待分离混合物的组分数可以分为两组分精馏和多组分精馏。

三、萃取分离技术应用

1. 蒸馏酒

蒸馏酒是乙醇浓度高于原发酵产物的各种酒精饮料。白兰地、威士忌、朗姆酒和中国的白酒都属于蒸馏酒，大多是度数较高的烈性酒。蒸馏酒的原料一般是富含天然糖分或容易转化为糖的淀粉等物质，如蜂蜜、甘蔗、甜菜、水果和玉米、高粱、稻米、麦类、马铃薯等。糖和淀粉经酵母发酵后产生酒精，利用酒精的沸点（78.5℃）和水的沸点（100℃）不同，将原发酵液加热至两者沸点之间，就可从中蒸出和收集到酒精成分和香味物质。

2. 蒸馏水

用蒸馏方法制备的纯水，可分一次和多次蒸馏水。水经过一次蒸馏，不挥发的组分（盐类）残留在容器中被除去，挥发的组分（氨、二氧化碳、有机物）进入蒸馏水的初始馏分中。要得到更纯的水，可在一次蒸馏水中加入碱性高锰酸钾溶液，除去有机物和二氧化碳；加入非挥发性的酸（硫酸或磷酸），使氨成为不挥发的铵盐。由于玻璃中含有少量能溶于水的组分，因此进行二次或多次蒸馏时，要使用石英蒸馏器皿，才能得到很纯的水，所得纯水应保存在石英或银制容器内。

3. 分子蒸馏技术

分子蒸馏技术是在一定温度和真空度下，依据不同物质分子运动的平均自由程不同而实现物质分离的一种液 - 液分离技术，是一种非平衡状态下的蒸馏。分子蒸馏技术具有真空度高、受热时间短、蒸馏温度低、分离效果好等特点，而适用于高沸点、热敏性和易氧化的组分分离[12]。

分子蒸馏被一致认为是分离低挥发度和热稳定性低的物质的最安全的方法。在分离、纯化以及富集成分复杂、热敏性的天然产物时，能有效避免热分解，保护了重要的有效成分以及产品的完整性，并且能避免分离过程中带入其他毒性物质，保证产品的安全性。

分子蒸馏技术的应用主要表现在精油加工及芳香疗法中，包括：①富集植物精油中的香味物质和药用成分，如用于鸢尾根精油中豆蔻酸和鸢尾酮的分离，广藿香油、

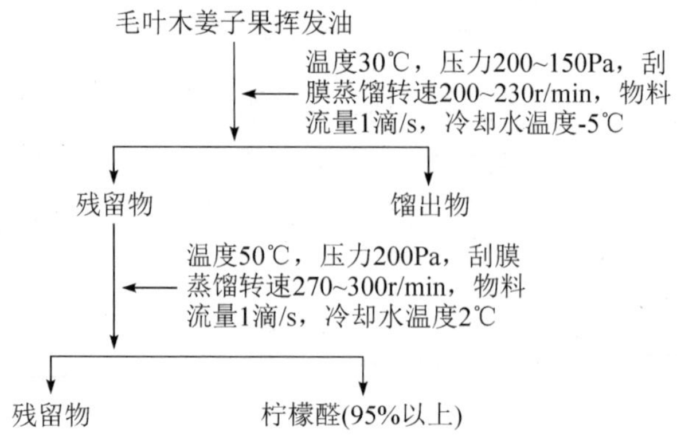

图 3 - 6　从毛叶木姜子果油中纯化柠檬醛的分子蒸馏工艺[14]

肉桂油、八角茴香油以及山苍子油的精制和纯化，如图3－6。②精油的脱萜。萜类物质在醇中的溶解度较低，易发生雾状悬浊，从而影响香水的经济价值，因此用于香精中的精油经常需要把其中的萜类成分去除。③精油的脱毒。国际日用香料香精协会（IFRA）在对1 300多种香料物质作出检测后列出50种不适于作为香料，另外58种对其用法含量作出限定，其中大部分都是精油，这些成分多为黄樟素、多环烃、丁香酚和肉桂醛等严重皮肤致敏性物质，呋喃香豆素等皮肤光敏性物质，通过分子蒸馏技术可以对这些成分进行选择性分离，提高精油的安全性。④精油脱溶剂。⑤去除持久性有机污染物。

§3－4　离子交换技术

一、离子交换技术简介

凡具有离子交换能力的物质，统称为离子交换剂，又称离子交换树脂。它是一种多孔状的固体，不溶于水，也不溶于电解质溶液，但能从溶液中吸取离子而进行离子交换。

离子交换树脂是一种具有网状结构的高分子聚合物，主要由两部分组成，一部分是惰性的网状结构骨架，常用的离子交换树脂是由苯乙烯和二乙烯苯聚合得到的树脂骨架；另一部分是连接在骨架上可被交换的活性基团（交换基），可与溶液中的离子进行离子交换反应，它决定着离子交换剂的交换性质。

骨架的作用是负载活性基团，骨架很稳定，对于酸、碱、一般溶剂（包括有机溶剂）和较弱的氧化剂都不起作用，在交换过程中不发生交换反应，但其结构和性能对分离性能有较大的影响。可作树脂骨架的还有乙烯吡啶系、环氧系、脲醛系、酚醛树脂等。

根据树脂中可交换的活性基团不同，在分析化学中常用的离子交换树脂有4种。

①强酸性阳离子交换树脂——磺酸型，含有 $-SO_3H$ 基。

②弱酸性阳离子交换树脂——羧酸型，含有 $-COOH$ 基。

③强碱性阴离子交换树脂——季铵型，含有 $-N(CH_3)_3OH$ 基。

④弱碱性阴离子交换树脂——叔胺型和仲胺型，含有 $-NH(CH_2)_2OH$ 和 $-NH_2(CH_3)OH$ 基。

离子交换分离法是利用离子交换剂与溶液中的离子发生交换作用，以达到提取或去除溶液中某些离子的目的，是一种属于传质分离过程的单元操作。离子交换方法广泛地应用于无机物质和有机物质的分离中，成为分析化学中常用的重要分离手段。

离子交换过程是液－固两相间的传质（包括外扩散和内扩散）与化学反应（离子

交换反应）过程，可看做是溶液中的被分离组分与离子交换剂中一可交换离子进行离子置换反应的过程，通常离子交换反应进行得很快，过程速率主要由传质速率决定。

离子交换反应一般是可逆的，在一定条件下被交换的离子可以解吸（逆交换），使离子交换剂恢复到原来的状态，即离子交换剂通过交换和再生可反复使用。同时，离子交换反应是定量进行的，即离子交换树脂吸附和释放的离子的物质的量相等。离子交换剂使用后性能将逐渐消失，需用酸、碱、盐进行再生处理才能恢复使用。

离子交换色谱法是通过试样离子在离子交换剂（固相）和淋洗液（液相）之间的分配系数不同，从而使欲测组分与干扰组分达到分离的一种固－液分离法。该色谱法实际是离子交换原理和液相柱色谱技术的有机结合，现已广泛应用于无机离子或有机离子混合物的分离，因此应用范围广泛。

离子交换分离操作流程：

1）树脂的选择和处理

在分离和富集前应首先根据分离的对象和要求选择适当类型和粒度的树脂。

2）装柱

采用湿法装柱，将经预备处理的树脂均匀、致密地装入柱中，并防止在树脂中夹有气泡，始终保持液面高于树脂层，防止树脂干裂。

3）柱上分离

将欲分离的试样溶液缓慢注入柱内，从上到下流经交换柱进行交换作用。亲和力大的离子先被交换到柱上，亲和力小的离子后被交换。交换完成后，用蒸馏水或不含试样的空白溶液洗去残留的试液以及交换出来的离子。

4）洗脱

选用适当的洗脱液对离子交换柱进行洗脱。亲和力小的离子先被洗脱下来，亲和力大的离子后被洗脱下来。洗脱过程往往也是树脂再生过程。

特点是：①分离效率高；②适用于带电荷的离子之间的分离，还可用于带电荷与中性物质的分离制备等；③适用于微量组分的富集和高纯物质的制备。缺点是：操作较麻烦，周期长，成品质量有时较差，其生产过程中的 pH 变化较大，故不适于稳定性较差的物质分离，在选择分离方法时应予考虑。

应用：①水的软化、高纯水的制备、环境废水的净化；②物质的纯化及干扰离子的去除；③微（痕）量组分的富集；④抗生素的提取与纯化等。

二、离子交换技术原理

离子交换技术是根据某些溶质能解离为阳离子或阴离子的特性，利用离子交换剂与不同离子结合力强弱的差异，将溶质暂时交换到离子交换剂上，然后用合适的洗脱液或再生剂将溶质离子交换下来，使溶质得到分离、浓缩或提纯的操作技术。

1. 离子交换平衡

离子交换过程是离子交换剂中的活性离子与溶液中的溶质离子进行交换反应的过程，这种离子的交换是按化学计量比进行的可逆化学反应过程。当正、逆反应速度相等时，溶液中各种离子的浓度不再变化而达平衡状态，即称为离子交换平衡。

若以 L、S 分别代表液相和固相，以阳离子交换反应为例，则离子交换反应可写为

$$A^{n+}_{(L)} + nR^- B^+_{(S)} \rightleftharpoons R^-_n A^{n+}_{(S)} + nB^+_{(L)}$$

其反应平衡常数可写为

$$K_{AB} = \frac{[R_A]\ [B]^n}{[R_B]^n\ [A]}$$

式中，$[A]$、$[B]$ 分别为液相离子 A^{n+}、B^+ 的活度，稀溶液中可近似用浓度代替，单位为 mol/L；$[R_A]$、$[R_B]$ 分别为离子交换树脂相的离子 A^{n+}、B^+ 的活度，在稀溶液中可近似用浓度代替，单位为 mmol/g 干树脂；K_{AB} 为反应平衡常数，又称为离子交换常数。

2. 分离机理

用离子交换树脂分离纯化物质主要是通过选择性吸附和分步洗脱来实现的。进行选择性吸附时，需要使目标离子具有较强的结合力，而其他杂质离子没有结合力或结合力较弱。要求使目标离子带上相当数量的与活性离子相同的电荷，然后通过离子交换被离子交换树脂吸附，使主要杂质离子带上与活性离子相反的或较少的相同电荷，从而不被离子交换树脂吸附或吸附力较弱。

从树脂上洗脱目的物时，需要调节洗脱液的 pH，使目标离子在此 pH 下失去电荷，甚至带相反电荷，从而丧失与原离子交换树脂的结合力而被洗脱下来。另外，还需要用高浓度的同性离子根据质量作用定律将目标离子取代下来。对阳离子交换树脂而言，目的物的 pKa 越大，将其洗脱下来所需溶液的 pH 也越高。对阴离子交换树脂而言，目的物的 pKa 越小，洗脱液的 pH 也越低。

三、离子交换技术的应用

1. 离子交换技术在处理废水中重金属的应用[13]

目前主要通过 3 种方式处理废水中的重金属：①利用化学反应来处理重金属离子；②离子交换技术和膜分离技术；③利用微生物或植物的凝聚、吸附和富集的特征处理废水中的重金属。与其他方法相比，离子交换技术更为高效，经离子交换技术处理后的废水中所含重金属离子浓度要小得多。例如：采用强碱性阴离子交换树脂去除废水

中的铬，大孔磺酸型阳离子交换树脂去除工业废水中的铜离子，D412 螯合树脂处理含镍废水等。

2. 离子交换技术在酶及蛋白质分离纯化中的应用[14]

由于不同的蛋白质在同一 pH 下会带上不同性质（正负）或带上不同电量的电荷，试验中可通过选择合适的 pH 条件，使目标蛋白和杂质带上不同性质的电荷而与离子交换剂进行相互作用，从而或保留或流出柱体；对于与目标蛋白带电性质相同但电量不同的物质可采用不同浓度的盐溶液洗脱进一步分离。胡鹏等[17]采用 DEAE-Sepharose-FF 离子交换层析法，对牛背最长肌中钙激活酶进行了分离纯化，并确定了最佳分离条件。

§3－5　层析技术

一、层析技术简介

层析法，又称为色谱法，是一种应用很广的分离、分析方法。1903 年，俄国的植物学家茨威特在研究分离植物色素过程中，首创了色谱法。这是一种根据化合物的不同理化性质进行分离的方法，最初用于有色物质的分离，后用于分离大量的无色物质。层析法是利用不同物质在两相中具有不同的分配系数，将多组分混合物进行分离及测定的方法。所有的层析系统都是由两相组成：一是固定相，另一是流动相。当待分离的混合物随流动相通过固定相时，由于各组分的理化性质（吸附力、分子形状、大小、分子极性、分子亲和力以及分配系数）存在差异，与两相发生相互作用（吸附、溶解、结合等）的能力不同，在两相中的分配（含量比）不同，随着流动相的不断前移，这些物质在两相之间进行多次反复分配，使分配系数不同的物质实现分离。

优点：操作简单、选择性强、分离效率高、应用范围广等。

缺点：处理量小、操作周期长、不能连续操作，在用色谱纯化之前一般都需要经过其他方法的初步提取、纯化，因此主要用于实验室，工业生产上应用较少。

分类：

1）按两相所处状态分类

按流动相与固定相的不同，层析法可以分为：气固层析法、气液层析法、液固层析法和液液层析法等。

2）按层析原理分类

按层析原理还可将层析分为吸附层析、分配层析、离子交换层析、凝胶过滤层析、亲和层析等。

3）按操作形式不同分类

柱层析：固定相装于柱内，使样品沿着一个方向前移而达分离。

纸层析：用滤纸作液体的载体，点样后用流动相展开，使各组分分离。

薄层层析：将适当黏度的固定相均匀涂铺在薄板上，点样后用流动相展开，使各组分分离。

薄膜层析法：将适当的高分子有机吸附剂制成薄膜，以类似纸层析方法进行物质的分离。

二、层析法的原理

1. 吸附层析

指混合物随流动相通过固定相时，由于吸附剂对不同物质的不同吸附力，而使混合物分离的方法。它是各种层析技术中应用最早的一类，至今仍广泛应用于各种天然化合物和微生物发酵产品的分离、制备。

吸附是表面的一个重要性质，任何两相都可以形成表面，其中一个相的物质或溶解在其中的溶质在此表面的密集现象称为吸附。在固体与气体之间或在固体与液体之间的表面上都可以发生吸附现象。

在液体与气体之间的表面上，也可以发生吸附现象。凡能将其他物质聚集到自己表面上的物质，都称为吸附剂。

2. 分配层析

各物质在两相中扩散速度不同，产生不同的分配系数。分配层析分离技术是利用各物质不同分配系数，使混合物随流动相通过固定相时而予以分离的方法。

分配系数是指一种溶质在两种互不相溶的溶剂中的溶解达到平衡时，该溶质在两相溶剂中所具浓度的比例。不同物质因其性质不同而有不同的比例，也就是有不同的分配系数。

分配系数：在一定温度下，溶质在互不相溶的两相中分配达到平衡时，溶质在两相中的浓度比值为一常数，即分配系数 K_d：

$$K_d = \frac{C_a}{C_b}$$

式中，C_a 和 C_b 分别为溶质在两相中的浓度。

3. 离子交换层析

离子交换层析是利用固定相偶联的离子交换基团和流动相解离的离子化合物之间发生可逆的离子交换反应而进行的分离方法。

离子交换层析是利用离子交换剂对各种离子的亲和力不同，借以分离混合物中各种离子的一种技术。其主要特点是依靠带有相反电荷的颗粒之间的吸引力的作用。

离子交换层析的固定相是载有大量电荷的离子交换剂，流动相是具有一定 pH 值和一定离子强度的电解质溶液。

离子交换色谱是以离子交换剂为固定相，以含特定离子的溶液为流动相，利用离子交换剂上的可交换离子与溶液中离子发生交换作用，由于不同的溶质离子与离子交换剂上离子化的基团的亲和力和结合条件不同，在经过洗脱液过程后，样品中的离子按结合力的弱强先后洗脱，而将混合物中不同离子进行分离的技术。

4. 凝胶层析

凝胶层析法是指其所用的固定相是凝胶的多孔性填料，混合物随流动相经固定相（凝胶）的层析柱时，混合物中各组分按其分子大小不同而被分离的技术。

凝胶是一种不带电荷的具有三维空间多孔网状结构的物质，凝胶的每个颗粒内部都具有很多细微的小孔，如同筛子一样，各组分的分子大小不同，在凝胶上受阻滞的程度也不同。大分子由于直径较大，不易进入凝胶颗粒的微孔，被排阻于凝胶颗粒之外，因此大分子在凝胶床内移动距离较短，洗脱速度较快；而小分子由于直径较小，可进入凝胶网孔内，在洗脱中，不断从凝胶扩散到颗粒间隙，再从间隙扩散至另一凝胶，因而小分子在层析柱内路径较长，洗脱速度较慢。

5. 亲和层析

亲和层析法是指利用生物活性物质之间的专一亲和吸附作用而进行的分离方法，它是利用待分离物质和其特异性配体间的特异性亲和作用，从而达到分离的目的。

将可亲和的一对分子中的一方以共价键形式与不溶性载体相连作为固定相吸附剂，当含混合组分的样品通过此固定相时，只有和固定相分子有特异亲和力的物质，才能被固定相吸附结合，无关组分随流动相流出。改变流动相组分，可将结合的亲和物洗脱下来。

亲和层析中所用的载体称为基质，与基质共价连接的化合物称配基。具有专一亲和力的生物分子对主要有：抗原与抗体，DNA 与互补 DNA 或 RNA，酶与底物、激素与受体、维生素与特异结合蛋白、糖蛋白与植物凝集素等。

亲和层析可用于纯化生物大分子、稀释液的浓缩、不稳定蛋白质的贮藏、分离核酸等。

6. 聚酰胺薄膜层析

主要指混合物流动相通过聚酰胺薄膜时，由于聚酰胺与各极性分子产生氢键吸附能力的强弱不同，而将混合物分离的方法。

不同的色谱分离技术在其分离原理、应用范围、分离效率、操作条件、适用阶段等方面都有一定的差异，具体的选择方案要通过实验、研究最终作出最为合适的选择。

三、层析技术在天然产物分离纯化中的应用

天然产物是一个非常复杂的体系，如何从中找到一种高效且成本低的分离纯化方

法是关键问题。目前，层析技术是应用较为广泛的分离纯化技术，具有纯度高、回收率高、节能、环保等优点，在天然分离纯化中应用最为广泛，主要用于多糖、黄酮、醌、三萜、生物碱类的分离纯化。

（1）多糖类。李珊珊等通过水提法提取人参果多糖，对所得的多糖采用 DEAE - Sepharose Fastflow 层析柱进行分离纯化，分别用不同浓度的氯化钠溶液洗脱得到 1 种中性多糖，3 种酸性多糖[18]。

（2）黄酮类。牛迎凤等以大叶千斤拔总黄酮含量为指标，分别选择乙酸乙酯萃取法联合大孔树脂、聚酰胺树脂、硅胶柱层析富集黄酮，结果表明：乙酸乙酯萃取法和硅胶柱层析法联用纯化总黄酮效果最好，纯度为 54%[19]。

（3）醌类。段文娟等采用高速逆流色谱技术分离纯化红葱乙酸乙酯萃取物，得到 2 种物质，经高效液相色谱法分析，其纯度分别为 97.3% 和 98.6%[20]。

（4）生物碱类。张阳等利用 ZB - 2 强碱性阴离子交换纤维柱层析分离纯化了指天椒中的辣椒碱，在实验最优条件下，将辣椒碱的含量由 4.5% 提高到 92.0%，回收率为 72.3%[21]。

（5）三萜类。张祖珍等对药用植物双参的乙酸乙酯部分浸膏，采用硅胶柱、凝胶柱及 ODS 柱进行分离纯化，从中得到 4 种三萜类物质[22]。

§3 - 6　超滤技术

一、超滤法基本简介

超滤是一种外源加压的膜分离技术，其原理与过滤一样，通过膜的过滤作用使小分子溶质和溶剂透过膜，而截留大分子的溶质，从而达到分离的目的。超滤技术广泛用于含有各种小分子溶质的各种生物大分子（如蛋白质、酶、核酸等）的浓缩、分离和纯化。

特点：操作简单，成本低廉，无须增加任何化学试剂，尤其是超滤技术的实验条件温和，与蒸发、冷冻干燥相比没有相的变化，而且不引起温度、pH 的变化，因而可以防止生物大分子的变性、失活和自溶。

超滤技术的关键是膜，常用的膜由乙酸纤维或硝酸纤维或二者的混合物制成。近年来发展了非纤维型的各向异性膜，例如聚砜膜、聚砜酰胺膜和聚丙烯腈膜等。

超滤膜的基本性能指标：水通量（$cm^3/(cm^2 \cdot h)$）；截留率（以百分率%表示），化学物理稳定性（机械强度等）。

应用：在生物大分子的制备技术中，超滤主要用于生物大分子的脱盐、脱水和浓缩等。

二、超滤技术原理

超滤是一种加压膜分离技术，即在一定的压力下，使小分子溶质和溶剂穿过一定孔径的特制的薄膜，而使大分子溶质不能透过，留在膜的一边，从而使大分子物质得到部分纯化的一种分离技术。

依据所加的操作压力和膜的平均孔径不同，可分为3种模式：

①微孔过滤：操作压力为0.07MPa，膜的平均孔径为500Å至14μm，用于分离较大颗粒。

②加压超滤：操作压力为0.03～6MPa，膜的平均孔径为10～100Å至14μm，用于分离大分子溶质。

③反渗透：操作压力为30～120MPa，膜的平均孔径小于10Å，用于分离小分子溶质。

三、超滤技术的应用

1. 超滤技术在生活污水处理中的应用

随着城市化进程的不断推进，城市日用水量持续增加，城市日废水量也呈持续增长趋势。因此，如何提高城市水资源利用率和降低废排水污染程度等成为亟待解决的首要问题。同时我国淡水资源极度紧缺以及人们对水资源纯度的需求越来越高，要求水资源中的有害物质即杂质含量更低，这就对污水净化处理技术提出了更高的要求。超滤技术在城市饮水处理中具有独特的应用优势，它能够有效地清除饮水中的有机物质、悬浮颗粒以及有害物质等，同时能够有效地分离出水体中的有机物质和病菌。使用超滤膜技术将城市生活用水进行过滤后，水中的磷、氮、氯离子、化学需氧量、溶解离子等均可满足城市用水的基本标准[23]。

2. 超滤技术在中药注射液制备中的应用[24]

超滤技术应用于中药注射液的制备，不仅可较好地去除药液中的大分子蛋白质、色素、树脂、鞣质等杂质，还能过滤除菌，特别适用于中药粉针剂的制备。而截留分子质量在6 000～10 000之间的膜材还可去除热原，有利于提高注射液的质量、稳定性与安全性。

贺立中首次采用两步超滤法制备伸筋草注射液，先以截留分子质量10 000～30 000的超滤膜对pH≈3、浓度为50%的药液超滤，滤液浓缩2倍调pH≈7后再以截留分子质量6 000的超滤膜进一步精制，制得的注射液收率提高，色泽较浅，氯化钠含量由5%以上降至1%左右，长期放置仍保持澄明且药理实验证实新工艺制备制剂的疗效明显优于原水醇法[25]。

参考文献

[1] 陈晓华. 分析化学样品前处理方法讨论 [J]. 广东化工，2013，40 (20)：23-24.

[2] 邵鸿飞. 分析化学样品前处理技术研究进展 [J]. 化学分析计量，2007 (05)：81-83.

[3] 田子卿，邓红，韩瑞，等. 沉淀分离技术及其在生化领域中的应用 [J]. 农产品加工（学刊），2010 (03)：34-36，57.

[4] 雷继鹏，田少君，李晓霞. 分离 7s 和 11s 大豆球蛋白简便方法 [J]. 粮食与油脂，2003 (06)：6-7.

[5] 高孔荣. 食品分离技术 [M]. 广州：华南理工大学出版社，1998.

[6] 赵红宇，刘晓飞，周盛华，等. 牛初乳中乳铁蛋白的分离纯化 [J]. 农产品加工（学刊），2013 (10)：3-5.

[7] Yousefi M，Rahimi-Nasrabadi M，Pourmortazavi S M，et al. Supercritical fluid extraction of essential oils [J]. Trends in Analytical Chemistry，2019，118：182-193.

[8] 侯彩霞. 柴胡药用成分的超临界 CO_2 萃取工艺及模型研究 [D]. 天津：天津大学，2007.

[9] 郭晶晶. 双水相萃取技术研究进展 [J]. 广州化工，2014，42 (19)：26-28.

[10] 彭佳黛，冯倩，陈浩春，等. 双水相萃取法分离纯化银针茶 α-淀粉酶抑制剂的研究 [J]. 中南林业科技大学学报，2010，30 (09)：198-201.

[11] 刘杨，王雪青，庞广昌，等. 双水相萃取法富集分离螺旋藻藻蓝蛋白的研究 [J]. 海洋科学，2008 (07)：30-32，37.

[12] Tubio G，PicóG A，Nerli B B. Extraction of trypsin from bovine pancreas by applying Polyethleneglycol/sodium citrate aqueous two phase systems [J]. Journal of Chromatography B，2009，877 (3)：115-120.

[13] 罗吉，黄妙玲，冀红斌，等. 分子蒸馏用于精油精制及在芳香疗法中的应用 [J]. 香料香精化妆品，2008 (06)：40-43.

[14] 王发松，黄世亮，胡海燕，等. 柠檬醛分子蒸馏纯化新工艺与毛叶木姜子果油成分分析 [J]. 天然产物研究与开发，2002 (02)：55-57.

[15] 汪海燕. 离子交换技术在处理废水中重金属的应用 [J]. 中国石油和化工标准与质量，2018，38 (16)：160-161.

[16] 白利涛，张丽萍. 酶及蛋白质分离纯化技术研究进展 [J]. 安徽农业科学，2012，40 (14)：8018-8020，8034.

[17] 胡鹏，罗欣，杜方岭. DEAE-Sepharose-FF 离子交换层析对牛背最长肌中钙激活酶的纯化研究 [J]. 农产品加工（创新版），2009 (10)：43-45，59.

[18] 李珊珊，祝贺，祁玉丽，等. 人参果多糖的分离纯化及体外抗氧化活性研究 [J]. 食品工业科技，2018，39 (04)：79-82，105.

[19] 牛迎凤，张丽霞，李晓花，等. 西双版纳重要傣药大叶千斤拔总黄酮富集工艺研究 [J]. 热带农业科技，2018，41 (01)：28-33，42.

[20] 段文娟，赵伟，李月，等. 高速逆流色谱技术分离纯化红葱中的萘醌类化合物 [J]. 天然产物研究与开发，2016，28 (12)：1911-1914.

[21] 张阳，王立升，周永红，等. 离子交换纤维柱分离纯化辣椒碱类化合物 [J]. 精细化工，2011，28 (02)：130-134，176.

[22] 张祖珍，陈雅凤，王福生. 药用植物双参的三萜类成分研究 [J]. 大理大学学报，2017，2 (04)：6-8.

[23] 姜润龙. 超滤膜技术在环保工程污水处理中的应用 [J]. 建筑与预算，2020 (08)：5-7.

[24] 彭国平，郭立玮，徐丽华，等. 超滤技术应用对中药成分的影响 [J]. 南京中医药大学学报（自然科学版），2002 (06)：339-341.

[25] 贺立中. 用两步超滤法制备伸筋草注射液的实验研究 [J]. 中草药，1996 (12)：719-721.

章节习题

1. 简述前处理技术在样品分析中的作用及意义。

2. 简述层析技术的分类及原理。

3. 请列举 3 种样品前处理方法，并简述其原理。

4. 根据层析分离的形式来分类，实验室常用的层析方法除了柱色谱外还有哪些？它们各有什么特点？

5. 简述沉淀分离方法的特点。

6. 简述萃取技术的分类及特点。

中药样品分离分析方法

基本要点

1. 了解中药活性成分分离分析的重要意义。

2. 掌握溶剂法、沉淀法、分馏法等分离分析技术原理及在中药样品中的适用范围。

3. 掌握吸附色谱、凝胶过滤色谱、离子交换色谱等色谱技术原理及在中药样品中的适用范围。

4. 了解酶工程技术、微波萃取技术、分子蒸馏技术、分子印迹技术等新型分离分析技术。

中药是中华民族宝贵的药用资源，具有独特的理论体系和确切的临床疗效，至今仍保持着强大的生命力。然而，中药多以复方用药，存在功效成分不明确、作用机制不清晰等不足，严重制约了中药现代化的进程。中药活性成分的高效提取分离是阐明其药理作用，解释其作用机制的前提条件。因此，分离技术的发展和进步在中药活性成分的研究中扮演着重要的角色[1]。本章重点阐述了中药活性成分分离分析的意义，详细介绍了传统和现代中药活性成分的分离分析方法。

§4－1　传统的中药样品分离分析方法

一、溶剂分离法

1. 酸碱溶剂法

利用混合物中各组分酸碱性差异而进行分离。具体操作为：将总提取物溶于亲脂性有机溶剂，分别用酸水和碱水进行萃取，即可将总提取物分为酸性、碱性和中性 3

个部分；或者将总提取物溶于水，依次调节 pH 值为酸性、中性和碱性，分别用有机溶剂萃取，即得酸性、碱性和中性 3 个部分。在实际工作中，还可采用 pH 梯度法进一步分离不同部位中碱度或酸度不同的组分。

需要注意的是，使用酸碱溶剂法时应着重控制 pH、与被分离成分接触的时间以及加热温度等条件，避免因提取条件剧烈导致化合物结构产生不可逆的改变。在实际工作中，以大黄为代表的蒽醌类成分和以槐角为代表的黄酮类成分一般采用该方法进行分离。

2. 溶剂分配法

利用混合物中各组分在互不相溶的两相溶剂中分配系数不同而实现分离。溶剂分配法的两相一般为互不相溶的水相与有机相。待分离成分在两相中分配系数相差越大，分离效果越好。一般而言，采用正丁醇－水体系分离极性较大的成分，采用乙酸乙酯－水体系分离极性中等的成分，采用氯仿（或乙醚）－水体系分离极性较小的成分。

溶剂分配法常用于中药样品的初步分离，多在分液漏斗中进行。具体操作为：将混合物溶于水，根据中药中各组分的极性差异，依次采用正己烷（石油醚）、氯仿（乙醚）、乙酸乙酯、正丁醇萃取，分别收集有机相，减压蒸馏则得到不同极性的中药成分。减压浓缩萃取后的水相，残留物用甲醇（或乙醇）悬浮，抽滤即得醇溶成分和不溶成分。在实际工作中，为避免因多次萃取而导致的乳化现象，可在液滴逆流层析装置或连续液－液萃取装置中进行萃取分离。

二、沉淀分离法

沉淀分离法是在中药总提取物中加入某些试剂或溶剂，使某些成分溶解度降低而沉淀，从而实现分离的目的。需要注意的是，该分离方法的实际应用中，目标成分的沉淀反应必须是可逆的。依据加入试剂或者溶剂的不同，沉淀分离法包含以下 5 种：

1. 分级沉淀法

改变加入溶剂的极性或数量而使沉淀逐步析出称为分级沉淀。具体操作为：在中药总提取物中加入与该溶液互溶的溶剂，改变相关组分的溶解度，使其从溶液中析出。在实际工作中，以水醇法、醇水法和醇醚法应用最为广泛。

（1）水醇法：中药水提取浓缩液加入数倍量乙醇，水溶性大分子（多糖、蛋白质等）被沉淀；如在含有糖类或蛋白质的水溶液中，分级加入乙醇，使含量逐步增高，可逐级沉淀出分子量由大到小的蛋白质、多糖、多肽等组分。

（2）醇水法：中药醇提取浓缩液加入数倍量水，静置，沉淀，可除去树脂、叶绿素等脂溶性杂质。

（3）醇醚（丙酮）法：中药醇提取浓缩液加入数倍量醚（丙酮），可使皂苷析出，脂溶性杂质等留在母液中。如在含皂苷的乙醇溶液中分次加入乙醚或乙醚丙酮混合液，可实现极性不同的皂苷的逐段沉淀。

2. 铅盐沉淀法

利用中性或碱式乙酸铅在水（或醇）提取液中能与酸性成分（或某些酚类）结合生成不溶于水（或醇）的铅盐或络合物沉淀而分离的方法。因此常用于沉淀有机酸、蛋白质、氨基酸、酸性皂苷、黄酮、鞣质、黏液质、树脂等。在实际工作中，碱式乙酸铅应用更广泛，多用于沉淀含酚羟基或者羧基的中药组分。

3. 酸碱沉淀法

通过加入酸或者碱调节溶液的 pH，改变混合物中酸性、碱性或两性有机化合物的分子状态（游离型或解离型），从而改变相关化合物在水中的分配系数而实现分离。传统的酸碱溶剂法包括酸提碱沉法、碱提酸沉法等。酸提取碱沉淀：用于生物碱的提取、分离。碱提取酸沉淀：用于酚、酸类成分和内酯类成分的提取、分离。

4. 专属试剂沉淀法

利用某些试剂选择性地沉淀某类成分，即为专属试剂沉淀法。如雷氏铵盐等生物碱沉淀试剂能与生物碱类生成沉淀，可用于分离生物碱与非生物碱类成分，以及水溶性生物碱与其他生物碱的分离；胆甾醇能和甾体皂苷沉淀，可使其与三萜皂苷分离；明胶能沉淀鞣质，可用于分离或除去鞣质。

5. 盐析法

在中药水提液中加入易溶于水的无机盐至一定浓度或饱和状态，可使中药中某些成分由于溶解度降低而析出。在实际工作中，常用的无机盐有氯化钠、硫酸钠等，盐析法目前已应用于三颗针中小檗碱的分离。

三、分馏法

此法是利用混合物中各成分的沸点不同而进行分离的方法。适用于液体混合物的分离。分馏法包含常压分馏、减压分馏、分子蒸馏等。可根据混合物中各成分沸点情况及对热稳定性等因素选用。在实际工作中，分馏法多用于中药挥发油及一些液体生物碱的分离。例如毒芹总碱中的毒芹碱和羟基毒芹碱的分离，前者沸点约为 167℃，后者为 226℃，即可利用其沸点的不同通过分馏法分离。

四、膜分离法

利用天然或人工合成的高分子膜，以外加压力或化学位差为推动力，对混合物溶液中的化学成分进行分离、分级、提纯和富集。目前，已成功开发出反渗透、超滤、微滤、电渗析四大膜分离技术。其中反渗透、超滤、微滤相当于滤过技术。溶剂、小分子成分能透过膜，而大分子被膜截留。选用适当规格的膜可实现对中药提取液中多糖类、多肽类、蛋白质类的截留分离[2]。Chung 等[3]通过超滤提取紫苏中的花青素，对花青素的回收率达到60%以上。邵平等[4]采用超滤法对灵芝多糖酶解液多糖截留率进行研究，得多糖截留率为63.32%。诸多实验结果表明，采用超滤法能够提高中药多糖的得率，且能减少无效多糖、蛋白质及其他杂质，工艺简单、处理量大、无污染，有较好的工业化应用前景[5,6]。

五、升华法

固体物质加热直接变成气体，遇冷又凝结为固体的现象为升华。某些中药含有升华性的物质，如某些小分子生物碱、香豆素等，均可用升华法进行纯化。但是，在加热升华过程中，不可避免会伴有热分解现象，产率较低，不适宜工业化生产。

六、结晶法

利用中药提取液中各成分在同一种溶剂冷热情况下存在的溶解度差异，而采用结晶方法加以分离的操作方法。主要包括降温结晶法、蒸发结晶法、重结晶法等。在实际工作中，中药的一些亲水性成分，如多糖、皂苷等通常为无定形粉末，缺乏固定的形态，往往需通过结晶法进行纯化，以便进行结构测定。

结晶法的关键是选择适宜的结晶溶剂。中药提取液中不同的组分在溶剂中的溶解度随温度不同应有显著差异且不产生化学反应。常用于结晶的溶剂有甲醇、乙醇、丙酮、乙酸乙酯、乙酸、吡啶等。当用单一溶剂无法有效结晶时，可选用两种或两种以上溶剂组成的混合溶剂进行结晶操作。

§4－2　新型的中药样品分离分析方法

一、色谱分离技术

色谱分离技术是中药组分分离中最常应用的分离技术，具有分离效率高、分析速度快、样品用量少等优点。通过选用不同分离原理、不同操作方式、不同色谱材料的色谱技术可实现不同中药组分的分离和精制。色谱法有多种类型，从不同的角度出发，有各种分类法。本节按照分离过程的机制分类，可分为吸附色谱法（adsorption chromatography）、尺寸排阻色谱法（size exclusion chromatography，SEC）、离子交换色谱法（ion exchange chromatography，IEC）、分配色谱法（partition chromatography）以及亲和色谱法（affinity chromatography）等。

1. 吸附色谱法

吸附色谱又称为液-固色谱，以固体吸附剂为固定相，利用中药被分离组分对固定相表面活性吸附中心吸附能力的差异而实现分离的色谱法。按照操作方式一般分为吸附柱色谱和薄层色谱，常用的吸附剂包括硅胶、氧化铝、活性炭、聚酰胺等。

在实际工作中，硅胶吸附色谱的应用最为广泛，可用于大多数中药组分的分离。而氧化铝、活性炭、聚酰胺吸附色谱的应用范围均有局限：氧化铝吸附色谱主要用于中药碱性或中性亲脂性组分的分离，如生物碱、甾、萜类等成分；活性炭吸附色谱主要用于中药水溶性物质如氨基酸、糖类及某些苷类的分离；聚酰胺吸附色谱则以氢键作用为主，主要用于中药黄酮类、蒽醌类及鞣质类等组分的分离。

应用实例 1　烧伤灵酊含量测定[7]。

【处方】虎杖 200g，黄檗 50g，冰片 10g

色谱条件与系统适用性实验：以十八烷基硅烷键合硅胶为填充剂；以甲醇-0.1%磷酸溶液（85∶15）为流动相；检测波长为 254nm。理论塔板数按大黄素峰计算应不低于 2000。

对照品溶液的制备：取大黄素对照品适量，精密称定，用无水乙醇制成每 1mL 含 10μg 的溶液，即得。

供试品溶液的制备：精密量取本品 2mL，加硅胶（色谱用，60～160 目）1g，置温水浴上蒸干，加在硅胶柱（色谱用，60～160 目，2g，内径为 1.7cm）上，用石油醚（60～90℃）-甲酸乙酯-甲酸（100∶100∶2）混合溶液 90mL 分次减压洗脱，收集洗脱液，置 100mL 量瓶中，并用混合溶剂稀释至刻度，摇匀，即得。

测定法：分别精密吸取对照品溶液与供试品溶液各 10μL，注入液相色谱仪，测定，即得。

本品每 1mL 含虎杖以及大黄素计，不得少于 0.35mg。

应用实例 2　消炎利胆片含量测定[8]。

【处方】穿心莲 868g，溪黄草 868g，苦木 868g

色谱条件与系统适用性实验：以十八烷基硅烷键合硅胶为填充剂；以甲醇-水（55∶45）为流动相；穿心莲内酯检测波长为 225nm；脱水穿心莲内酯检测波长为 254nm。理论板数按脱水穿心莲内酯峰计算应不低于 2000。

对照品溶液的制备：取穿心莲内酯对照品和脱水穿心莲内酯对照品适量，精密称定，加 50% 甲醇制成每 1mL 含穿心莲内酯 80μg、脱水穿心莲内酯 0.20mg 的溶液，摇匀，即得。

供试品溶液的制备：取本品 10 片，除去包衣，精密称定，研细，取约 0.3g，精密称定，置具塞锥形瓶中，精密加入 70% 乙醇 50mL，密塞，称定重量，超声处理（功率

250W，频率40kHz）30min，放冷，再称定重量，用70%乙醇补足减失的重量，摇匀，滤过。精密量取续滤液5mL，置中性氧化铝柱（200～300目，4g，内径为1.5cm）上，用70%乙醇30mL洗脱，收集洗脱液，蒸至近干，加甲醇使溶解，转移至5mL量瓶中，加甲醇稀释至刻度，摇匀，滤过，取续滤液，即得。

测定法：分别精密吸取对照品溶液与供试品溶液各10μL，注入液相色谱仪，测定，即得。

本品每片含穿心莲以穿心莲内酯和脱水穿心莲内酯的总量计，小片和糖衣片不得少于5.0mg；大片不得少于10.0mg。其中，每片含穿心莲内酯，小片和糖衣片不得少于3.5mg；大片不得少于7.0mg。

2. 分子排阻色谱

分子排阻色谱是一种根据被分离化合物分子的尺寸进行分离的色谱技术，又称为凝胶色谱法、尺寸排阻色谱法等。该色谱技术应用分子筛效应，根据凝胶的孔径和被分离化合物分子的大小而达到分离的目的。大分子物质在分子排阻色谱柱内不被迟滞（排阻），保留时间较短，小分子物质由于向凝胶颗粒内部扩散，移动被滞留，保留时间较长。

在实际工作中，分子排阻色谱多用于多糖的分离，大小不同的多糖分子在分离的过程中不断地扩散和排阻，大分子的多糖先流出，小分子的多糖后洗出。

应用实例3 生品天南星水溶性均一多糖的制备及纯度测定[9]。

将除去淀粉和蛋白的天南星提取液装入处理好的SephadexG-100葡聚糖凝胶树脂色谱柱中，以1mol/L氯化钠溶液洗脱至流出液用硫酸-苯酚法检测不出多糖时为止，收集洗脱液，透析除盐，加无水乙醇至含醇量80%，置4℃冷藏过夜，收集沉淀，低温干燥，即得生天南星中性均一多糖。

纯度测定色谱条件：TSK-GelG4000 SWXL凝胶柱（7.8mm×300mm，5μm）；流动相：水；流速0.5mL/min；柱温40℃；进样量20μL。ELSD检测条件：漂移管温度115℃；气体流量：3.2L/min。

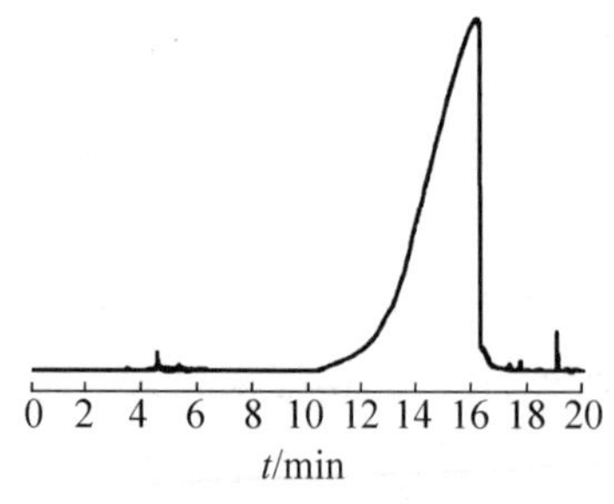

图4-1　生天南星水溶性均一多糖的HPGPC图

供试品溶液配制：精密称取生品天南星水溶性均一多糖20mg，用10mL水完全溶解，即得供试品溶液。

标准曲线的绘制：分别精密称取葡聚糖系列标准品适量，加水溶解，制备2mg/mL的标准品溶液，0.45μm微孔滤膜过滤，以保留时间（R_t）为横坐标，以标准品的lgMw为纵坐标，进行线性回归。

Mw的测定：将上述供试品溶液注入高效液相色谱仪，进行HPGPC分析，检验其纯度，并记录其保留时间，通过回归方程计算生天南星的 Mw。生天南星水溶性均一多糖纯度的检测结果见图 4-1。生天南星多糖样品的 HPGPC 谱图基本只有 1 个单一对称峰，表明其为均一多糖。峰面积归一化法结果显示，所得生天南星的水溶性均一多糖纯度为 97.74%，Mw 为 17 895。

3. 离子交换色谱

离子交换色谱主要基于中药提取液中各组分解离度的差异进行分离，主要包括离子交换树脂、离子交换纤维素和离子交换凝胶 3 种。离子交换树脂的交换能力强弱取决于化合物解离度大小和带电荷多少，化合物的解离度越大，与树脂的交换能力越强，相对来说也更难洗脱。因此，当两种不同解离度的化合物被交换在树脂上，解离度小的化合物先于解离度大的化合物被洗脱，由此实现分离。

离子交换纤维素和离子交换凝胶是通过在纤维素或葡聚糖等大分子的羟基取代基上引入能释放离子的基团所形成，如二乙氨基乙基纤维素（DEAE-cellulose）和羧甲基纤维素（CM-cellulose）、二乙基氨乙基葡聚糖凝胶（DEAE-sephadex）、羧甲基葡聚糖凝（CM-sephadex）等。离子交换纤维素和离子交换凝胶的制备过程决定了它们具备离子交换和分子筛的双重作用，尤其适用于水溶性组分如多糖、生物碱的分离纯化。

应用实例 4　苦参中生物碱的分离纯化[10]。

色谱条件：Spherisorb SCX 色谱柱（250mm × 4.6mm，5μm）；流动相：体积比 40:60 的乙腈 - 磷酸盐缓冲液（60mmol/L，pH = 3）；流速：1.0mL/min；进样量：10μL；检测波长：220nm。

对照品溶液的制备：精密称取对照品氧化苦参碱、槐定碱、苦参碱适量，以甲醇为溶剂制备 0.1g/L 的对照品溶液。

供试品溶液的制备：将原料干燥粉碎成粗粉，用 50% ~80% 乙醇将原料粗粉浸透，再装入回流提取器中，在 60 ~80℃温度下用 50% ~80% 乙醇回流提取 2 ~4 次，合并提取液，即得。

测定法：分别精密吸取对照品溶液与供试品溶液各 10μL，注入液相色谱仪，测定，即得。

4. 分配色谱法

分配色谱是利用被分离组分在固定相和流动相之间分配系数的差异而实现分离的。按照固定相与流动相的极性差别，分配色谱法可分为正相色谱与反相色谱。

1）正相色谱

在正相分配色谱法中，流动相的极性小于固定相极性。常用的固定相有氰基与氨基键合相，主要用于分离极性及中等极性的分子型组分。

应用实例5 正相液相色谱法测定追风舒经活血片中士的宁的含量[11]。

色谱条件：采用硅胶色谱柱，正己烷－二氯甲烷－甲醇－浓氨试液（85:85:11:0.7）为流动相，254nm为检测波长。

对照品溶液的制备：精密称取士的宁对照品10.84mg，加醋酸乙酯制成每1mL含0.054 8mg的溶液，摇匀，即得。

供试品溶液的制备：取本品15片，除去包衣，精密称定，研细，精密称取约0.5g，置具塞锥形瓶中，精密加氯仿25mL与浓氨试液1mL，称定重量，放置过夜，超声处理20min（250W，50kHz），放至室温，称定重量，补足减失的溶剂量，摇匀，滤过，弃去初滤液，精密吸取续滤液15mL，置分液漏斗中，用硫酸溶液（3→100）萃取5次，每次15mL，合并萃取液，用浓氨试液调节pH值至9～10，再用氯仿提取5次，每次25mL，合并氯仿液，蒸干，残渣加醋酸乙酯溶解，转移至10mL量瓶中，并稀释至刻度，摇匀，即得，作为供试品溶液。分别精密吸取对照品溶液与供试品溶液各5μL，注入液相色谱仪，测定，即得供试品和对照品溶液HPLC色谱图（图4－2）。

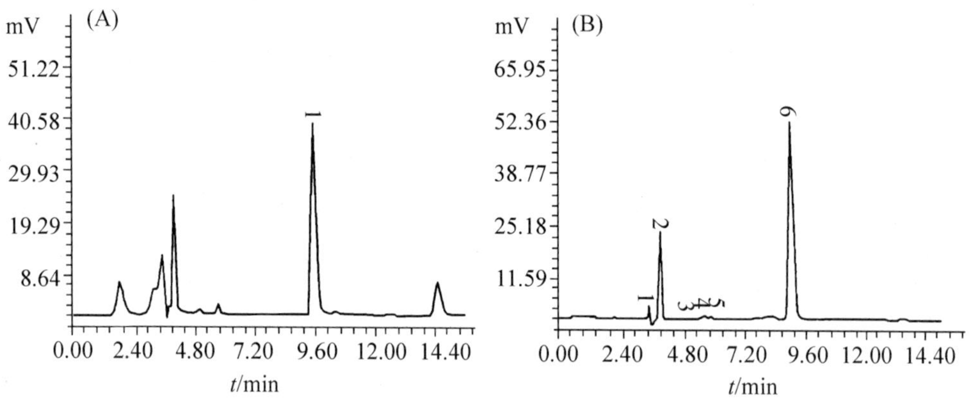

图4－2 供试品溶液（A）和对照品溶液（B）的HPLC色谱图

2）反相色谱

在反相分配色谱法中，流动相的极性大于固定相极性。反相色谱法是应用最广的色谱法，主要用于分离非极性及中等极性的各类中药组分。在实际应用中，由于键合相表面的官能团不会流失，流动相的极性可以在很大的范围调整，可以用于有机酸、碱、盐等离子型化合物的分离。

应用实例6 东北红豆杉树叶中紫杉醇和三尖杉宁碱的分离[12]。

甲醇萃取：称取7.5kg东北红豆杉树叶粉末，按照固液比为1:5（m/V）的比例，用100%甲醇于室温下浸提24h，滤渣再按照固液比为1:2（m/V）的比例，用100%甲醇于室温下浸提2次，每次24h。浸提液减压浓缩，二氯甲烷:水（1:1）两相萃取，将二氯甲烷相蒸干，得紫杉醇粗提物。

正相－反相色谱分离：将粗提物进样至正相硅胶柱（5.0cm×100cm，填充硅胶层65cm），用丙酮－正己烷（丙酮体积百分含量为0%、25%、30%、40%、50%、60%）进行梯度洗脱，HPLC分析各馏分，合并含有目标化合物的馏分，浓缩。浓缩液上高分子树脂反相色谱柱（2.86cm×150cm，PRP－6高分子树脂层116cm，塔板数260N/m）。用丙酮－水（丙酮体积百分含量为20%、42%、46%、50%、54%）进行梯度洗脱，HPLC分析各馏分，分别合并含有紫杉醇、三尖杉宁碱的馏分，浓缩、冷冻结晶得到紫杉醇和三尖杉宁碱粗品。将所得粗品溶解进行二次反相色谱纯化，按上述条件洗脱，收集目标馏分。

结晶：分别浓缩含量大于98%的紫杉醇和三尖杉宁碱馏分，冷冻得到二者的晶体，将得到的晶体分别用甲醇－水溶解，再冷冻至析出白色针状结晶，滤出，真空干燥，得到0.17g紫杉醇和0.12g三尖杉宁碱。经^{1}H－NMR和^{13}C－NMR测试表明，两种物质分别为紫杉醇和三尖杉宁碱，纯度达到98%以上，产率分别为树叶干重的0.0022%和0.0018%，回收率大于70%。

5. 亲和色谱

亲和色谱是利用生物分子与亲和色谱固定相表面配位体之间的特异性亲和作用，进行选择性分离生物分子的一类色谱方法[13]。亲和色谱法是将生物大分子（氨基酸、肽、蛋白质、核酸、核苷酸等）或者整体细胞、细胞膜作为靶点固定在硅胶等载体上，填充进色谱柱，再连入色谱系统中，中药提取液即可通过色谱系统产生可逆的特异性吸附作用，从而实现中药提取液中亲和部位的分离、洗脱、分析和鉴定。目前，常见的亲和色谱主要以脂质体、细胞膜和蛋白质作为筛选靶点。

脂质体又称磷脂囊泡，是脂质分子形成的两侧为亲水基团中间为疏水基团的脂双层微球。作为一种人工模拟的类生物膜，脂质体与细胞膜有类似的脂质双分子层，具有流动性、生物亲和性等功能特征。固定化脂质体色谱法是将脂质体固定到硅胶载体表面制成脂质体色谱柱，利用液相色谱技术，研究流动相中待测物质与脂质体相互作用的色谱方法[14]。

细胞膜的亲和性与化合物药理活性有着密切的联系，因为大多数具有药理学活性的物质进入体内后转运分散，最终都会与细胞膜作用或再穿过细胞膜进入胞内发生进一步代谢。近年来，采用细胞膜作为筛选工具的细胞膜色谱（cell membrane chromatography，CMC）在中药样品的分离中发挥了巨大的作用，已发展成一种分离筛选中药活性成分的有效手段[15]。随着研究的进展，目前已成功利用卵巢细胞膜对中药夏天无中β_1肾上腺素能受体的活性成分进行筛选[16]、利用纹状体细胞膜对川芎－白芷中5－羟色胺受体激动剂进行筛选[17]。

蛋白质是一种天然受体，将中药活性成分视为配体，通过受体－配体的特异性亲和作用，即可筛选出能特异性作用于受体的活性成分。在亲和色谱的实际应用中，受体固载是重要的前期工作，传统的受体固载方法包括物理吸附法、随意固定法和定向固定法。随着生物工程技术的发展，生物正交反应的一步固定法已成功应用于受体的固载[18,19]。近年来，有学者提出了受体色谱的概念，成功建立了受体色谱模型，并将其运用于中药活性成分的筛选[20,21]。目前，已成功构建 β_2 肾上腺素受体色谱模型，并筛选出麻黄和白芥子中能够特异性作用于 β_2 肾上腺素能受体的活性成分[22]。

亲和色谱技术以其高选择性和可逆性开创了中药成分分离的新纪元，随着组合化学、基因工程等科学技术的高速发展，亲和色谱技术将迅速向前发展。

二、超临界流体萃取技术

超临界流体萃取是一种新型的萃取分离技术。该技术利用超临界流体作为萃取剂，从中药提取液中分离出特定成分。超临界流体萃取技术具有高效、快速、简单、绿色等优点，现已被广泛应用于中药中挥发油、香豆素等有效成分的提取。有文献报道，采用超临界流体萃取技术，已从黄芩根、西番莲叶、月见草种子等常见中药中成功提取贝加因、类黄酮和月见草油等几十种有效成分[23]。需要注意的是，在应用超临界流体萃取中药有效成分的过程中，针对不同的目标组分，应设置不同的萃取压力、温度、颗粒及气体流量。

三、酶工程技术

酶工程技术是利用酶解反应的催化性、专一性、失活性、可调控性等特点，选择特定种类的酶，有效地分解破坏中药材的细胞壁结构，促进其细胞内有效成分溶解，使之与其他成分相分离的一种技术。近年来有关酶解技术在中药提取分离应用的报道很多，应用也愈加广泛，陈丽平等[24]用酶工程技术提取虎杖中的白藜芦醇，研究结果表明，此法效率远高于传统试剂的提取方法。侯林等[25]以体外抗凝活力为指标，用胃蛋白酶成功提取出水蛭中的活性成分。

四、微波萃取技术

微波萃取技术是利用微波可以快速加热的特性，结合传统溶剂提取法，形成的一种针对固体样品成分提取的新萃取技术，与传统溶剂提取方法相比，微波萃取在提取分离中药有效成分时具有升温迅速、加热均匀、能量利用率高等特点[26]。在实际工作中，Abayomi 等[27]采用微波萃取法成功从大戟中提取酚类化合物，热稳定性曲线显示初始质量保留率达 89.96%，证明了微波萃取法的优异性。

五、分子蒸馏技术

分子蒸馏技术又称短程蒸馏，是正在兴起的一种中药有效成分提取新技术。该技术特别适用于高沸点、热敏性天然产物的高效分离，如玫瑰油、霍香油、桉叶油、柠檬精油等[28,29]。郭晓玲等[30]首先采用超临界提取技术从川芎药材中获得粗提物，GC-MS 分析可知川芎粗提物中含有藁本内酯、丁基酞内酯和脂肪酸类物质，最后采用分子蒸馏技术对有效成分进行富集，去除脂肪酸类成分，分馏出中药川芎中藁本内酯等有效成分，含量达 80%。

六、分子印迹技术

分子印迹技术（molecular imprinting technique，MIT）是利用分子印迹聚合物（molecular imprinting polymers，MIP）模拟酶－底物或者抗体－抗原之间的相互作用，对印迹分子进行专一识别的技术。由于该技术预定性、识别性和实用性的特点，已广泛应用于中药有效成分的分离、筛选和纯化[31,32]。

在实际应用中，程绍玲等[33]以葛根素为模板分子，丙烯酰胺为单体，乙二醇二甲基丙烯酸酯为交联剂，制备了葛根素 MIP，并用葛根素 MIP 对葛根素提取物进行分离。结果表明，该 MIP 对印迹分子葛根素的印迹效果较强，回收率可达 83%，远高于大孔吸附树脂的分离效果。周力等[34]选用可以在极性环境中和印迹分子形成氢键的丙烯酰胺作为功能单体，制备了以槲皮素为模板的 MIP，有效地从沙棘粗提物中分离得到槲皮素和异鼠李素。谢建春等[35]在极性溶剂中采用非共价法以丙烯酰胺作功能单体，以强极性槲皮素为模板制备 MIP，液相色谱实验表明，MIP 对槲皮素具有特异的亲和性，将此 MIP 直接应用于银杏叶提取物水解液的分离，得到的槲皮素和山柰酚黄酮，该研究证实了 MIT 用于中药活性成分分离的可行性。

七、毛细管电泳技术

毛细管电泳技术（capillary electrophoresis，CE）又称高效毛细管电泳（high performance capillary electrophoresis，HPCE），是一类以毛细管为分离通道、以高压直流电场为驱动力的新型液相分离技术。毛细管电泳本质上包含电泳、色谱及其交叉内容，它使分析化学得以从微升水平进入纳升水平，并使单细胞分析，乃至单分子分析成为可能。长期困扰我们的生物大分子如蛋白质的分离分析也因此有了新的转机。

中药品种繁多、药材产地各异、成分复杂，无论是药材还是成药的分析，都是一项非常艰难的任务。中药分析工作用现代化仪器设备和科技手段（如薄层色谱、HPLC 等）虽取得巨大进展和成就，但往往只是对药材和成药成百上千个成分中的一个或几个成分的分析，实际只是一种象征性的代表式分析，与之化学和药理效应的实际组合成分（起码是有效成分）相比，仍有相当大的距离。随着CE技术对中药材及其有效成分的鉴别与分析的快速发展，建立在此基础上的中成药和中药复方制剂中有效成分的定性、定量分析已有进展，且有希望解决长期困扰中药质量控制中的重大难题。近年，报道CE分析中药材已有18种、成药70种和有效成分120个以上。毛细管电泳法已经日益广泛地应用到中药有效成分的分离和含量测定中，分离测定的成分包括生物碱、黄酮类、有机酸类、酚类、苷类、蒽醌类、香豆素类等。

应用实例7　戊己丸中盐酸小檗碱与芍药苷的含量测定[36]。

主要组成：黄连300g，白芍（炒）300g，吴茱萸（制）50g。

电泳条件和系统适用性实验：空心未涂层石英毛细管柱（柱长65.4cm，内径50μm），缓冲体系为50mmol/L，硼砂溶液－甲醇（v/v 1∶1.5）；压力进样1.5kPa×8s；柱温25℃；操作电压30kV；检测波长230nm。每次进样前，均用0.1mol/L的NaOH溶液和缓冲液各冲洗5min。所用缓冲液及样品液均经0.22μm微孔滤膜过滤。在此条件下，测得盐酸小檗碱、芍药苷对照品，戊己丸阴性样品、戊己丸样品及样品加标定性的HPCE-CZE谱图（见图4－3）。由图可知，阴性样品溶液没有相应的吸收峰出现，并且样品溶液中盐酸小檗碱和芍药苷的吸收峰可与其他成分的吸收峰峰形良好，分离完全。

对照品溶液的制备：精密称取对照品盐酸小檗碱4.60mg、芍药苷4.63mg，分别用

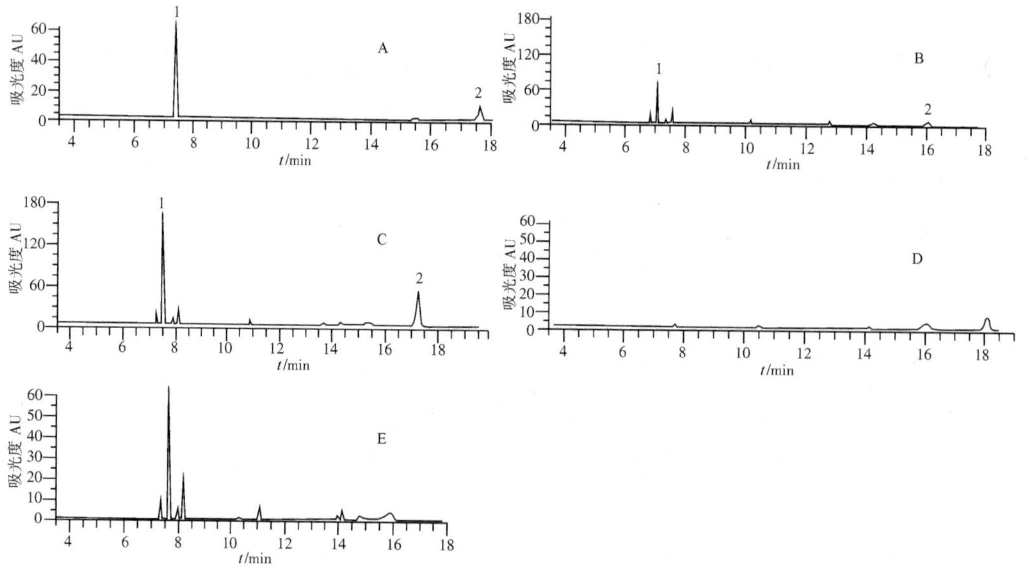

1. 盐酸小檗碱；2. 芍药苷

A. 对照品；B. 样品；C. 加标定性样品；D. 黄连阴性对照；E. 白芍阴性对照

图4－3　对照品和样品HPCE色谱图

甲醇定容至10mL，即得。

供试品溶液的制备：按处方量精密称取经60℃干燥至恒重的药材粉末黄连6g，吴茱萸1g，白芍6g，混匀后精密称取药粉0.8g，精密加入甲醇50mL，密塞，称重，超声30min，冷至室温补重，过滤。同法再提取1次，合并滤液。取续滤液定容至100mL，即得供试品溶液。

测定：按照供试品溶液制备方法平行制备4份样品，在上述电泳条件下测定。结果盐酸小檗碱含量分别为2.94%、3.08%、3.05%、3.00%，平均含量3.02%，RSD=2.09%；芍药苷含量分别为1.60%、1.58%、1.58%、1.61%，平均含量1.59%，RSD=0.84%。

综上所述，不同的分离方法具有不同的特点，在中药分离纯化过程中的使用不应盲目，因为中药成分复杂，配方各异，不同的方法对药物有效成分的影响也不同。因此，在中药活性成分的分离过程中，应根据中药中活性成分的性质选择适宜的分离分析方法。与此同时，分离纯化技术的发展和迭代也大大促进了中药产业的健康发展，必将为我国的经济发展和人类健康作出更大的贡献！

参考文献

[1] 张志轩，崔树婷，朱中博，等. 中药有效部位提取技术与筛选方法应用研究进展［J］. 中国中医药信息杂志，2021，28（05）：132-136.

[2] 王晗，刘红波，李博，等. 基于超滤和蒸汽渗透膜法广藿香挥发油分离研究［J］. 中草药，2021，52（06）：1582-1590.

[3] Chung M Y, Hwang S L, Chiang B. Concentration of perilla anthocyanins by ultrafiltration［J］. Journal of Food Science, 1986, 51（6）: 1494-1497.

[4] 邵平，刘青，陈纯彬，等. 超滤耦合径向流色谱分离纯化灵芝多糖的研究［J］. 生物技术进展，2013，3（06）：427-432.

[5] 文喜艳，邵晶，王兰霞，等. 膜技术在中药多糖分离纯化中的研究进展［J］. 中国药房，2016，27（28）：4002-4005.

[6] 王玺，仇萍，彭晓珊，等. 集成膜技术在中药制药工业中的应用研究进展［J］. 中国药学杂志，2020，55（22）：1836-1841.

[7] 国家药典委员会. 中华人民共和国药典［S］. 一部. 北京：中国医药科技出版社，2020：1523.

[8] 国家药典委员会. 中华人民共和国药典［S］. 一部. 北京：中国医药科技出版社，2020：1530.

［9］赵重博，张萌萌，刘玉杰，等．天南星炮制前后中性均一多糖的变化［J］．中国医药工业杂志，2018，49（04）：474-478.

［10］拉巴次旦，纪鹏，赵年寿，等．苦参碱类生物碱提取工艺优化及纯化方法［J］．动物医学进展，2021，42（03）：119-122.

［11］冯云，张越华，杨国振．正相高效液相色谱法测定追风舒经活血片中士的宁的含量［J］．陕西中医，2003（08）：747-748.

［12］雒丽娜，董慧茹，张建军，等．正相色谱和反相色谱法分离提纯东北红豆杉中紫杉醇和三尖杉宁碱［J］．分析科学学报，2006（01）：17-20.

［13］Lucile L，Vincent D，Claire D，et al. Affinity chromatography：A powerful tool in drug discovery for investigating ligand/membrane protein interactions［J］. Separation & Purification Reviews，2021，50（3）：315-332.

［14］Zhang C，Li J，Xu L，et al. Fast immobilized liposome chromatography based on penetrable silica microspheres for screening and analysis of permeable compounds［J］. Journal of Chromatography A，2012，1233（7）：78-84.

［15］Ma W N，Wang C，Liu R，et al. Advances in cell membrane chromatography［J］. Journal of Chromatography A，2021，1639：461916.

［16］Yue Y，Xue H，Wang X. A high expression β_1 AR/cell membrane chromatography method based on a target receptor to screen active ingredients from traditional Chinese medicine［J］. Journal of Separation Science，2013，37（3）：244-252.

［17］杜晖，吕楠，黄洁，等．细胞膜色谱法筛选川芎-白芷中 5-HT 受体激动剂的研究［J］．中国中药杂志，2015，40（3）：490-494.

［18］Zeng K Z，Li Q，Wang J，et al. One-step methodology for the direct covalent capture of GPCRs from complex matrices onto solid surfaces based on the bioorthogonal reaction between haloalkane dehalogenase and chloroalkanes［J］. Chemical Science，2017，9（2）：446-456.

［19］刘嘉君，贾晓妮，王静，等．受体色谱：中药靶向活性成分高效筛选技术［J］．世界科学技术-中医药现代化，2018，20（08）：1476-1481.

［20］Zhao X F，Zheng X H，Fan T P，et al. A novel drug discovery strategy inspired by traditional medicine philosophies［J］. Science，2015，347（6219）：38-40.

［21］Li Q，Ning X H，An Y X，et al. Reliable analysis of the interaction between specific ligands and immobilized beta2-adrenoceptor by adsorption energy distribution［J］. Analytical Chemistry，2018，90（13）：7903-7911.

［22］Zhao X F，Li Q，Bian L J，et al. Using immobilized G-protein coupled receptors to screen bioactive traditional Chinese medicine compounds with multiple targets [J]. Journal of Pharmaceutical and Biomedical Analysis, 2012 (70): 549-552.

[23] 赵丹，尹洁. 超临界流体萃取技术及其应用简介 [J]. 安徽农业科学，2014，42 (15)：4772-4780.

[24] 陈丽平. 虎杖中白藜芦醇应用酶提取研究 [J]. 当代医学，2011，17 (12)：150.

[25] 侯林，姬涛，张玉娟，等. 水蛭酶提取工艺的研究 [J]. 齐鲁药事，2009，28 (1)：41-43.

[26] 吴龙琴，李克. 微波萃取原理及其在中草药有效成分提取中的应用 [J]. 中国药业，2012，21 (12)：110-112.

[27] Abayomi O O, Yuen G C. Microwave-assisted extraction of phenolic compounds from; leaf and characterization of its morphology and thermal stability [J]. Separation Science and Technology, 2021, 56 (11): 1853-1865.

[28] 赵国建，赵悦菡，卢龙啸，等. 分子蒸馏技术提取玫瑰精油及其成分分析 [J]. 特产研究，2020，42 (03)：53-58.

[29] 贺红宇，朱永清，李敏，等. 分子蒸馏技术纯化柠檬精油工艺研究 [J]. 保鲜与加工，2019，19 (06)：186-190.

[30] 郭晓玲，冯毅凡，梁汉明，等. 川芎超临界 CO_2 萃取物化学成分的 GC-MS 测定 [J]. 中国医药工业杂志，2005，8：472-474.

[31] 张雅雯. 分子印迹技术在中药提取分离中的应用 [J]. 中国民族民间医药，2014，23 (20)：12-13，16.

[32] 彭晓霞，迟栋，龚来觐. 分子印迹技术在中药提取分离中的应用 [J]. 中国中医药信息杂志，2009，16 (1)：102-104.

[33] 程绍玲，杨迎花. 利用分子印迹技术分离葛根异黄酮 [J]. 中成药，2006，28 (10)：1484-1488.

[34] 周力，谢建春，戈育芳，等. 分子烙印技术在沙棘功效成分提取中的应用 [J]. 物理化学学报，2002，18 (9)：808-811.

[35] 谢建春，骆宏鹏，朱丽荔，等. 利用分子烙印技术分离中药活性组分 [J]. 物理化学学报，2001，17 (7)：582-585.

[36] 罗敏，罗东玲，席先蓉. HPCE 测定戊己丸中盐酸小檗碱与芍药苷的含量 [J]. 南京中医药大学学报，2009，25 (01)：67-69.

章节习题

1. 中药样品分离分析对于中药现代化研究的意义。

2. 传统的中药样品分离分析方法的优缺点。

3. 传统的中药样品分离分析方法的适用范围，例如溶剂法、沉淀法、升华法各适用于哪类中药的分离分析。

4. 两相溶剂萃取法根据怎样的原理进行，常用的溶剂有哪些？它们的极性大小如何排列？实际工作中如何选择溶剂？

5. 根据中药中不同成分酸碱性不同，可以运用碱提酸沉法或者酸提碱沉法进行提取分离，请描述两种方法的详细过程。

6. 新型的中药样品分离分析方法的优点。

7. 色谱法有多种类型，简述不同色谱技术的作用机制及适用范围。

8. 简述两种分配色谱法的区别及各自的适用范围。在反相色谱法中，比较大黄以下 5 种蒽醌类成分的洗脱顺序并说明理由：大黄酸、大黄素、芦荟大黄素、大黄酚和大黄素甲醚。

9. 部分中药样品中含有糖类活性成分，请阐述对于这类成分的分离分析方法。

10. 请设计从一种中药中提取分离纯化生物碱的方法。

11. 新型的中药样品分离分析方法有哪些？它们各自有何用途？

蛋白质样品分离分析方法

基本要点

1. 掌握蛋白质的分离分析原则。
2. 掌握盐析法、沉淀法等蛋白质粗分离技术的原理及应用范围。
3. 掌握层析法、电泳法等蛋白质细分离技术的原理及应用范围。
4. 掌握色谱技术的原理及在蛋白质样品分离分析中的应用。

中药是中华民族宝贵的药用资源，具有独特的理论体系和确切的临床疗效，至今仍保持着强大的生命力。然而，中药多以复方用药，存在功效成分不明确、作用机制不清晰等不足，严重制约了中药现代化的进程。中药活性成分的高效提取分离是阐明其药理作用，解释其作用机制的前提条件。因此，分离技术的发展和进步在中药活性成分的研究中扮演着重要的角色[1]。本章重点阐述了中药活性成分分离分析的意义，详细介绍了传统和现代中药活性成分的分离分析方法。

蛋白质（protein）是组成人体一切细胞、组织的生物大分子，是生命活动的主要承担者。蛋白质是两性电解质，其分子表面带有许多亲水基团，具有变性、沉淀和凝固等特点。人体的细胞和体液中存在上万种蛋白质，要分析其中某种蛋白质的结构和功能，需要从混合物分离纯化出单一蛋白质。因此，蛋白质的分离就是利用其特殊的理化性质，采取一系列不损伤蛋白质空间构象的方法，将目的蛋白从复杂样品中分离出来的技术。

目前对于蛋白质组进行全面分离分析的技术体系按分离方法的不同可以分为两类：①基于凝胶电泳分离的技术体系，该体系通常是先利用聚丙烯酰胺凝胶电泳实现蛋白质的一维或二维分离，然后将蛋白质点或条带切下后进行胶内酶解处理，并利用基质辅助激光解析电离飞行时间质谱仪测定；②基于色谱以及色谱 - 质谱联用技术分离，该体系首先进行整体蛋白质水平的预分离，随后在肽段水平开展多维分离，最终通过串联质谱对蛋白质进行鉴定。

§5－1 蛋白质分离的一般原则

一、蛋白质分离的一般程序

分离纯化某一特定蛋白质的一般程序主要由前处理、粗分级分离和细分级分离3部分组成。

1. 前处理

分离纯化某一蛋白质，首先需要将蛋白质从原来的组织或细胞中释放出来，并保持原来的结构与生物活性。动物样本应该先剔除结缔组织和脂肪组织；种子样本应去壳甚至去种皮以免受单宁等物质的干扰，其中，油料种子还应当选用低沸点的有机溶剂（如石油醚等）进行脱脂处理。

针对不同的样本，应选择不同的方法破碎组织细胞。例如：①动物组织和细胞可以使用匀浆机或超声波破碎；②植物组织和细胞具有细胞壁，一般需要采用石英砂（或玻璃粉）和适当的提取液一起研磨进行破碎，也可以使用纤维素酶将细胞壁酶解；③细菌细胞壁的前骨架是一个借共价键连接而成的肽聚糖囊状大分子，非常坚韧，因此细菌破碎难度较大。常用超声波振荡、与砂研磨、高压挤压或溶菌酶处理等方法。需要注意的是，组织或者细胞破碎后，应尽快选取适当的缓冲液把所需要的蛋白质提取出来[1]。

若目标蛋白集中在某一细胞组分，如细胞核、染色体、核糖体或可溶性的细胞质等，则可利用差速离心法将其分开（表5－1），收集细胞组分作为下一步纯化的材料，这样可以迅速去除很多杂蛋白质使得纯化工作更加便捷。如果目标蛋白是与细胞膜膜质细胞器结合的，则必须利用超声波或去污剂使膜结构解聚，然后用适当的介质提取。

表5－1 不同离心场下沉降的细胞组分

相对离心力	时间	沉降组分
1 000g	5min	真核细胞
4 000g	10min	叶绿体，细胞碎片
15 000g	20min	细胞核，线粒体，细菌
30 000g	30min	溶酶体，细菌细胞碎片
100 000g	3～10h	核糖体

2. 粗分级分离

获得蛋白质提取液后，选用适当的方法将蛋白质分离开来。这一步一般采用分级分离如盐析法、等电点沉淀法和有机溶剂分级分离法等。这些方法简便、处理量大，既能除去大量杂质（脱盐），又能浓缩蛋白质溶液。一些提取液体积较大的蛋白质，不适用沉淀或盐析法，则可采用超过滤、凝胶过滤和冷冻真空干燥等方法。

3. 细分级分离

样品的进一步纯化。样品经过粗分级分离后，杂蛋白大部分已被除去，体积较小。可采用层析法进行分离，包括凝胶过滤、离子交换层析、吸附层析以及亲和层析等。必要时还可选用电泳法，包括区带电泳、等电聚焦等，以上方法分离规模小，但分辨率高。

二、蛋白质的分离纯化方法

根据蛋白质的下列性质可采用不同的分离分析方法：①分子大小；②溶解度；③电荷；④吸附性质；⑤对配体分子的生物学亲和力等。

1. 根据蛋白分子大小进行分离

1）透析和超过滤

透析（dialysis）是利用蛋白质分子不能通过半透膜的性质，从而分离蛋白质和其他小分子物质，如无机盐、单糖等。常用的透析材料有玻璃纸或称塞璐玢纸、火棉纸和其他改型的纤维素材料。具体操作是：将待纯化的蛋白质溶液装在半透膜的透析袋里，加入透析液（蒸馏水或缓冲液）（纯化过程中注意更换透析液）直至透析袋内无机盐等小分子物质降低到最小值，常用透析装置如图 5－1 所示。

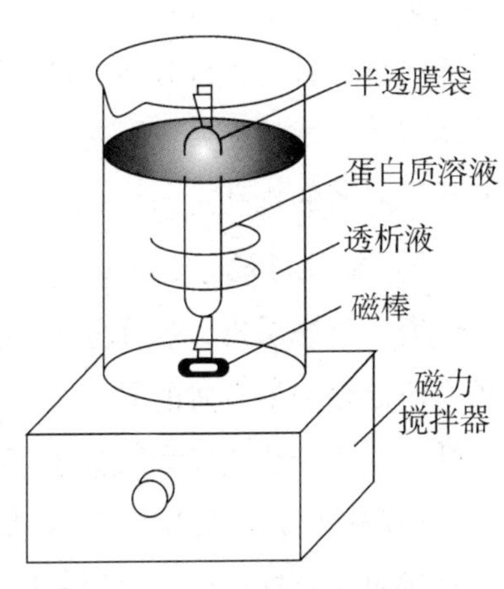

图 5－1　透析装置示意图

超过滤（ultrafiltration）是利用压力或离心力强行使水和其他小分子溶质透过半透膜，蛋白质被截留在膜上，以达到浓缩和脱盐的目的，超过滤过程Ⅰ如图 5－2（A）所示。在超过滤中由于某些小分子物质可以通过半透膜，所以渗透压差小于同种物料在反渗透中形成的渗透压。其所需的工作压力较小，膜的使用期较长。与筛分过滤相比，由于膜材料或化学性质影响物质的通过，故对透析物质的选择性较高，可从分子直径和离子性质两方面进行分离。超过滤过程Ⅱ如图 5－2（B）所示。

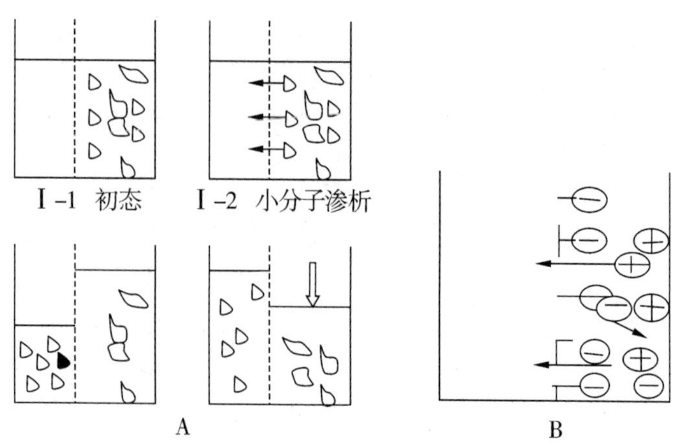

图 5-2 超过滤过程Ⅰ（A）和超过滤过程Ⅱ（B）

2）密度梯度（区带）离心

蛋白质颗粒的沉降不仅决定于它的大小，而且也取决于它的密度。蛋白质颗粒在具有密度梯度的介质中离心时，质量和密度大的颗粒比质量和密度小的颗粒沉降得快，并且每种蛋白质颗粒沉降到与自身密度相等的介质密度梯度时，即停止沉降，最后各种蛋白质在离心管中被分离成独立的梯度。各梯度蛋白质可以通过小孔逐滴释放，分部收集，对每个组分进行小样分析即可确定梯度位置。常用的密度梯度为蔗糖梯度。一般在离心管中将待分离的蛋白质混合物平铺在梯度的顶端，采用水平转头高速离心。使用密度梯度的主要原因是：这种方法可以起到稳定作用，消除因对流和机械振动引起梯度界面的扰乱。

3）凝胶过滤

凝胶过滤层析，也称分子排阻层析或凝胶渗透层析，是根据蛋白质分子大小分离蛋白质混合物最有效的方法之一。其原理是：当分子量大小不同的蛋白质流经凝胶层析柱时，比凝胶孔径大的分子不能进入珠内网状结构，被排阻在凝胶珠外，并随着溶剂在凝胶珠之间的孔隙向下移动，最先流出柱外；比网孔小的蛋白分子可不同程度地自由进出凝胶珠内外。这样不同大小的分子所经历的路径不同，大分子物质先被洗脱出来，小分子物质后被洗脱出来，从而达到分离效果[2]。

凝胶过滤所用的介质为凝胶珠或凝胶颗粒，其内部是多孔的网状结构。凝胶的交联度或孔度决定了凝胶的分级分离范围，即能被该凝胶分离开来的蛋白质混合物的相对分子质量范围。目前常用的凝胶有交联葡萄糖、聚丙烯酰胺和琼脂糖等。

2. 根据溶解度的差别进行分离

利用蛋白质的溶解度差别来分离纯化蛋白质是比较常用的方法。其中影响蛋白质溶解度的外部因素主要有：①溶液的 pH；②离子强度；③介电常数；④温度。但由于蛋白质分子所带电荷的性质和数量、亲水基团与疏水基团的比例存在差异，在同一条件下，不同蛋白质具有不同的溶解度。根据蛋白质的分子结构特点，适当地改变一些外部因素，就可以选择性地控制蛋白质混合物中某一组分的溶解度，从而实现目的蛋白的分离和纯化。

1）等电点沉淀和 pH 控制

蛋白质是带有正电荷和负电荷基团的两性电解质，蛋白质分子的电荷性质和数量随 pH 不同而发生变化[3]。蛋白质处于等电点时，其净电荷为零，相邻蛋白质分子之间没有静电斥力而趋于聚集沉淀。因此在其他条件相同的情况下，蛋白质在等电点的溶解度最小。在等电点以上或以下的 pH 时，蛋白质携带同性净电荷而相互排斥，阻止了单个分子的聚集沉淀，因此溶解度较大。

不同的蛋白质具有不同的等电点，利用蛋白质在等电点时溶解度最小的原理，可以把蛋白质混合物分离开来。调整蛋白质混合物溶液的 pH 至目标蛋白质的等电点时，该目标蛋白质的大部分将被沉淀，从而达到分离的目的。采用该方法沉淀出来的蛋白质保持着天然构象，能够复溶于适当 pH 和一定浓度的盐溶液中。

2）盐溶和盐析

中性盐可以增加蛋白质的溶解度，这种现象称为盐溶。盐溶的作用主要是：由于蛋白质分子吸附某种盐离子后，带电层使蛋白质分子彼此排斥，从而增强蛋白质分子与水分子之间的相互作用，提升其溶解度。在实际应用中，球蛋白溶液在透析过程中往往会以沉淀的形式析出，就是因为透析除去了盐离子，引起蛋白质分子的凝集并沉淀。

当溶液中离子强度达到饱和或半饱和状态时，很多蛋白质可以从水溶液中沉淀出来，这种现象称为盐析。盐析的作用主要是：由于大量中性盐的加入使水的活度降低，原来溶液中的大部分甚至全部的自由水转变为盐离子的水化水，此时那些被迫与蛋白质表面的疏水基团接触并掩盖它们的水分子成为下一步可利用的水分子，因此被用作溶剂化盐离子，而留下暴露出来的疏水基团。随着盐浓度的增加，蛋白质疏水表面进一步暴露，疏水作用促进了蛋白质的聚集和沉淀，因此最先沉淀的蛋白质是表面疏水残基最多的蛋白质。

盐析法是蛋白质混合物分离纯化最常用的方法之一，已成功应用于鸡蛋清中卵清蛋白的分离和纯化。具体操作为：鸡蛋清用水稀释后，加入硫酸铵至半饱和，其中的球蛋白立即沉淀析出，过滤后酸化至 pH =4.6 ~4.8（卵清蛋白的等电点），在 20℃放置，即得卵清蛋白晶体。

3）有机溶剂分级分离法

与水互溶的有机溶剂（如甲醇、乙醇和丙酮等）能使蛋白质在水中的溶解度显著降低。然而，在室温下这些有机溶剂沉淀蛋白质的同时往往伴随着蛋白的变性。其中，有机溶剂引起蛋白质沉淀的主要原因是改变了介质的介电常数。水是高介电常数物质（20℃时，80F/m），有机溶剂是低介电常数物质（20℃时，甲醇 33F/m，乙醇 24F/m，丙酮 21.4F/m），因此有机溶剂的加入使水溶液的介电常数降低。介电常数的降低可增加异性电荷之间的吸引力，减弱蛋白质表面可解离基团的离子化程度，降低其水化程度，从而促进了蛋白质分子的聚集和沉淀。有机溶剂引起蛋白质沉淀的另一种重要原因可能与盐析相似，其机制为直接与蛋白质争夺水化水，致使蛋白质聚集而沉淀。

3. 根据电荷不同进行分离

1）电泳

在外电场的作用下，带电颗粒，例如不处于等电点状态的蛋白质分子，将向着与其电性相反的电极移动，这种现象称为电泳。该方法是利用分子携带的净电荷不同从而达到分离混合物目的的一种技术。电泳技术可用于氨基酸、肽、蛋白质和核苷酸等生物分子的分析、分离和制备。在实际工作中，应用于蛋白质分离的电泳技术主要包括聚丙烯酰胺凝胶电泳、毛细管电泳和等电聚焦电泳。

（1）聚丙烯酰胺凝胶电泳。

聚丙烯酰胺凝胶电泳（PAGE）是以聚丙烯酰胺凝胶作为支持介质的一种常用电泳技术，可用于蛋白质和寡核苷酸的分离。聚丙烯酰胺凝胶为网状结构，具有分子筛效应。它有两种形式：非变性聚丙烯酰胺凝胶电泳和变性聚丙烯酰胺凝胶电泳，一般以十二烷基磺酸钠（SDS）为变性剂。

非变性聚丙烯酰胺凝胶在电泳的过程中，蛋白质能够保持完整状态，并依据蛋白质的分子量大小、蛋白质的形状及其所附带的电荷量而逐渐呈梯度分开。而变性聚丙烯酰胺凝胶仅根据蛋白质亚基分子量的不同就可以分开蛋白质。该技术最初由 Shapiro 于 1967 年建立，他们发现在样品介质和丙烯酰胺凝胶中加入离子去污剂和强还原剂十二烷基硫酸钠后，蛋白质亚基的电泳迁移率主要取决于亚基分子量的大小。应用该原理，即可使用变性聚丙烯酰胺凝胶电泳分离蛋白质。

（2）毛细管电泳。

毛细管电泳技术（capillary electrophoresis，CE）泛指高效毛细管电泳、毛细管区带电泳、自由溶液毛细管电泳和毛细管电泳。毛细管电泳可以分离多种生物分子，包括氨基酸、肽、蛋白质、DNA 片段和核酸以及多种小分子等。该技术具有快速分离、微量进样、多模式分析及自动化高等优点，已成功应用于微量蛋白质的分离。然而，毛细管电泳在分离蛋白质过程中易发生电渗现象，影响分离重现性，一定程度上限制了该技术的广泛应用[4]。

（3）等电聚焦电泳。

等电聚焦（IEF）是一种高分辨率的蛋白质分离技术，可用于蛋白质等电点的测定[5]。广义上讲，等电聚焦是一种自由界面电泳。利用这种技术分离蛋白质混合物是在具有 pH 梯度的介质（如浓蔗糖溶液）中进行的。在外电场作用下各种蛋白质将移向并聚焦在等于其等电点的 pH 梯度处，并形成一个很窄的区带。例如，等电聚焦可以把人的血清分成 40 多个条带。此技术分辨率高，适用于同工酶的鉴定。研究表明：等电聚焦可用于 pl 差异高于 0.02 pH 单位的蛋白质混合物的分离。

2）*层析聚焦*

层析聚焦是根据蛋白质的等电点差异分离蛋白质混合物的柱层析方法[6]。该技术不需要聚焦电泳装置和柱层析中常用的梯度混合器，但具有等电聚焦电泳的高分辨率和柱层析操作简便的优点。层析聚焦本质为柱层析的一种，因此，它和其他层析一样，也具有流动相，其流动相为多缓冲剂，固定相为多缓冲交换剂。

3）*离子交换层析*

离子交换层析是一种用离子交换树脂作为支持剂的层析法[7]。在使用此类技术的过程中，需根据蛋白质的分离纯化要求对其处理，离子交换层析的填充料是带有正（负）电荷的交联葡聚糖、纤维素或树脂等。在实际处理过程中，应根据电荷的性质，合理选择离析方式，筛选最佳的离析行为，以提升处理工作效果。在此期间，可以选择阴离子或是阳离子的处理方式，避免影响处理效果。以阴离子交换层析为例，将阴离子交换葡聚糖填入层析柱内，由于此种葡聚糖颗粒本身带有正电荷，吸附溶液中带负电的蛋白质阴离子，若用带有不同浓度的阴离子（如氯离子）溶液进行洗柱，洗脱液中的阴离子取代蛋白质分子与交换剂结合。低盐浓度时带电少的蛋白质被优先洗脱下来，随着洗脱溶液中阴离子浓度的不断升高，带电多的蛋白质也不断地被先后洗脱下来[3]。若用不同 pH 的缓冲液进行洗柱，随着层析柱内溶液 pH 的变化，达到或接近其等电点的蛋白质由于不带电荷而被洗脱下来。这样，利用离子交换层析，即可将带电程度不同的蛋白质分离开来。

4. 利用选择性吸附进行分离

1）*羟磷灰石层析*

吸附剂羟磷灰石又称结晶磷酸钙（$Ca_{10}(PO_4)_6(OH)_2$），它用于分离蛋白质和核酸。其吸附作用可能与其表面上的钙离子和磷酸根有关，涉及偶极 - 偶极相互作用，可能还有静电吸引。据推测，蛋白质中带负电基团与羟磷灰石晶体表面的钙离子结合，而带正电基团与磷酸基相互作用。羟磷灰石层析最重要的用途之一是把单链 DNA 和双链 DNA 分开。在低浓度磷酸盐缓冲液（10 ~ 20mmol/L）中，这两种形式的 DNA 都被结合，但随缓冲液浓度提高，单链 DNA 选择性地解吸下来；缓冲液浓度进一步提高

（直至500mmol/L），双链DNA被释放。羟磷灰石对双链DNA的亲和力很大，以致用羟磷灰石层析能从含RNA和蛋白质的细胞提取液中选择性地去除DNA。羟磷灰石对蛋白质的吸附容量比较大，在一般吸附条件下（低离子强度，中性pH）可达50g蛋白/L柱床体积。

2）疏水作用层析

疏水作用层析是根据蛋白质表面的疏水性差别而发展起来的一种分离纯化技术。在疏水作用层析中，不是暴露的疏水基团促进蛋白质与蛋白质之间的相互作用，而是连接在支持介质上的疏水基团与蛋白质表面上暴露的疏水基团结合。常用的疏水吸附剂有苯基琼脂糖、辛基琼脂糖等。

由于疏水作用层析要求用盐析化合物（如硫酸铵）促进蛋白质分子表面的疏水区暴露，为使吸附量达到最大，可将蛋白质样品的pH调至等电点附近。当蛋白质成功吸附于固定相，则可利用多种方式进行选择性洗脱：包括逐渐降低离子强度、增加洗脱液的pH（增加蛋白质的亲水性），或使用对固定相的亲和力比对蛋白质更强的置换剂进行置换洗脱。但疏水作用层析存在两项不足：①某些洗脱条件可能引起蛋白质变性；②该方法的不可预测性。即对某些蛋白质分离效果很好，对另一些则不好，因此采用疏水作用层析分离分析蛋白质时仍需一些预试性研究。

5. 利用配体的特异生物学亲和力进行分离

在生物分子中有些分子的特定结构部位能够同其他分子相互识别并结合，如酶与底物的识别结合、受体与配体的识别结合、抗体与抗原的识别结合，这种结合既是特异的，又是可逆的，改变条件可以使这种结合解除。生物分子间的这种结合能力称为亲和力。

亲和层析的原理是：把待纯化的某一蛋白质的特异配体通过适当的化学反应共价连接到如琼脂糖凝胶之类的载体表面的官能团（如-OH）上。一般在配体和多糖载体之间插入一段长度适当的连接臂或称间隔臂（spacer arm）（如氨基已酸），使配体与凝胶之间保持足够距离，以免载体表面的位阻妨碍受体与配体的结合。除此之外，这类载体在其他性能方面允许蛋白质能够自由通过。当蛋白质进样到填有亲和介质的层析柱时，目标蛋白质则被吸附到含配体的琼脂糖颗粒表面，而其他的蛋白质（称杂蛋白）则因与该配体无特异的结合作用而不被吸附，通过洗涤除去杂蛋白，被特异结合的目标蛋白质则用相应的配体缓冲液洗脱（称亲和洗脱）（图5-3）。

亲和层析往往只需要经过一步的处理即可将目标蛋白质从复杂的混合物中分离出来，具有纯化快速、蛋白纯度高等优点。在亲和层析的发展过程中，该技术最先用于酶的纯化，现已广泛应用于核苷酸、核酸、免疫球蛋白、膜受体、细胞器甚至完整的细胞纯化。

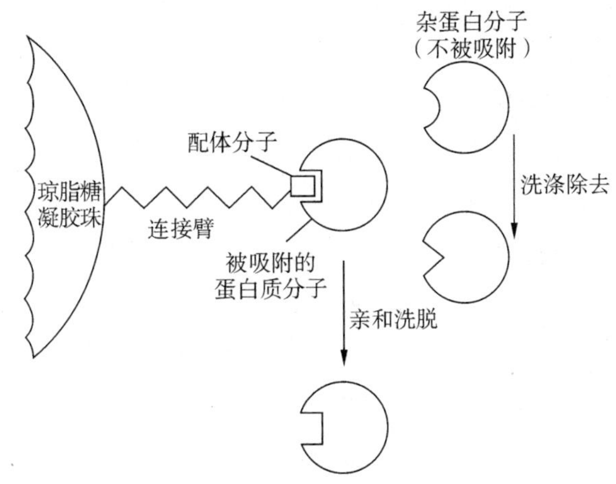

图 5-3　亲和层析技术分离原理示意图

§5-2　萃取技术在蛋白质分离分析中的应用

一、双水相萃取技术

双水相萃取技术（aqueous two phase extraction，ATPE）是一种新型的分离技术，又称水溶液两相分配技术，是近年来出现的极有前途的新型分离技术。双水相体系是指两种有机物（一般是亲水性高聚物）或是有机物与无机盐在水中以适当浓度溶解后，形成的互不相溶的一个两相体系，每相中均含有大量的水（85%～95%）。双水相萃取技术首先由瑞典科学家 Alertsson 等在 1960 年提出，之后由德国的 Kula 等人进行了工业应用研究。现在已涉及酶、核酸、病毒、生长激素等各种生物物质的分离和提纯。常见的双水相体系有：聚合物-聚合物-水体系、高分子电解质-高分子电解质-水体系、高分子电解质-聚合物-水体系、聚合物-低分子量组分-水体系以及表面活性剂-表面活性剂-水体系。双水相萃取法的基本原理是：待分离组分在双水相体系的两相（上相和下相）间进行选择性分配，从而实现对混合物的分离。目前，双水相萃取技术已经广泛地应用到了蛋白质等生物物质的分离提纯中[8]。

二、浊点萃取法

浊点萃取法（cloud point extraction，CPE）是近年来出现的一种新型的液-液萃取技术，该技术可与高效液相色谱仪、气相色谱仪、毛细管电泳仪、流动注射分析仪等联用，在萃取过程中不使用挥发性有机溶剂，具有经济、安全、高效、简便等优点，现已广泛应用于生物大分子、临床治疗药物、体内微量元素、有机毒物及中药成分等样品的分离分析预处理[9]。

在浊点萃取法中最常用的引发相分离的方法是改变温度。不同体系中，表面活性剂胶束溶液浓度与浊点温度的共溶曲线形状不同（见图5－4）。图5－4（A）为非离子表面活性剂胶束溶液，当胶束溶液温度低于浊点温度（CPT）时，溶液呈均相（L，均相区），高于CPT时则呈两相（2L，双相区），曲线最低点对应的浓度与温度分别为表面活性剂的临界胶束浓度（critical micelle concentration，CMC）和临界胶束温度（critical micelle temperature，CMT）。目前对于产生两相分离的机理有两种观点：①非离子表面活性剂的亲水基（如聚氧乙烯链）在加热时脱水，使胶团间因水合作用产生的排斥力被范德华引力取代，导致胶团絮凝而分相；②温度升高使聚氧乙烯链的构象发生变化，从而引起胶束溶液分层。图5－4（B）为两性离子表面活性剂胶束溶液，当胶束溶液温度低于CPT时溶液呈两相，高于时则呈均相，与图5－4（A）相反。

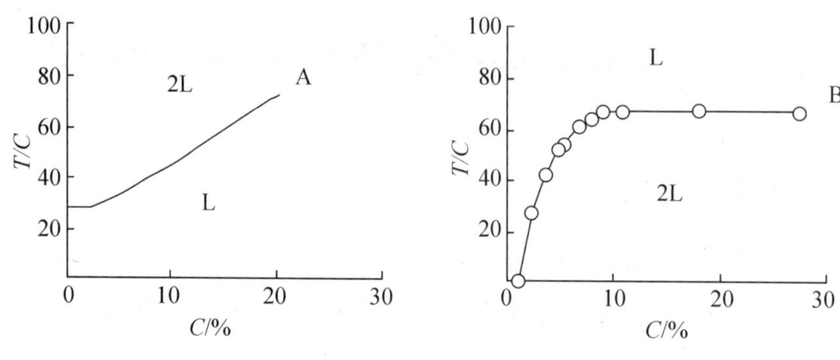

图5－4　表面活性剂胶束溶液相图

A. 非离子型；B. 两性离子型

CPE的操作流程见图5－5。表面活性剂的种类与浓度、添加剂种类、溶液pH和离子强度、平衡时间及温度等参数均是影响萃取率的因素。

CPE可用于分离膜蛋白、酶、动植物和细菌的受体，还可与色谱法联用替代硫酸铵分级法作为纯化蛋白质的最初步骤。Bordier等[10]最早将CPE用于生物学领域，用非离子表面活性剂Triton X－114成功分离出乙酰胆碱酯酶、噬菌调理素、细菌视紫红质、细胞色素C氧化酶等内嵌膜蛋白，操作步骤简单，无须专门仪器。一般的CPE只能根据蛋白质疏水性的强弱进行分离，若在表面活性剂中引入亲和配体或使用亲和衍生表面活性剂，则可选择性地将亲水性蛋白质萃取入表面活性剂相中。Saitoh等[11]首先报道了在两性离子表面活性剂中引入疏水性亲和试剂辛基－b－D－葡糖苷（octyl-b-D-glucoside）后可萃取亲水性的抗生物素蛋白和己糖激酶，而加入非离子表面活性剂Triton X－114却不能有效地萃取出这两种亲水性蛋白质。

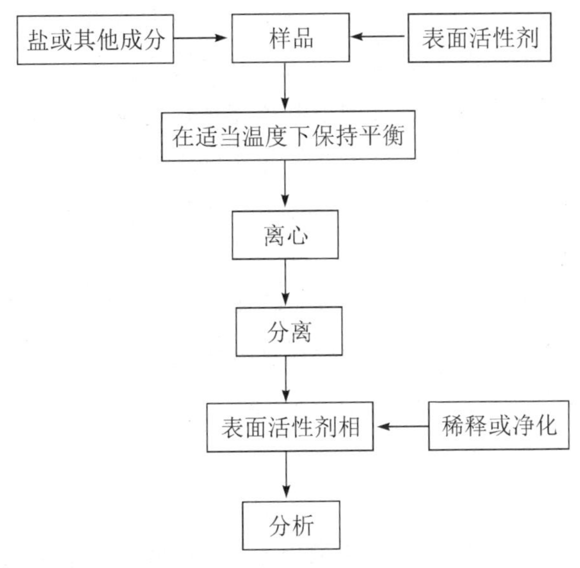

图 5－5　浊点萃取处理流程图

三、反相微胶团萃取技术

随着生物化工的发展，新出现的反相微胶团萃取技术（reversed micelles extraction，RME）能在不破坏生物物质活性的情况下提取分离生物物质[12]。近年来，该技术已广泛应用于生物化工制品行业的分离分析，尤其是酶与蛋白质的提取分离，既能保证它们的活性不被破坏，又能得到高的萃取率。反向微胶团是指两性表面活性剂在非极性有机溶剂中时，亲水性基团自发向内聚集，形成内含微小水滴、空间尺度仅为纳米级的集合型胶体。由此可见，反向微胶团是一个经自我组织与排列而成的、热力学稳定的有序构造。反向微胶团的极性核心包括由表面活性剂的极性头组成的内表面、水和平衡离子。该极性核心又叫作“水池”，如图 5－6 所示，它可以溶解极性分子，于是极性的生物分子就能溶于有机溶剂却不直接接触有机溶剂。

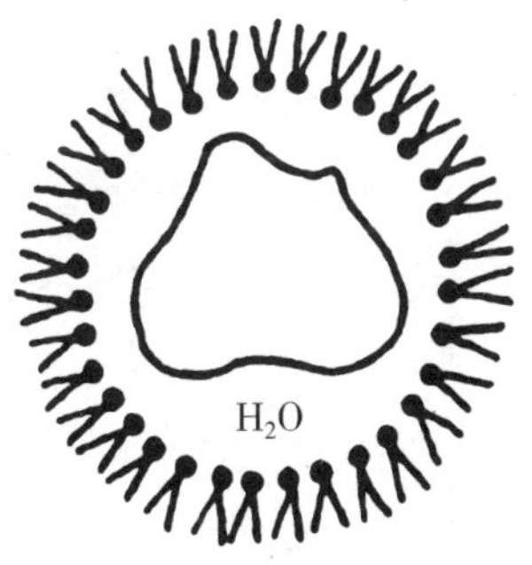

图 5－6　反胶团水壳模型示意图

由胶体化学可知，向水溶液中加入表面活性剂，当表面活性剂浓度超过一定值时，就会形成胶体或胶团，它是表面活性剂的聚集体。在这种聚集体中表面活性剂的极性端向外，即向水溶液，而非极性端向内。当向非极性溶剂中加入表面活性剂时，如果表面活性剂的浓度超过一定值，也会在溶剂内形成表面活性剂的聚集体，这种聚集团即为反向微胶团。在这种聚集体中，表面活性剂的疏水的非极性端向外，与在水相中所形成的胶团相反。由此可知，利用表面活性剂在非极性的有机溶剂中超过临界胶团浓度而聚集形成的反胶团，能够在有机相内形成分散的亲水微环境。众所周知，蛋白质等生物大分子具有亲水疏油性，仅仅微溶于有机溶剂，而且如果直接与有机溶剂相接触往往会导致蛋白质变性失活，反向微胶团完美地适应了蛋白质萃取的要求：既能溶解蛋白质又能与水分层，同时不破坏蛋白质的生物活性。

目前，反向微胶团萃取法在蛋白质萃取方面的应用包括大豆蛋白、杏仁蛋白前萃工艺的研究以及牛血清蛋白的萃取等。该技术具有选择性高、萃取过程简单，正萃、反萃可同时进行，并能有效防止生物大分子物质失活、变性等优点。Guo 等[13]在反萃过程中，通过降温促使蛋白质从反胶团中转移到水相中。有学者采用阳离子表面活性剂十六烷基三甲基溴化铵（CTAB）反向微胶团体系成功萃取红豆中的蛋白质[14]，反萃取率可达 64.96%。

§5－3　色谱技术在蛋白质分离分析中的应用

一、基于离子交换色谱的蛋白一维分离

离子交换色谱是蛋白质化学中广泛使用的样品分离方法，绝大多数蛋白表面都带有电荷，和离子交换色谱的原理吻合。离子交换色谱分离能力较强，能对蛋白进行高效的一维分离。因此，离子交换色谱已经成为蛋白质组学蛋白样品预分离的常规方法之一，在 20 世纪 90 年代就已经有将其运用于二维凝胶电泳之前的样品预分离的经验[15]。

阴离子交换色谱和阳离子交换色谱都可以用于蛋白水平分离。Li 等[16]基于碱性强阳离子交换（strong cation exchange，SCX）色谱建立了一种新型的高效富集甲基化多肽的方法，成功应用于甲基蛋白质组学分析。Daisuke[17]建立了一种新的基于阴离子交换高效液相色谱（AEX-HPLC）的脂蛋白检测方法，并采用该方法与 β 定量参考测量程序（BQ-RMP）、均质分析和计算方法测量的 LDL-C 水平进行比较，验证了该方法在检测 LDL-C 上的可靠性。

二、基于反相色谱的蛋白一维分离

反相色谱是根据蛋白的极性差异，通过在流动相中加入有机溶剂来调节蛋白质的保留时间，从而实现蛋白质的一维分离。因此，用反相色谱分离通常导致蛋白质变性。而且，这一过程所引起的色谱出峰情况和温度有关，常在高温下进行，必要时还需加入尿素等变性剂辅助变性。

Lan 等[18]基于单片大孔马来酸二烯丙基材料利用反相色谱法建立从人血中快速分

离完整蛋白的方法，该方法可以避免人血浆中最丰富的 3 种蛋白的掩蔽，从而为中、低丰度蛋白的检测提供了可能。Martosella 等[19]将此方法用于疏水性很强的人脑组织脂筏蛋白质组的研究中，鉴定到的蛋白中有半数都是膜蛋白。Zgoda 等[20]按照类似的三维液相色谱分离方法，研究了小鼠肝脏细胞微体的蛋白质组。采用 mRP-C18 色谱柱将样品蛋白在 80℃下分离为 4 份，相应的酶解产物再进入 2-D LC-MS/MS 中分析，最终鉴定出 519 个蛋白质。

三、基于尺寸排阻色谱的蛋白一维分离

尺寸排阻色谱（size exclusion chromatography，SEC）是根据分子量大小来分离混合物的色谱方法。因此应用于蛋白水平分离时，能够充分利用蛋白质组学样品分子量范围广泛的特点，高效分离不同大小的蛋白质。而且，采用尺寸排阻色谱进行样品分离时，样品的保留情况与样品、流动相间的相互作用无关，因而允许使用多种不同 pH、不同极性的流动相，必要时还可以在流动相中加入尿素或其他变性剂来增加蛋白溶解度，因此该方法具有宽泛的样品适应能力。但是，尺寸排阻色谱在分离能力上明显逊于其他色谱类型（如 IEX、HILIC、RP 等），这限制了三维分离系统峰容量的提高。

Anne 等[21]利用尺寸排阻色谱法对不同食品体外蛋白质消化率进行了评价，发现了基于 SEC 的方法可以观察到蛋白质消化的两个基本过程（溶解和分解），而且保持了对不同食物蛋白质消化率排序的能力。Zhang 等[22]用人类肝脏组织裂解液样品，比较了在这样的三维液相色谱分离系统中，第一维 SEC 分离发生在完整蛋白水平以及肽段水平上的不同鉴定效果。发现当样品保持在完整蛋白水平上进行第一维 SEC 分离时，能比肽段水平第一维分离多鉴定到 20% 的蛋白。经计算，蛋白水平预分离产生的各组分之间比肽段水平预分离明显有着更小的蛋白重叠率，表明前者能将不同蛋白更有效地收纳于个数有限的组分中，达到了更好的降低样品复杂性的效果。

由于尺寸排阻色谱根据蛋白分子量的差异来分离蛋白混合物的特点，因此该色谱中样品的保留行为只和固定相有关，无法通过改变流动相成分或洗脱参数来调整保留值，只能通过增加流动相的体积来洗脱蛋白。尺寸排阻色谱的这一特性一方面影响了分离能力，无法进行更精细的分离；另一方面则造成了样品稀释程度较高，对后续的蛋白回收有较大影响。

四、二维液相色谱分离系统

二维液相色谱分离系统（two dimensional liquid chromatography，2DLC）结合了两种原理不同的 HPLC 类型，可先后对混合物进行 2 次分离。最常用的 2DLC 是离子交换色谱 - 反相色谱的二维串联。1999 年，Link 等[23]首次提出了将强阳离子交换（strong cation exchange，SCX）色谱－反相色谱这一二维分离系统和质谱连接，后来称为多维蛋白鉴定技术（multi-dimensional protein identification technology，MudPIT）的高自动化分析方法。

在这一方法中，通过一根前后两段分别装有SCX和PR填料的双相毛细管柱构建了在线SCX-RP分离系统。在这一方法中的二维分离有着良好的正交性，蛋白混合物在第一维SCX中通过增加的盐浓度梯度台阶，按照其带电状态分离；在第二维RP中按照疏水性质分离，利用两种不同的色谱分离机制，将在第一维色谱中分离程度较低的肽段继续在第二维色谱中进一步分离。而且，这一系统中双相柱的使用，避免了阀切换系统和管路系统的死体积影响，在一定程度上提高了2DLC的分离效率。该系统在2001年的研究中被应用于酵母细胞裂解液的蛋白质组检测，在一次实验中能鉴定到1 484个蛋白，蛋白性质分析发现这些鉴定到的蛋白涵盖较大的丰度和各种理化性质[24]。为了进一步优化此系统，Wolters等[25]使用挥发性盐进行SCX洗脱，以减少离子化阶段盐离子对蛋白的抑制。

在二维液相色谱分离中，两种不同的色谱分离方法叠加，已经显示出了多维分离方法的高分离能力。为了进一步提高复杂样品的蛋白组学鉴定的深度和广度，研究者已经在此基础上发展了三维液相色谱分离系统，进一步提高了样品的分离程度。

五、多维液相色谱分离系统

在传统色谱技术中，单一色谱柱的分离过程往往是多种作用力的综合作用，例如在离子交换色谱和亲和色谱中存在疏水相互作用，排阻色谱中存在静电作用力等。这些多重作用力往往导致拖尾峰、重叠峰等现象，使分离和分析结果减弱[26]。而混合型色谱技术反其道而行之，充分地发挥这种多作用力，使得色谱分离更为高效。

多维液相色谱（multi-dimensional liquid chromatography，MDLC）是指通过不同分离原理的液相色谱的串联使用，提高分离系统的峰容量和分辨率，从而实现复杂样品充分分离的一种技术。根据Giddings等[27]建立的数学模型，在理想的多维液相色谱分离系统中，每一维分离都应该是正交的，即具有相互独立的分离原理。此时多维液相色谱系统的总峰容量（n）等于系统中每一维分离的峰容量（n_i）的乘积，即 $n = n_1 \times n_2 \times n_3 \times \cdots \times n_i$。因此，恰当使用各种分离模式，可以使单维的色谱分离效果得到最大的发挥，组合形成的多维色谱分离系统可以大幅度地提高分离系统的峰容量和分离能力，充分解析复杂程度较高的样品。

六、混合型色谱

混合型色谱是指在液相色谱中应用两种或两种以上的作用力使溶质和固定相进行

保留和分离的色谱方法。混合型色谱柱可以由两根不同类型的色谱柱串联而成，亦可均匀混装或在柱子两端分装不同类型的填料。此外，有学者通过化学改性，使同种填料具有两种以上的官能团，从而使单一填料具有双重性质，具有节省成本、简化操作、提高分离效率等优点，现已成为最受关注的混合型色谱柱制备方法。与传统的单一模式色谱相比，混合型色谱具有多种优势：①由于带正电的、负电的和中性的物质可用一根混合型色谱柱一次分离，因此可以获得更高的选择性；②与常规的同类型色谱相比，混合模式色谱柱的负载量可增加 1 ~ 100 倍；③混合型色谱柱可以当做单模式色谱中的两根、甚至多根柱子使用，使色谱固定相得到了更充分的使用，减少了对原料的消耗和资源的浪费，更加经济环保[28]。由于具有上述优势，近年来，混合型色谱技术得到快速的发展。

离子交换色谱和疏水色谱的分离条件接近生理条件，有利于蛋白质生物活性的保持，所以二者的组合已广泛应用于蛋白质的分离。在混合型色谱技术中，可将离子交换和疏水层析的色谱官能团按照一定的比例通过化学键合的方法固定在基质微粒上，从而获得化学合成的混合型色谱柱。Geng 等[29]合成了一种新型的离子交换/疏水层析固定相，并构建了一种最简单的在线二维液相色谱系统，该系统无须收样、再进样和额外在线缓冲溶液交换系统，大大简化了分离操作过程。使用该色谱系统，对 6 种标准蛋白质的混合样品进行分离，结果表明，该方法简化了传统二维色谱的操作，节省了时间，同时具有较好的分离度和更高的选择性，具有显著的优势。此外，Wang 等[30]在 150μm 内径的毛细管中分别以乙二醇甲基丙烯酸磷酸酯和双丙烯酰胺为单体和交联剂制备了表面带磷酸基团的整体柱。该整体柱具有动态结合容量高、传质速率快、通透性好等优点。通过 T 形接口将该整体柱与毛细管反相填充柱在线联用构建了全自动 MDLC 系统，并从 19μg 酵母蛋白质样品中鉴定出 1 522 种蛋白质。随后，通过优化 RPLC 整体柱的制备条件[37]，与带有磷酸根的离子交换捕集柱联用，从 20μg 酵母提取蛋白质中鉴定出 8 500 个肽段，对应 2 501 种蛋白质。

众所周知胰岛素是治疗糖尿病的特效药，为得到高纯度（ >99%）的胰岛素，均需要一系列的分离纯化步骤。杨云等[31]基于胰岛素的理化特点，构建了一种在线的单柱二维色谱系统，并通过对色谱柱填料活性基团的选择、色谱条件的优化，从牛胰腺粗提物中分离得到了高纯度的胰岛素。该研究为使用该方法进一步工业化生产胰岛素打下了基础，同时也展示了混合型色谱技术的应用前景。

七、胶束电动色谱

胶束电动色谱（micellar electro kinetic capillary chromatography，MEKC）作为一种兼具色谱和电泳分离机理的方法，既具有准固定相与分析物间的相互作用，又可以利用带电分子在电场中迁移行为的差异进行分离[32]。MEKC 的这些特点在蛋白质和多肽这类具有高维度数的生物分子的分离中得到了很好的体现。无论是单维分离，还是多维分离，MEKC 都显现出在生物大分子分离方面良好的应用前景。近年来，随着 CE-MS 的不断发展，出现了很多新的 MEKC-MS 联用技术，进一步显示了 MEKC 在蛋白质与多肽分离分析中的应用前景。

蛋白质在 MEKC 中的分离是由蛋白质的电泳浓度以及蛋白质分子与胶束准固定相的相互作用共同决定。MEKC 是一种基于可迁移非固态分离介质的电迁移分离技术。电动色谱仪器与毛细管电泳仪器基本一致，不同之处是需要向缓冲溶液中加入表面活性剂，当其浓度大于临界胶束浓度时，通常是 50 ~ 100 个表面活性剂分子的疏水基团聚集到一起，亲水端向外，形成胶束。以胶束作为准固定相的电动色谱即为胶束电动色谱。MEKC 最大的特点是没有静止的固定相，胶束准固定相同样会在分离通道中迁移。MEKC 是色谱与电泳机理相结合的分离模式。胶束与电解质溶液有不同的迁移性质，中性物质的分离是基于分析物在胶束和溶液中的分配系数不同而获得，对于带电物质，分离机理则是基于分析物在两相中分配系数的不同，以及它们在电场下电迁移的差异而进行分离的[33]。

参考文献

[1] 杨文盛，张军东，刘璐，等. 不同来源蛋白质提取分离技术的研究进展［J］. 中国药学杂志，2020，55（11）：861-866.

[2] 杨庆，马鲁南，刘忠，等. 分子排阻色谱法测定德谷胰岛素高分子蛋白含量［J］. 中国现代应用药学，2020，37（23）：2879-2882.

[3] 王伟，刘俊荣，马永生，等. 等电点沉淀法鱼分离蛋白结构与功能变化研究进展［J］. 食品科学，2015，36（01）：250-255.

[4] Favresse J，Yolande L，Gras J. Evaluation of a capillary electrophoresis system for the separation of proteins［J］. The Journal of Applied Laboratory Medicine，2021，6：1611-1617.

[5] Farmerie L，Rustandi R R，Loughney J W，et al. Recent advances in isoelectric focusing of proteins and peptides［J］. Journal of Chromatography A，2021，1651：462274.

[6] Liu Y，Deldari S，Guo H，et al. Evaluation of chromatofocusing as a capture method for monoclonal antibody products［J］. Journal of Chromatography A，2018，1568，108-122.

[7] Izabela P，Wojciech P，Dorota A. A case study of the mechanism of unfolding and aggre-

gation of a monoclonal antibody in ion exchange chromatography [J]. Journal of Chromatography A, 2021, 1636, 461-687.

[8] Desai, R K, Streefland M, Wijffels R H, et al. Extraction and stability of selected proteins in ionic liquid based aqueous two phase systems [J]. Green Chem, 2014, 16 (5): 2670-2679.

[9] Shivpoojan K. Cloud point extraction coupled with back extraction: a green methodology in analytical chemistry [J]. Forensic Sciences Research, 2021, 6 (1): 19-33.

[10] Bordier C. Phase separation of integral membrane proteins in Triton X – 114 solution [J]. The Journal of biological chemistry, 1981, 256 (4) : 1604-1611.

[11] Saitoh T, Hinze W L. Use of surfactant-mediated phase separation (cloud point extraction) with affinity ligands for the extraction of hydrophilic proteins [J]. Talanta, 1995, 42 (1) : 119-127.

[12] Fathiyah S, Farhan M, Sakinah A, et al. Application of experimental designs and response surface methods in screening and optimization of reverse micellar extraction [J]. Critical Reviews in Biotechnology, 2020, 40 (3): 341-356.

[13] Guo H. Forward extraction of almond protein using reverse micelles [J]. Journal of the Chinese Cereals and Oils Association, 2011, 26 (1): 101-106.

[14] 杨秋慧子，张志宽，陈雨泰，等. 反胶团萃取分离红豆蛋白质 [J]. 食品工业科技，2013，34 (19): 252-256.

[15] Fountoulakis M, Langen H, Gray C, et al. Enrichment and purification of proteins of Haemophilus influenzae by chromatofocusing [J]. Journal of Chromatography A, 1998, 806 (2) : 279-291.

[16] Li Z X, Wang Q, Wang Y, et al. An efficient approach based on basic strong cation exchange chromatography for enriching methylated peptides with high specificity for methylproteomics analysis [J]. Analytica Chimica Acta, 2021, 1161: 338-467.

[17] Daisuke M, Hiroshi Y, Isao K, et al. Verification of low-density lipoprotein cholesterol levels measured by anion-exchange high-performance liquid chromatography in comparison with Beta quantification reference measurement procedure [J]. The Journal of Applied Laboratory Medicine, 2021, 6 (3), 654-667.

[18] Lan D D, Bai L G, Liu H Y, et al. Fabrication of a monolithic, macroporous diallyl maleate-based material and its application for fast separation of intact proteins from human plasma with reversed-phase chromatography [J]. Journal of Chromatography A, 2019, 1592: 197-201.

[19] Martosella J, Zolotarjova N, Liu H B, et al. High recovery HPLC separation of lipid rafts for membrane proteome analysis [J]. Journal of Proteome Research, 2006, 5 (6): 1301-1312.

[20] Zgoda V G, Moshkovskii S A, Ponomarenko E A, et al. Proteomics of mouse liver microsomes: performance of different protein separation workflows for LC-MS/MS [J]. Proteomics, 2009, 9 (16): 4102-4105.

[21] Anne R, Kristian N, Ulrike B, et al. Improved estimation of in vitro protein digestibility of different foods using size exclusion chromatography [J]. Food Chemistry, 2021, 358: 129-830.

[22] Zhang J, Xu X Q, Gao M X, et al. Comparison of 2 - D LC and 3 - D LC with post- and pre-tryptic-digestion SEC fractionation for proteome analysis of normal human liver tissue [J]. Proteomics, 2007, 7 (4): 500-512.

[23] Link A J, Eng J, Schieltz D M, et al. Direct analysis of protein complexes using mass spectrometry [J]. Nature Biotechnology, 1999, 17 (7): 676-682.

[24] Washburn M P, Wolters D, Yates J R. Large-scale analysis of the yeast proteome by multidimensional protein identification technology [J]. Nature Biotechnology, 2001, 19 (3): 242-247.

[25] Wolters D A, Washburn M P, Yates J R. An automated multidimensional protein identification technology for shotgun proteomics [J]. Analytical Chemistry, 2001, 73 (23): 5683-5690.

[26] 王一欣. 以离子液体为配基的混合模式色谱固定相制备及其对蛋白质的分离纯化 [D]. 西安：西北大学，2015.

[27] Giddings J C. Two-dimensional separations: concept and promise [J]. Analytical chemistry, 1984, 56 (12): 1258-1264.

[28] Yang Y, Geng X D. Mixed-mode chromatography and its applications to biopolymers [J]. Journal of Chromatography A, 2011, 1218 (49): 8813-8825.

[29] Geng X D, Ke C Y, Chen G, et al. On-line separation of native proteins by two-dimensional liquid chromatography using a single column [J]. Journal of Chromatography A, 2009, 1216 (16): 3553-3562.

[30] Wang F J, Dong J, Ye M L, et al. Integration of monolithic frit into the particulate capillary (IMFPC) column in shotgun proteome analysis [J]. Analytica Chimica Acta, 2009, 652 (1-2): 324-330.

[31] 杨云. 在线单柱二维液相色谱从牛胰腺粗提液中快速纯化胰岛素 [D]. 西安:

西北大学，2011.

[32] Ryan R, Altria K, McEvoy E, et al. A review of developments in the methodology and application of microemulsion electrokinetic chromatography [J]. Electrophoresis, 2013, 34 (1): 159-177.

[33] Terabe S. Capillary Separation: Micellar Electrokinetic Chromatography [J]. Annual Review of Analytical Chemistry, 2009, 2: 99-120.

章节习题

1. 简述蛋白质理化性质在蛋白质分离纯化中的应用。
2. 简述蛋白质分离分析技术的发展在医药领域的应用。
3. 简述利用色谱技术分离蛋白质时一维色谱与二维色谱应该如何选择。
4. 简述双相萃取技术与反胶团萃取技术的异同点。
5. 简述亲和层析分离蛋白质的原理。

第六章 核酸样品分离分析方法

基本要点

1. 掌握核酸样品的制备方法。
2. 掌握各种电泳技术对核酸样品的分离原理。
3. 掌握色谱技术及质谱技术的分离原理及应用范围。
4. 了解探针技术和 PCR 技术的原理。

核酸（nucleic acid）是生命最基本的组成物质，分为脱氧核糖核酸（deoxyribonucleic acid，DNA）和核糖核酸（ribonucleic acid，RNA）两种。其中，DNA 为主要的遗传物质，通过复制将遗传信息传递给下一代；RNA 参与蛋白质的生物合成，通过转录和翻译使遗传信息在下一代中表达。

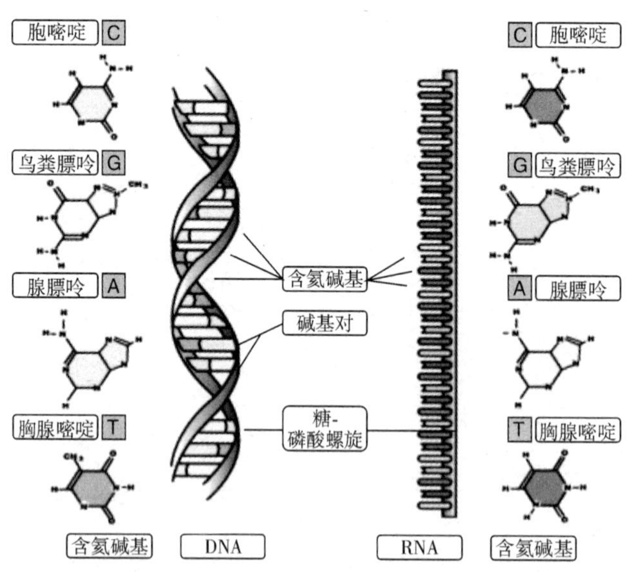

图 6－1　DNA 和 RNA 的基本结构

核酸样品的分离、定性和定量分析研究对于核酸下游分析（聚合酶链式反应、测序和分子克隆等）、鉴定核酸的代谢产物以及核酸相关药物的研发具有重要意义，其分离分析方法的开发尤为重要。

核酸研究的首要步骤是核酸的分离，该过程要尽量保持核酸在生物体内的天然状态和其结构的完整性，因此必须采用较为温和的条件，防止过酸、过碱以及剧烈振荡，尤其要防止核酸酶（DNase、RNase）对核酸的分解[1]。核酸分离的原则包括 4 个方面的内容：回收效率、处理速度、过程的简便性以及最终产物的纯度。核酸分离通常分为两步：①通过裂解细胞释放核酸；②从裂解物中纯化核酸。前者可通过化学、酶促和机械裂解方式或其组合形式来实现；后者通常使用液相和固相分离技术进行纯化。自 1956 年以来，苯酚－氯仿萃取一直是公认的核酸提取的金标准，该方法需要利用特定树脂和无机基质的固相萃取，利用有机试剂，以实现核酸的可逆结合[2]。

根据样品的性质不同，核酸的分离的难度也不同。植物和微生物等样品具有坚硬的细胞壁，必须将其裂解以确保有效的核酸分离；土壤、粪便和植物样品可能含有多酚化合物，会抑制下游分析；血液、血浆或血清、唾液、牛奶和其他生物体液含有高水平的蛋白质，可以抑制核酸分离；许多微生物种类对大多数传统裂解技术是难以处理的，但必须有效裂解以确保无歧视且准确的分析。

DNA 的分离：真核生物中染色体 DNA 与碱性蛋白结合，以核蛋白形式存在于细胞核内，核蛋白可溶于水和高盐溶液（如 1mol/L Nacl），不溶于生理盐溶液（0.14mol/L Nacl）。利用该性质，将细胞破碎后，可先用高浓度氯化钠溶液进行提取，再用水稀释氯化钠溶液至 0.14mol/L，使得组蛋白纤维发生沉淀。将其再进行溶解和沉淀多次，用水饱和的苯酚多次抽提，以除去样品中的蛋白质，得到较纯的 DNA。此外，还可根据 DNA 的密度对其进行纯化和分析。在高浓度分子质量的盐溶液（CsCl）中，DNA 具有与溶液大致相同的密度，将溶液高速离心，CsCl 趋于沉降于底部，从而建立密度梯度，而 DNA 最终沉降与其浮力密度相应的位置，形成狭带。

RNA 的分离：由于在自然条件下，RNase 无处不在，使得 RNA 易被分解，极不稳定。因此，RNA 分离纯化过程中应严格控制条件，防止 RNase 对 RNA 的分解作用。常用的 RNA 制备方法有以下两种：①少量 RNA 的制备主要采用酸性胍盐或苯酚或氯仿进行抽提；②大量 RNA 的制备常采用胍盐或氯化铯对细胞抽提物进行密度梯度离心的方法获得。

基于不同研究目的，对核酸样品分离分析主要包括：琼脂糖凝胶电泳、聚丙烯酰胺凝胶电泳、毛细管电泳技术、探针技术、电泳迁移率变动分析技术、聚合酶链反应（PCR）、离子对反相色谱、离子交换色谱、亲水作用色谱、质谱。前 5 种技术主要基于电泳方法对核酸样品进行分离分析，后 5 种则主要为液相色谱和质谱技术。

§6-1 电泳技术

电泳技术是目前对核酸进行研究的最为常用的方法之一，可用于检测核酸的纯度、分子量、结构变化以及简单的序列分析等，有操作简便、分析速度快、灵敏度高和成本较低等优点。常用的电泳技术包括：琼脂糖凝胶电泳、聚丙烯酰胺凝胶电泳、印迹技术和毛细管凝胶电泳等。

一、琼脂糖凝胶电泳

琼脂糖凝胶电泳（agarose gel electrophoresis）是用琼脂糖作为介质的一种电泳分离方法，具有“分子筛”和“电泳”的双重作用[3]。琼脂糖凝胶具有网络结构，当生物大分子通过时会受到阻力，分子量大的分子受到的阻力大，因此，在凝胶电泳中，生物大分子的分离与其表面净电荷的性质、数量以及分子量大小均相关，分辨能力大大提升。由于琼脂糖凝胶的网格状孔径比蛋白质的尺寸大很多，其分子筛效应可忽略不计，现通常应用于核酸研究中，可直接用于DNA的分离、鉴定与分析，而在对RNA进行分离时，需要加入甲醛等蛋白质变性剂，以避免琼脂糖中RNase对RNA的水解。

在不同pH条件下，核酸所带电荷不同，在电场中受力大小不同，因此迁移速率不同，根据此原理，可将核酸分离。电泳缓冲液pH值通常为6~9，离子强度以0.02~0.05为最适。常用1%的琼脂糖作为电泳支持物。琼脂糖凝胶约可区分相差100bp的DNA片段，其分辨率相比于聚丙烯酰胺凝胶较低，但制备相对简单，分离范围广。普通琼脂糖凝胶分离DNA分子量范围为0.2~20kb，利用脉冲电泳，可分离高达10^7bp的DNA片段。

DNA分子在琼脂糖凝胶中泳动时，具有电荷效应与分子筛效应。DNA分子在高于等电点的pH溶液中带负电荷，在电场中向正极移动。由于糖-磷酸骨架在结构上为重复单元，相同数目碱基对的双链DNA几乎具有等量的净电荷，因此它们能以同样的迁移速度向正极方向移动。

电泳结束后，将所得琼脂糖凝胶置于荧光染料溴化乙啶溶液中染色，经紫外光照射，DNA可发出红-橙色可见荧光，依据荧光强度可对样品浓度进行半定量检测。该方法灵敏度高，DNA的检测限为1ng[4]。琼脂糖凝胶中的样品可通过切胶回收，回收的方法包括电泳洗脱法、低熔点琼脂糖凝胶电泳挖块法、冻融回收法和柱回收法等。电泳洗脱法为在紫外灯的照射下，将目标条带切割下来，放至透析袋中，装入电泳液，在水平电泳槽内进行电泳3~4h，使得凝胶中的DNA样品释放，粘于透析袋内壁中，随后倒转电极，通电30~60s，透析袋内壁中的DNA样品又释放至缓冲液中，缓冲液用苯酚抽提 1 ~2 次，水相用乙醇沉淀，即可得到较纯的 DNA 样品，其回收率在 50% 以上。

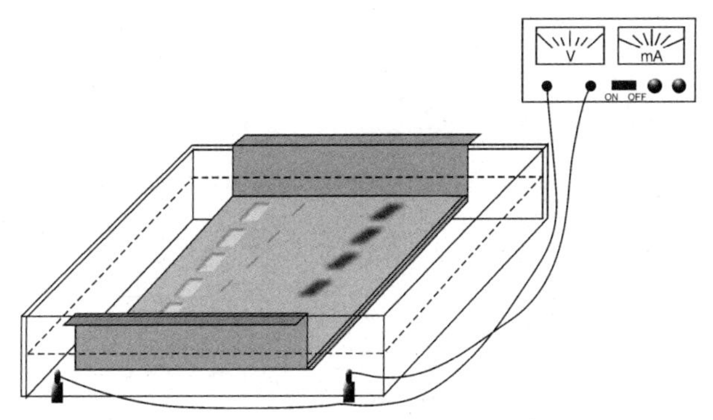

图 6－2 琼脂糖凝胶电泳技术示意图

二、聚丙烯酰胺凝胶电泳

聚丙烯酰胺凝胶电泳（polyacrylamide gel electrophoresis，PAGE）是以聚丙烯酰胺凝胶作为支持介质的一种常用电泳技术，该凝胶孔径小于琼脂糖凝胶网格，可用于分析相对分子质量小于 1 000bp 的核酸样品。聚丙烯酰胺中一般无 RNase，因此用于 RNA 的分离分析时样品不会水解[5]。聚丙烯酰胺凝胶为网状结构，具有分子筛效应。

聚丙烯酰胺凝胶电泳分为非变性聚丙烯酰胺凝胶电泳和变性聚丙烯酰胺凝胶。在 DNA 的非变性聚丙烯酰胺凝胶电泳中，DNA 呈双链状态泳动，其迁移率会受碱基组成、序列和结构的影响。在 DNA 的变性聚丙烯酰胺凝胶电泳中，DNA 为单链片段，其移动速度同其碱基组成及序列几乎完全无关，因此可用于分离及纯化单链 DNA 片段和 DNA 测序[6]。RNA 样品进行聚丙烯酰胺凝胶分离后，经溴化乙碇染色，在紫外灯照射下，其荧光强度弱于 DNA 样品。这是因为 RNA 的双螺旋区较少，其荧光远弱于 DNA，因此低浓度样品无法通过该方法检出，需要用亚甲蓝或银染进行显色。

三、印迹技术

印迹技术（blotting）是指将待测核酸分子经电泳分离并转移到固相载体上，利用特异性反应对固相载体上的样品进行检测的一种方法。目前该技术已广泛应用于 DNA、RNA 和蛋白质的检测。除靠毛细作用将 DNA 转移至硝酸纤维素（nitrocellulose，NC）膜外，后来又发展了电转移印迹技术和真空吸引转移印迹技术。这些新方法缩短了样品转膜所需的时间。此外，也有一些新材料用于转膜而改善转移效率和样品承载能力[7]。

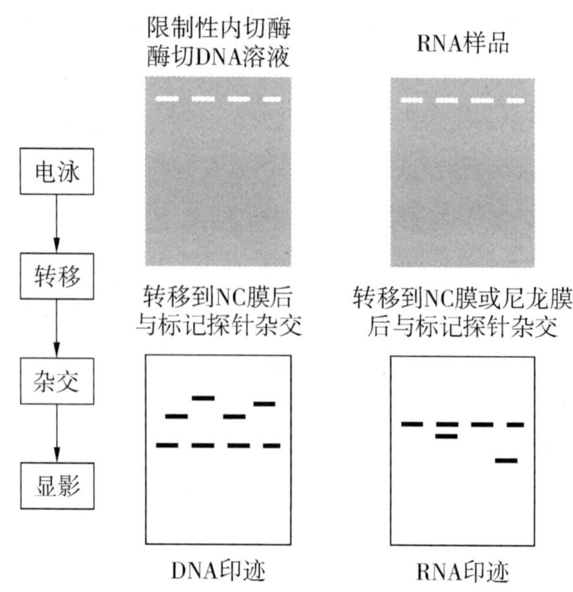

图 6－3　DNA 印迹、RNA 印迹技术示意图

1. DNA 印迹

DNA 印迹（DNA blotting）为 Southern 首次提出，因而命名为 Southern blotting。DNA 样品经限制性内切酶消化后进行琼脂糖凝胶电泳，将含有 DNA 区带的凝胶在变性溶液中处理后，再将胶中的 DNA 分子转移到 NC 膜上。转膜后，在 80℃ 真空条件下加热或在紫外交联仪内进行处理，使 DNA 固定于 NC 膜上，即可用于杂交反应。DNA 印迹技术主要应用于基因组 DNA 的定性和定量分析，可对基因组中特异基因进行定位和检测，也可用于分析重组质粒和噬菌体[8,9]。

将 DNA 转至 NC 膜时，有 3 种方式：①利用毛细作用使胶中的 DNA 转移，使之成为固相化分子，具体过程为将载有 DNA 单链分子的 NC 膜放在杂交反应溶液中，溶液中与膜上单链具有互补序列的 DNA 或 RNA 就能与 NC 膜中的 DNA 分子结合；②采用电转移印迹技术进行 DNA 转膜，一般采用尼龙膜作为载体，单链 DNA 样品可直接进行转移，双链 DNA 样品则需在原位进行碱变性后中和，然后再进行转移，该方法需要时间为 2～3h，具有转膜速度快的特点；③采用真空吸引转移印迹技术进行转膜，该方法利用真空转移装置，先将 NC 膜或尼龙膜放至真空室的多孔屏上，再将凝胶置于滤膜上，缓冲液从储液槽中流出，洗脱出凝胶中的 DNA，使其沉积在滤膜上，该方法相比于毛细转移方法更加快捷有效。

2. RNA 印迹

利用与 DNA 印迹相类似的技术来分析 RNA 称为 RNA 印迹，也称为 Northern blotting，其技术原理与 Southern blotting 类似。RNA 分子较小，在转移前无须进行限制性内切酶切割，且变性 RNA 的转移效率较高。RNA 印迹技术目前主要应用于检测某一组织或细胞中已知的特异 mRNA 的表达水平，也可以比较不同组织或细胞中同一基因的表达情况。在具体操作时，凝胶中应加入甲醛以保持 RNA 的单链结构。尽管用 RNA 印迹技术检测 mRNA 表达水平的敏感性较 PCR 法低，但是由于其特异性强、假阳性率低，仍然被认为是最可靠的 mRNA 定量分析的方法之一。

四、毛细管电泳技术

对核酸进行分析的毛细管电泳技术（capillary electrophoresis，CE）是一种高效、快速、微量的分析技术，该方法利用核酸在电场作用下移动的速率不同进行分离，分为毛细管凝胶电泳（capillary gel electrophoresis，CGE）和无胶筛分电泳技术（non gel sieving-capillary electrophoresis，NGS-CE）两种，前者以凝胶为筛分机制，后者借助于柱筛分但柱内无凝胶。由于电泳过程在毛细管内进行，其散热效率极高，因此确保了较高的电场强度，大大改善了分离效率[10]。

CGE 是将多孔性凝胶介质移到毛细管中作支持物进行的一种电泳。由于溶质分子大小不同，由于分子筛效应，在凝胶内进行电泳时可被分离。该方法分离效率可达百万理论塔板数，能检测到一个碱基的变化，且分析时间短，适用于生物大分子的分析及 PCR 产物分析[11]。NGS-CE 则是在区带电泳的自由溶液中加入亲水性线性聚合物（如甲基纤维素、丙烯酰胺等），从而提供一种类似凝胶的筛分介质[12]。

DNA 片段在高电场和分子筛效应双重作用下，以线性或棒状迁移，使得 DNA 表面积和链长成正比。由于随 DNA 碱基对数目增大，电荷可视为常数，故迁移时间与碱基对数目成正比。故在高强电场下，DNA 分子随其大小不同而被分离。

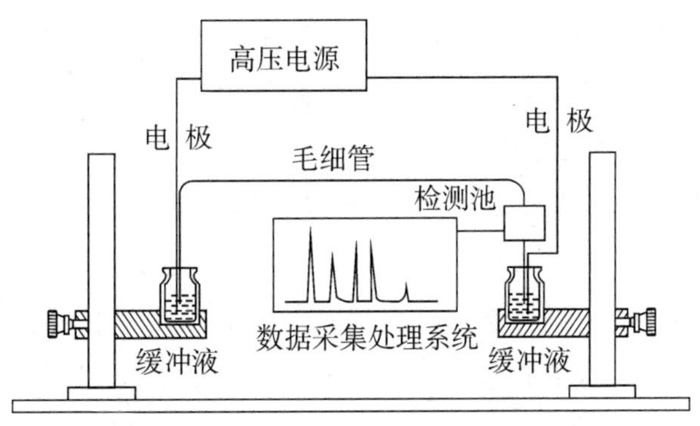

图 6－4　毛细管电泳技术原理示意图

毛细管电泳系统的基本结构包括进样系统、两个缓冲液槽、高压电源、检测器、控制系统和数据处理系统。其检测器可用紫外－可见（UV-Vis）、二极管阵列、激光光热、荧光、激光诱导荧光、安培、电导和质谱等。

毛细管电泳的主要部件和其性能要求如下：①毛细管为弹性石英毛细管，内径通常为 50μm 和 75μm。细内径分离效果好，产热小，耐受较高电压，若采用柱上检测，由于光程较短，检测限比粗内径管要差。毛细管总长度一般为 20～100cm，盘放于管架上，对温度有一定要求，以控制焦耳热。此外，缓冲液黏度与电导也会对样品测定重复性有一定影响。②直流高压电源采用 0～30kV（或相近），电流约 300μA，有恒压和恒流两种模式。③两电极槽内放置工作缓冲液，铂电极与毛细管相连，电极接直流高压电源，正负极可切换。④每次进样前，毛细管用不同溶液冲洗，进样方式有加压和减压进样、虹吸进样和电迁移进样等，可通过控制压力、电压及时间调控进样量。⑤检测系统为紫外－可见、激光诱导荧光、电化学和质谱等。将毛细管接近出口端外层聚合物剥去一段（约 2mm），使石英管壁裸露，两侧各放置一个石英聚光球，使光源聚焦于毛细管上，透过毛细管到达光电池。对无光吸收的溶质可在缓冲液中加入对光有吸收的添加剂，在溶质到达检测窗口时检测反方向的峰。⑥数据处理系统与一般色谱数据处理系统基本相同。

常用的毛细管电泳筛分介质包括聚丙烯酰胺、琼脂糖和纤维素等。其中，甲基纤维素衍生物可通过改变筛分缓冲液，使得毛细管可反复使用，但 PCR 产物须通过超滤等手段除去 dNTPs、引物、酶和盐类等副产物后进行毛细管电泳分析，否则会影响扩增产物的迁移行为。以低交联或无交联丙烯酰胺作为筛分介质时，PCR 产物可直接用于检测，其理论塔板数与甲基纤维素衍生物相当。

五、电泳迁移率变动分析技术

电泳迁移率变动分析技术（electrophoretic mobility shift assay，EMSA）亦称为凝胶迁移变动分析（gel shift assay），是利用 DNA 结合蛋白与相应 DNA 序列间的相互作用进行研究的一种方法，可用于定性和定量分析。该技术也可用于研究 RNA 结合蛋白和特定的 RNA 序列之间的相互作用。

DNA 结合蛋白与 DNA 探针结合使得其分子量增大，在凝胶中的泳动速度慢于游离 DNA，则条带相对滞后。在操作中，可预先用放射性核素或生物素标记（如 ^{32}P）待测 DNA，再将其与细胞核提取物一起温育，使其形成 DNA－蛋白质复合物，再进行非变性聚丙烯酰胺凝胶电泳、放射自显影等技术显示标记 DNA 条带。若细胞提取物中不存在与标记的 DNA 结合的蛋白，标记的 DNA 条带将出现于凝胶底部；反之，将会形成 DNA－蛋白复合物，条带比标记的 DNA 条带滞后，如图 6－5 所示。

该方法主要应用于研究特定的转录因子以及转录因子所结合的顺式作用元件、与蛋白质相结合的 DNA 序列的特异性、突变对探针 DNA 与结合蛋白相互作用的影响规律以及 DNA 印迹等。

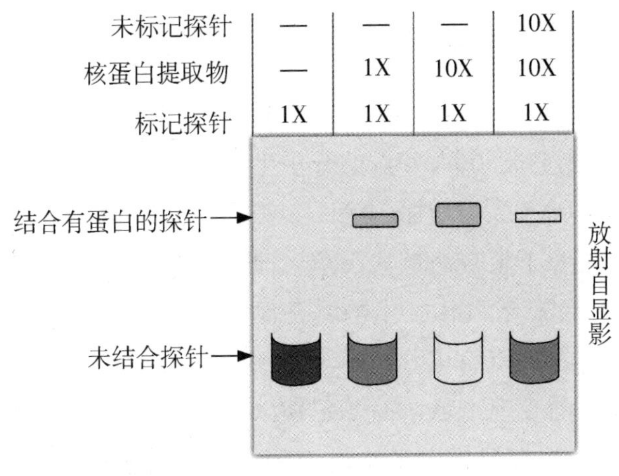

图 6-5 凝胶迁移率变动技术原理示意图

§6-2 探针技术和 PCR 技术

一、探针技术

探针（probe）指带有特殊可检测标记的核酸片段，能与待测核酸片段互补性地结合，可用于检测核酸样品中的特定基因。核酸探针为单链 DNA 或 RNA，可为基因组 DNA、cDNA 全长或部分片段。常用放射性核素、生物素或荧光染料进行标记。在 NC 膜杂交反应中，标记探针的序列若与 NC 膜中的核酸互补，即可结合于膜上 DNA 或 RNA 特定区域，经放射自显影等手段显色，即可判定膜上是否含有互补核酸分子存在[13]。

探针根据其来源分为基因组探针（genomic probe）、cDNA 探针（cDNA probe）和人工合成的寡核苷酸探针。为确定探针是否与基因组 DNA 杂交，需对探针进行标记，以便获得可识别的信号[12]。常用的探针标记法包括缺口平移法（nick translation）、随机引物法和末端标记法。缺口平移法是指用适当浓度的脱氧核糖核酸酶 I（DNase I）在探针 DNA 双链上造成缺口，再利用 DNA 聚合酶 I（DNA polymerase I）5′→3′外切酶活性，切去带有 5′磷酸的核苷酸；同时又利用该酶的 5′→3′聚合酶活性，使^{32}P标记的互补核苷酸补入缺口。DNA 聚合酶 I 两种活性的交替作用，使缺口不断向 3′方向移动，同时 DNA 链上的核苷酸不断被^{32}P 标记的核苷酸取代。随机引物指含有各种可能排列顺序的寡聚核苷酸片段的混合物，可与任意核苷酸序列杂交，起聚合酶反应引物的作用，但该方法不能标记环状 DNA。末端标记法指利用末端转移酶进行“尾标”，适用于寡核苷酸探针标记，多用于核酸“点”突变的检测，可采用核酸合成仪进行人工合成，克隆出的探针一般较长，特异性好，标记量大，杂交检出信号强。

二、聚合酶链式反应技术

聚合酶链式反应（polymerase chain reaction，PCR）是一种用于扩增特定 DNA 片段的分子生物学技术，能将微量 DNA 大幅增加。1985 年美国科学家 K. Mullis 发明了聚合酶链式反应，即简易 DNA 扩增法，意味着 PCR 技术的真正诞生。现如今，PCR 已发展至第三代技术。1976 年，中国科学家钱嘉韵发现了稳定的 Taq DNA 聚合酶，为 PCR 技术的发展作出了突出贡献。该技术特异性强、灵敏度高、简便快捷、纯度要求低，在生物学基因研究中具有重要意义[14]。PCR 仪实际为一个温控设备，能程序性地在变性温度、复性温度和延伸温度之间进行调控。

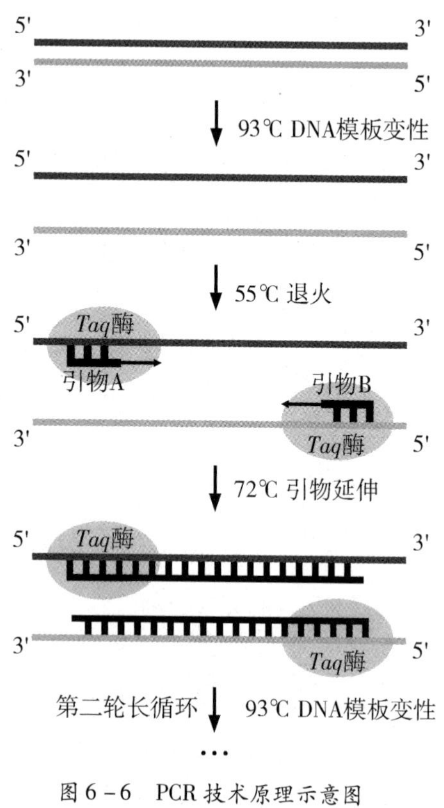

图 6-6　PCR 技术原理示意图

PCR 技术的基本原理类似于 DNA 的天然复制过程，其特异性依赖于与靶序列两端互补的寡核苷酸引物。由变性、退火和延伸 3 个基本反应步骤构成：①模板 DNA 的变性：模板 DNA 加热至 93℃左右经一定时间后，使模板 DNA 双链或经 PCR 扩增形成的双链 DNA 解离，使之成为单链，以便它与引物结合，为下轮反应做准备；②模板 DNA 与引物的退火（复性）：模板 DNA 经加热变性成单链后，温度降至 55℃左右，引物与模板 DNA 单链的互补序列配对结合；③引物的延伸：DNA 模板-引物结合物在 72℃、DNA 聚合酶作用下，以 dNTP 为反应原料，靶序列为模板，按碱基互补配对与半保留复制原理，合成一条新的与模板 DNA 链互补的半保留复制链。重复循环变性—退火—延伸的过程就可获得更多的“半保留复制链”，该链又可成为下次循环的模板。每完成一个循环需 2~4min，2~3h 就能将待扩目的基因扩增放大几百万倍。为取得 PCR 的成功，首要条件是设计好引物。设计引物的主要原则如下：①引物长度应大于 16 个核苷酸，一般为 20~24 个，可防止随机结合；②引物与靶序列间的 T_m 值不应低于 55℃，小于 30 个核苷酸的引物的变性温度通过计算可得，计算方法为每个 G 或 C 为 4℃，每个 A 或 T 为 2℃；③引物不应有发夹结构，即不能有 4bp 以上的回文序列；④两引物间不应有大于 4bp 以上的互补序列或同源序列，在 3′端不应有任何互补的碱基；⑤引物中碱基分布尽可能均匀，G+C含量接近 50%。

§6－3　高效液相色谱

一、离子对反相色谱

离子对反相色谱（ion pair reversed phase liquid chromatography，IP-RPLC）在寡核苷酸的分离分析方面有着巨大的发展潜力，其研究热点包括：①固定相和流动相中离子对试剂的选择；②检测方法的选择；③目标寡核苷酸的分离度与选择性等[15,16]。

由于核酸的基本单元核苷酸中含有磷酸基团，因此整个分子带负电荷，利用反相离子对色谱分析时，需要选择阴离子对离子（即阳离子）作为离子对试剂，阳离子与核酸分子结合后，核酸分子的电负性减弱，疏水性增加，在反相柱上保留较好，其保留原理如下：①带正电的离子对试剂与带负电的核苷酸磷酸骨架在溶液中构成离子对，减少了核苷酸的净电荷，增加了其疏水性，此时疏水相互作用促成了核苷酸在 IP-RPLC 中的保留；②离子对试剂依靠其疏水性，烷基链通过吸附于反相色谱的固定相上形成离子交换剂，静电相互作用使得核苷酸在反相色谱中保留[17]。

基于上述原理，核酸的保留能力受多方面因素的影响：①离子对试剂的烷基链长决定了离子对试剂与疏水性固定相相互作用的强度。②核酸的带电量及二级结构决定了其与离子对相互作用的强弱，在 IP-RPLC 上的保留能力一般随链长增加而增加。③核酸的碱基组成：一般而言，相同长度不同序列的寡核苷酸保留时间由所含碱基疏水性总和决定，碱基的疏水性排序为 C＜G＜A＜T。对于双链 DNA 样品，碱基互补配对后，其疏水性差异将受到外部磷酸骨架结构的屏蔽，其疏水性对于双链 DNA 在 IP-RPLC 的保留能力影响较小。④AT 部位部分解螺旋的核酸片段保留时间要短于相同大小的自然核酸片段，其原因在于核酸分子通过两亲性离子与固定相发生作用，AT 部位的解螺旋使得该部位的电荷强度降低了一半，因此与该部位结合的离子数量减少，疏水作用降低。一般而言，单链区段的形成只取决于失活条件，包括温度或甲酰胺浓度等，通过选择合适的条件，可将核酸按分子大小和碱基顺序进行分离。⑤核酸的二级结构：超螺旋结构使得碱基与固定相之间的相互作用增强，因此超螺旋结构在色谱中的保留时间较长。⑥流速与柱温：根据 Van Deemter 方程，由于核酸的传质速率较低，传质阻力项成为影响塔板高度最主要的参数，因此，通过降低流速或提高柱温有助于提高核酸的分离度[18]。⑦离子对试剂浓度：随着离子对试剂浓度越大，离子对效应越明显，核酸在 IP-RPLC 中的保留能力会提高。若离子对试剂浓度过高，虽然核酸保留时间长，但过强的离子对效应将削弱疏水性相互作用对核酸分离的影响，核酸在 IP-RPLC 中将出现不对称峰形，影响其分离效率。⑧离子对试剂多为非挥发性盐类，要与质谱检测器兼容，应选择具有挥发性的离子对试剂。

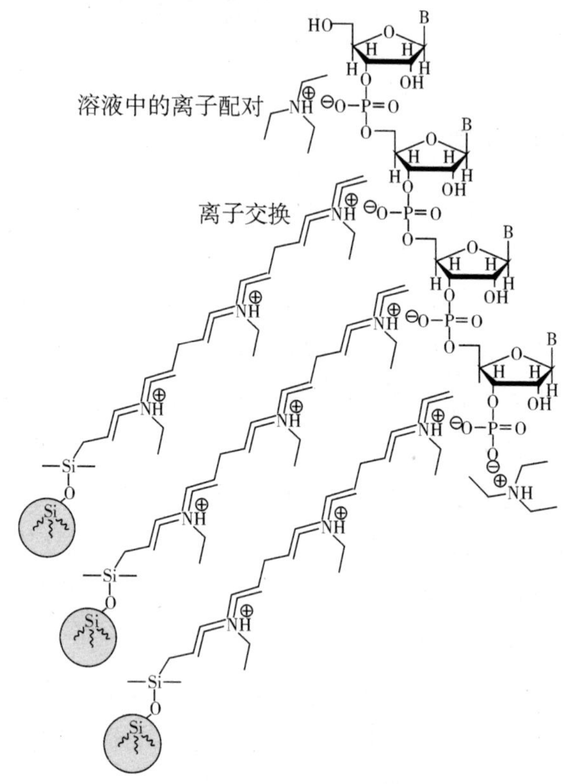

图 6－7　核酸在离子对反相色谱上的保留原理

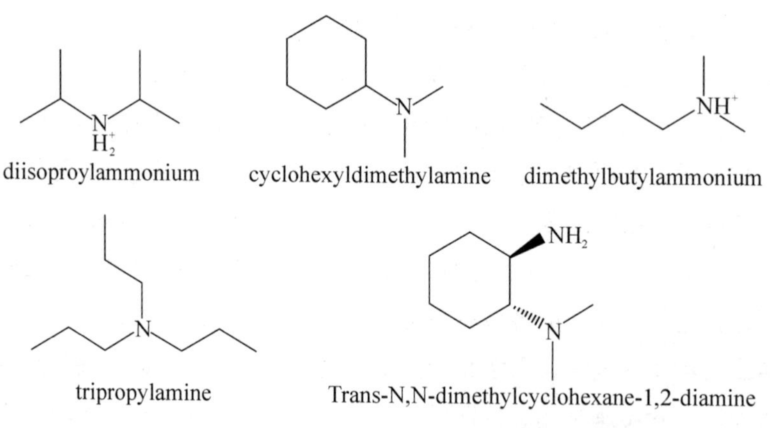

图 6－8　用于核酸分离分析的部分长链离子对试剂

例 6－1　建立反相离子对色谱法，同时测定注射用核糖核酸酶解产物中 4 种 5′－核苷酸。

方法：用蛇毒磷酸二酯酶将样品中的核糖核酸水解为 5′－核苷酸，采用岛津 VP-ODS（250mm×4.6mm，5μm）色谱柱，流动相 A 为甲醇－水（5∶95）［含 20mmol/L

的 KH_2PO_4 和1%（v/v）的四丁基氢氧化铵（TBAOH）溶液，pH =6.5]，流动相B为甲醇－水（80:20）[含1%（v/v）的TBAOH溶液，pH =6.5]，梯度洗脱，检测波长为254nm，见表6－1。

表6－1　梯度洗脱程序

时间 t/min	流动相A/%	流动相B/%
0～20	95→75	5→25
20～21	75→95	25→5
21～31	95	5

结果：建立的色谱法能将4种核苷酸良好分离，4种核苷酸在0.50～15μg·mL^{-1}线性关系良好，相关系数分别为0.999 8、0.999 9、0.999 9和0.999 9；平均回收率（n=6）在95.1%～106.3%之间，RSD均<3.5%，见表6－2。

表6－2　样品含量测定结果

样品名称	样品批号	酶解法					紫外分光光度法（UV）
		5′－CMP /μg·mL^{-1}	5′－UMP /μg·mL^{-1}	5′－GMP /μg·mL^{-1}	5′－AMP /μg·mL^{-1}	核糖核酸相对标示量/%	核糖核酸相对标示量/%
注射用核糖核酸Ⅰ	1 001 132	1.764	1.722	0.770	0.787	16.8	102.8
	1 101 062	1.751	1.737	1.036	0.888	18.0	100.5
	1 107 162	2.730	3.428	3.534	2.586	40.9	105.9
注射用核糖核酸Ⅱ	110 644	6.506	2.693	9.620	4.186	76.7	108.8
注射用核糖核酸Ⅲ	1 105 233	7.655	3.452	10.287	5.103	84.3	94.4
	1 107 115	7.334	3.227	9.807	4.934	88.3	102.5

二、离子交换色谱

核酸的聚阴离子结构决定了核酸可采用离子交换色谱（ion exchange chromatography，IEC）进行分离分析。在IEC中，分子按从小到大的顺序被洗脱，但核酸分子由于构象的不同使得其与离子交换剂的孔隙适合度不同，适合度好的核酸分子有较多的电荷与固定相作用，因而保留时间较长。在选择填料时，不但要考虑孔径大小，还应考虑孔隙的形状，使核酸分子尽可能地与其适合，以达到最佳分离效果。离子交换色谱法具有较高的分离效率，但需要对分离柱进行平衡（再生），因此分析时间较长。

在 IEC 中采用梯度洗脱能提高组分之间的分辨率，尽管梯度洗脱对分离低相对分子质量的 dsDNA 片段无明显影响，但当核酸分子量较大时，采用梯度洗脱能更有效地从预处理液中除去杂质。例如，选择合适的低 NaCl 浓度梯度洗脱可将超螺旋 DNA 与松散的 RNA、失活 DNA 充分分离，当使用高 NaCl 浓度时就不能达到该效果。选择合适的梯度应考虑良好的分离效果、相应最短的操作时间，达到尽可能大的生产能力。

流速对核酸的分离效率无明显影响，但当流速过高时，洗脱下的核酸浓度会被稀释。在色谱分离中，流速影响保留时间，而保留时间受样品黏度、粒子大小及目的分子扩散系数的影响。例如，核酸中的杂质常常被提前洗脱，该现象可能是由于在金属离子的直接或间接参与下，杂质与核酸的相互作用导致。解决的方法是在洗脱剂中添加螯合剂（如 EDTA）与金属离子形成复合物或添加失活剂（如异丙醇）抑制分子间的疏水作用，此外添加高电荷的阳离子分子（如尿素、精胺）可以提高阴离子交换色谱中超螺旋质粒 DNA 与松散质粒 DNA 以及其他杂质的分离效率[19]。使用阴离子交换色谱纯化超螺旋 DNA 能将相对分子质量大的蛋白质和核酸除去，但有大分子 RNA、gDNA 和内毒素需要进一步分离。这可能是由于阴离子交换剂的无选择性和大分子物质在填料孔径中的扩散抑制造成的。使用阴离子交换色谱直接纯化 E. coil 提取物中的质粒 DNA 研究表明，固定相载荷小于 1 倍柱容积能提高质粒回收产量和纯化平衡。另外，在阴离子交换色谱操作之前应进行适当的澄清操作。

例 6－2 目的：建立高效液相色谱非多孔型阴离子交换柱分离 DNA 片段的方法。

方法：使用 TSK gel DEAE-NPR 柱（35mm × 4.6mm）进行多阶式线性梯度洗脱，如表 6－3 所示。流动相 A：20 mmol/L Tris-HCl 缓冲液，含 1.0mmol/L NaCl（pH = 9.0），流动相 B：20mmol/L Tris-HCl 缓冲液（pH = 9.0）。流速 1.0mL/min，检测波长为 260nm。

表 6－3　线性洗脱梯度表

t/min	流动相 A/%	流动相 B/%
0 ~ 1.0	40	60
1.0 ~ 1.1	50	50
1.1 ~ 4.6	56	44
4.6 ~ 8.1	58	42
8.1 ~ 9.1	75	25
9.1 ~ 9.9	100	0

结果：用本法分析核酸分子量参照物 pBR322 DNA－Hae Ⅲ，Lambda DNA－Hind Ⅲ及乙肝病毒基因 PCR 产物，结果如图 6－9、图 6－10 所示。

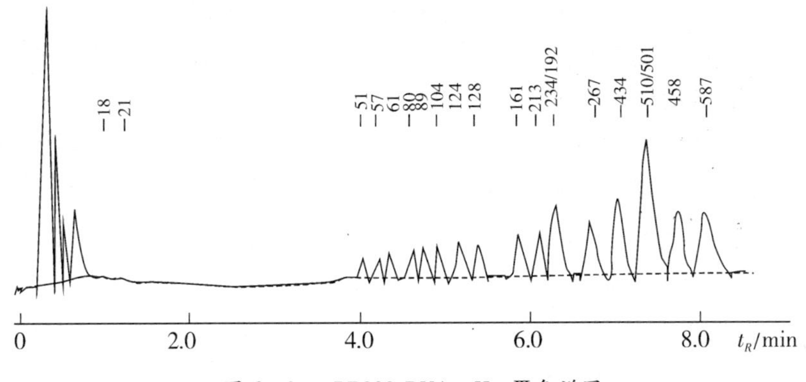

图 6-9　pBR322 DNA-HaeⅢ色谱图

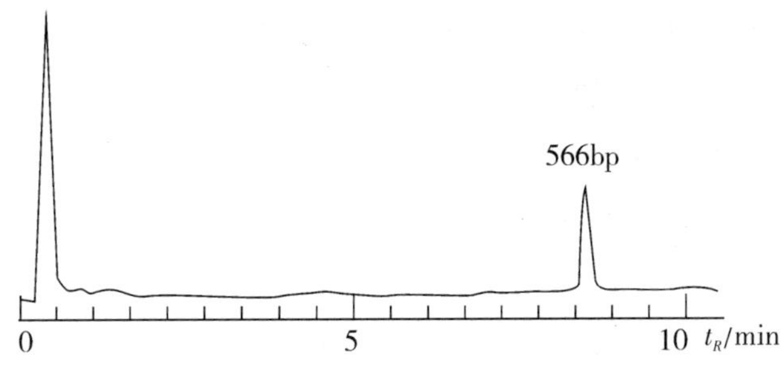

图 6-10　乙肝病毒基因 PCR 产物色谱图

结论：用本法对 18~2 000bp 的 DNA 片段进行分离，简便、快速、分辨率高，可用于 PCR 产物等核酸片段的分析和纯化。

三、亲水作用色谱

亲水作用色谱（hydrophilic interaction liquid chromatography，HILIC）是一种以极性固定相（如硅胶或衍生硅胶）及含极性有机溶剂和水溶液为流动相的色谱模式。它与传统正相色谱相似，流动相有机部分为弱洗脱剂，水溶液是强洗脱剂。化合物按亲水性增加的次序流出，但所用的溶剂与反相色谱相似，采用与水互溶的极性有机溶剂如乙腈或甲醇，且水含量较大。近几年，该技术与质谱联用，常用于生物样品中极性化合物及其代谢产物的分离与鉴定[20]。

HILIC 是正相色谱向水性流动相领域的延续，其流动相是水相缓冲液及有机溶剂，而固定相是强亲水性的极性吸附剂，如硅胶键合相、极性聚合物填料或离子交换吸附剂。其共同特点是固定相与水的作用力很强，因此属于“亲水性”。亲水作用色谱模式使用的梯度和反相模式相反。初始条件为高比例有机相，典型的浓度是 95% 有机相，如乙腈再逐步降低到水相。因此，亲水作用色谱又被称为反相色谱，该方法对于极性物质的保留效果明显，但是当使用的色谱柱为正相色谱柱时，由于流动相中水的存在，使得柱寿命减少，柱效下降较快，与质谱联用后极易造成严重的背景干扰。

例 6－3 采用超高效液相色谱分离系统与三重四极杆质谱联用技术，对 17 种核苷和碱基进行鉴定和定量分析。

方法：采用 Waters ACQUITY UPLC 系统进行色谱和质谱分析，在 ACQUITY-UPLC-BEH-amide 柱（2.1mm × 100mm，1.7m）上进行亲水作用色谱分离。流动相A：水，10mM 醋酸铵和 0.8% 醋酸，B：乙腈和 0.05% 乙酸；梯度洗脱：0～6min，10% A；6～9min，40% A。流速为 0.4mL/min，柱温保持在 35℃。

结果：对梅花鹿鹿角和鹿角胶中核酸和碱基进行定性、定量测定，结果表明，在所有样品中均含有 17 个核苷和核碱基的靶化合物。鹿角中核苷和核碱基的总含量在 5.970 9～49.695 1μg/g 之间，在不同年龄段和不同截面的样品中有明显差异。

结论：本研究采用 HILIC-UHPLC-TQ-MS/MS 法建立了一种可靠、简便、灵敏的核苷定量分析方法。采用 HILIC 和 UPLC 相结合的方法，在无离子对试剂的情况下，能在 9min 内充分分离极性较强的化合物。该方法也可用于其他动物源性药物中核苷和碱基的同时分析。

§6－4 质谱

电泳技术及探针技术等分析方法是通过附着于探针或者目标核苷酸上的报告标记（reporting label）间接得到其修饰位点和序列信息，而质谱（mass spectrometry，MS）则是对目标修饰核苷酸固有分子量进行直接测定。基于质谱技术的核苷酸测序方法可大致分为两类：自下而上的分析手段（bottom-up）和自上而下的分析策略（top-down）。其中，bottom-up 方法中主要用到电喷雾质谱和基质辅助激光解析质谱（matrix-assisted laser desorption ionization，MALDI），而 top-down 则是基于各种不同形式的串联质谱（tandem MS，MS/MS）裂解模式[21]。

一、基于质谱技术的核苷酸 bottom-up 测序方法

核苷酸的 bottom-up 测序方法主要有两个步骤：①制备包含目标核苷酸序列信息的序列阶梯（sequencing ladder），也就是将目标核苷酸降解成分别包含 3′端和 5′端序列信息的不同长度的核苷酸链；②用质谱分析降解得到的序列阶梯，根据同系列相邻核苷酸片段间的分子量差值就可以直接读取其修饰位点及序列信息。根据目标核苷酸序列阶梯产生方式的不同，bottom-up 测序方法又可以进一步被区分成 3 大类：Sanger 法、核酸酶酶解法以及化学试剂降解法等。

1. Sanger 测序与质谱联用的核苷酸 bottom-up 测序方法

作为最早成功用于寡核苷酸 bottom-up 测序方法之一，Sanger 测序法是核酸测序史

上里程碑式的分析技术。Sanger 测序法又被称为 DNA 双脱氧链末端终止测序法。其基本原理为：每一次 DNA 测序均由独立的 4 个反应组成，由于 DNA 双链中的核苷酸是以 3′，5′-磷酸二酯键相连，故要求原料核苷酸上的 3′位必须是羟基的脱氧核苷酸（dNTP）。在原料中添加一定比例的 3′位为氢的双脱氧核苷三磷酸（ddNTP），随着 PCR 的进行，如果 DNA 聚合酶在复制时选择了 ddNTP 而非 dNTP，该复制过程就会终止，由此可以产生一系列长度不同的 DNA 片段。反应终止后，分 4 个泳道进行凝胶电泳，分离长短不一的核酸片段，长度相邻的核酸片段之间相差一个核苷酸。将起初加入的 ddNTP 事先用放射性同位素标记，可通过放射自显影确定所测的 DNA 序列[22]。

Sanger 测序法需要用同位素或者荧光基团标记 ddNTP 并进行后续的凝胶电泳分析，结合质谱分析则可以简化分析过程，并更为直观、准确地鉴定目标核苷酸的序列信息。该方法通常选用带飞行时间质量分析器（time of flight，TOF）的 MALDI 质谱进行分析[23]。此外，该方法主要针对 DNA 型的核苷酸序列分析，对于 RNA 型或是带有多个修饰位点的核苷酸则有局限性。

2. 核酸酶酶解与质谱联用的核苷酸 bottom-up 测序方法

核酸酶酶解目标核苷酸并用质谱分析其序列的 bottom-up 测序方法最早由 Pieles 等人报道[24]。该方法主要用到了两种核酸外切酶，分别为蛇毒磷酸二酯酶（Snake Venom Phosphodiesterase，SVP）和牛脾磷酸二酯酶（Calf Spleen Phosphodiesterase，CSP）。其中，SVP 只进攻核苷酸 3′端处的磷酸二酯键，从而产生包含 5′端的不同长度的序列阶梯，相反，CSP 则只进攻 5′端，得到相应的包含 3′端不同长度的序列阶梯。随后，用 MALDI-TOF 质谱获取这两组分别包含目标核苷酸 5′端和 3′端的序列阶梯中相邻核苷酸酶解片段的分子量差值，进而直接读取其修饰位点及序列信息。

尽管核酸酶酶解与质谱联用的核苷酸 bottom-up 测序方法在整个实验设置包括核苷酸的酶解及后续的质谱分析，过程相对简单，但该方法仍存在以下缺点：①需要两个单独的酶解过程以实现对目标核苷酸序列进行双向读取以提高序列覆盖度；②带有多种修饰的核苷酸会抑制核酸外切酶的活性；③在进行质谱分析之前，需对酶解的核苷酸片段进行脱盐等前处理，延长了分析时间[25]。

3. 化学试剂降解与质谱联用的核苷酸 bottom-up 测序方法

通过化学试剂降解对 DNA 型核苷酸测序的方法最早由 Maxam 等在 1977 年提出。该方法是将一个 DNA 片段进行末端放射性标记之后，分别用 5 组独立的化学反应进行部分降解，其中每一组反应特异性地针对单种碱基。由此可以产生 5 组放射性标记的分子，每组混合物中均含有长短不一的 DNA 序列阶梯，其长度取决于该组反应所对应的碱基在原 DNA 片段上的位置。最后，通过聚丙烯酰胺凝胶电泳对各组混合物进行分离，再通过放射自显影技术来读取待测的 DNA 片段。化学降解法程序复杂，后来逐渐被 Sanger 法代替。

在化学试剂降解测序的基础上，Farand 等引入质谱技术成功得到了两条富含修饰的 DNA 型寡核苷酸的修饰位点和序列信息[26]。他们分别选用哌啶、苯胺、氢氧化钠、甲酸、焦碳酸二乙酯和羟胺等多种化学试剂降解两条核苷酸链，随后用 HFIP/TEA 的离子对缓冲体系对降解的核苷酸碎片进行 IP-RPLC/MS 分析（表 6－4）。核苷酸上所带的不同类型的化学修饰对于化学试剂的抗性不同，采用该组合降解的方法极大地提高了目标核苷酸的序列覆盖度。另外，链长小于 3mer 的核苷酸化学降解片段在色谱上难以保留，Farand 等采用串联质谱技术获知目标核苷酸的端链信息。

表 6－4　化学降解后的 ESI－TOF 分析及核苷酸序列分析

$N-x^a$ (5′→3′)	测得单同位素分子量/u						理论分子量和遗传相似度
	$C_5H_{11}N$	NaOH	$C_2H_6O_4S$, $C_5H_{11}N$	DEPC, $C_5H_{11}N$	NH_2OH, $C_5H_{11}N$	$C_6H_5NH_2$	
N－9	4 268.638 1		4 268.614 7	4 268.177 3	4 268.617 7	4 268.625 2	4 268.620 5(fluC)
N－10	3 961.609 1	3 961.579 4					3 961.583 6(fluU)
N－11	3 653.572 1	3 653.561 6					3 653.562 6(dG)
N－12	3 324.511 7		3 324.5087	3 324.506 6	3 324.514 7	3 324.514 1	3 324.510 1(dG)
N－13	2 995.453 8		2 995.4570	2 995.462 7	2 995.466 9	2 995.458 8	2 995.457 6(dA)
N－14	2 682.406 8		2 682.4019	2 683.403 7		2 682.4109	2 682.400 0(dA)
N－15	2 369.340 0	2 369.343 8	2 369.338 8	2 369.346 2	2 369.340 4	2 369.344 4	2 369.342 4(fluC)
N－16		2 062.301 6			2 062.310 6		2 062.305 4(fluC)
N－17					1 755.273 0		1 755.268 5(dG)
N－18b			1 426.210 0	1 426.216 6	1 426.221 8	1 426.221 0	1 426.216 0(fluC)
N－19b		1 119.177 4			1 119.181 6		1 119.179 0(dA)
N－20b		806.120 7	806.121 6	806.122 2	806.122 8		806.121 4(dT)
N－21b		502.075 2			502.078 9		502.075 4(dT)
N－22c					296.0		196.0(iB)

N 为全长产物，x^a 为丢失的核苷酸个数。b：离子阱中能测定的。c：仅在离子阱中能观测到的。

资料来源：Farand J, et al. Anal. Chem., 2009, 81: 3723-3730.

由于 RNA 型的核苷酸在酸性条件下易发生降解，Bjrkbom 等采用高浓度的甲酸对目标核苷酸进行降解测序。该方法主要包括以下几个步骤：先通过甲酸将待测 RNA 核苷酸样品进行局部水解，使用 HFIP/TEA 离子对缓冲体系 IP-RPLC 将其水解产物进行高效分离，在线电喷雾质谱鉴定以及用设计好的算法翻译，最终得到目标 RNA 核苷酸的序列信息。由于 RNA 核苷酸在甲酸溶液中水解仅断裂磷酸骨架键以产生 d 型和 y 型的碎片离子，故而在水解得到的核苷酸片段依旧保留重要的碱基修饰信息。

另外，通过高浓度甲酸水解得到的 RNA 核苷酸序列阶梯也可以用 MALDI-MS 进行分析。选用酸性较强的基质可以直接对目标 RNA 核苷酸进行水解，随后的 MALDI 分析则直接免去了除盐等烦琐的样品前处理步骤。

二、基于质谱技术的核苷酸 top-down 测序方法

核苷酸 top-down 测序方法主要基于电喷雾质谱离子化技术和串联质谱技术。在电喷雾质谱的碰撞池中，气相离子化后的目标寡核苷酸母离子会被不同形式的碎裂方式进行活化并使磷酸骨架断裂，根据同属相邻碎片离子的质量差值可得目标寡核苷酸的修饰位点和序列信息。

虽然串联质谱技术也能得到目标核苷酸序列信息，但相比肽段的质谱测序，未被广泛认可。一方面，串联质谱技术很好地契合了蛋白质组学对于高通量蛋白鉴定的需求；另一方面，与寡核苷酸本身的结构性质相关。与肽段不同，一个标准的 DNA 核苷酸仅含有 4 种不同的结构单元，这意味着在串联质谱中产生的不同序列的碎片离子分子量相同的概率较高，难以区分。另外，在串联质谱中除了能够产生序列信息的磷酸二酯骨架断裂途径外，还有包括碱基丢失和二次骨架断裂等无法提供有用序列信息的裂解途径。

核苷酸在串联质谱中的碎裂途径受多种因素的影响。①核苷酸组成和序列、修饰及其气相离子的结构等都会影响碎裂途径。②实验参数，包括核苷酸离子化方式、极性、母离子价态，此外，串联质谱模式，即离子活化方式都与其碎裂途径以及产生的碎片类型等息息相关。因此，深入研究并熟练掌握核苷酸的气相裂解规律是准确阐明其序列信息和结构修饰的先决条件[27]。相对于 DNA 核苷酸而言，RNA 核苷酸在气相裂解反应中更为稳定，CID 碎片离子更少。串联质谱得到的谱图虽然包含了丰富的碎片信息，但由于碎片在电喷雾离子化状态下都带多种电荷，各个碎片间的干扰非常严重，最终目标核苷酸的串联质谱结果都太过复杂，难以解析。通过离子反应减少碎片离子所携带的电荷数，McLuckey 等成功减轻了不同碎片离子间的谱峰重叠干扰，并初步测定了一个链长为 75mer 的转运 RNA 中 60% 的序列信息[28]。

基于核苷酸质谱分析的现实需求和研究难点，包括传统离子对试剂引起的核苷酸质谱信号抑制、核苷酸在质谱正离子模式灵敏度低、核苷酸难以和多肽在正离子模式同时进行液质联用分析以及核苷酸化学修饰和序列信息的快速鉴定等，可采取以下方式进行改良：有机气氛辅助的电喷雾离子化策略用于提高核苷酸的质谱检测灵敏度；离子对反相色谱与正离子模式质谱联用下的核苷酸分离分析；采用不同基质辅助的激光解析质谱源内裂解下的小干扰 RNA 的修饰位点鉴定及序列表征。

参考文献

[1] 李洁，何德. 生物大分子分离技术：过去、现状和未来 [J]. 生物技术通报，2006，3：49-53.

[2] Ruggieri J，Kemp R，Forman S，et al. Techniques for Nucleic Acid Purification from Plant，Animal，and Microbial Samples. In：Micic M.（eds）Sample Preparation Techniques for Soil，Plant，and Animal Samples. Springer Protocols Handbooks [M]. New York：Humana Press，2016.

[3] 谢小燕，苏晓娜，王惠梅，等. 基于两种电泳检测方法的华东野生菰 ISSR 遗传多样性分析 [J]. 南方农业学报，2019，50（12）：2638-2646.

[4] 薄秀梅. 核酸染色剂对 DNA 在琼脂糖凝胶电泳中迁移速度的影响 [J]. 安徽农业科学，2020，48（03）：1-13.

[5] 杨彩霞，王引权，雒军，等. 当归咖啡酸－O－甲基转移酶在大肠杆菌中的表达及组织表达分析 [J]. 甘肃中医药大学学报，2019，36（06）：1-6.

[6] 余巨全，巩建华，柯尊伟. 对中国黄牛毛囊 DNA 六种提取方法的研究 [J]. 基因组学与应用生物学，2020，39（04）：1540-1548.

[7] 杨峻. 分子生物学诊断技术的应用（三）[J]. 湖北畜牧兽医，2010（11）：4-6.

[8] Hammerl J A，Klevanskaa K，Strauch E，et al. Complete nucleotide sequence of pVv01，a P1-like plasmid prophage of Vibrio vulnificus [J]. Genome Announcements，2014，2（4）：e00135-14.

[9] Piligrimova E G，Kazantseva O A，Nikulin N A，et al. Bacillus phage vB_Bts_B83 previously designated as a plasmid may represent a new Siphoviridae genus [J]. Viruses，2019，11（7）：624.

[10] 陈克敏. 毛细管电泳在 PCR 产物及核糖核酸分离分析中的应用 [J]. 国外医学遗传学分册，1997，20（1）：9-12.

[11] Brandon C D，Cassandra L C，Lisa A H. Capillary electrophoresis applied to DNA：determining and harnessing sequence and structure to advance bioanalyses（2009-2014）[J]. Anal Bioanal Chem，2015，407：6923-6938.

[12] Kurosu Y，Saito M. Sodium dodecyl sulfate（SDS）-non-gel molecular sieving capillary electrophoresis for proteins. In：Shintani H.，Polonsky J.（eds）Handbook of Capillary Electrophoresis Applications [M]. Springer Dordrecht，1997.

[13] Qasem J A，Al-Mouqati S，Rajkumar G. Comparison of DNA Probe，PCR Amplifica-

tion, ELISA and Culture Methods for the Rapid Detection of Salmonella in Poultry. In: Makkar H. P., Viljoen G. J. (eds) Applications of Gene-Based Technologies for Improving Animal Production and Health in Developing Countries [M]. Springer Dordrecht, 2005.

[14] Hanliang Zhu, Haoqing Zhang, Ying Xu, et al. PCR past, present and future [J]. Biotechniques, 2020, 69 (4): 317-325.

[15] Andrews C L. Harsch A, Vouros P. Analysis of the in vitro digestion of modified DNA to oligonucleotides by LC-MS and LC-MS/MS [J]. International Journal of Mass Spectrometry, 2004, 231: 169-177.

[16] Wheller R, Summerfield S, Barfield M. Comparison of accurate mass LC-MS and MRM LC-MS/MS for the quantification of a therapeutic small interfering RNA [J]. International Journal of Mass Spectrometry, 2013, 345: 45-53.

[17] Studzinska S, Rola R, Buszewski B. The impact of ion-pairing reagents on the selectivity and sensitivity in the analysis of modified oligonucleotides in serum sample by liquid chromatrography coupled with tandem mass spectrometry [J]. Journal of Pharmaceutical and Biomedical Analysis, 2017, 138: 146-152.

[18] 杨洪森，范惠红. 反相离子对色谱法对寡核苷酸药物分析的进展 [J]. 中国生化药物杂志，2015，7 (35): 161-164.

[19] 姬晓南，罗立新，杨汝德. 基因疫苗用质粒 DNA 生产下游工程的概述 [J]. 中国生物制品学杂志，2003，16 (4): 256-258.

[20] 贾静. 人肝癌细胞 HepG2 中核苷酸类物质的分析方法建立及其代谢变化的初步研究 [D]. 上海：第二军医大学，2009.

[21] 翁国锋. 基于质谱技术的寡核苷酸分离分析方法研究 [D]. 杭州：浙江大学，2019.

[22] Sanger F, Nicklen S, Coulson A R. DNA sequencing with Chain-terminating inhibitors [J]. Proceedings of the National Academy of Sciences of the United States of America, 1997, 74: 5463-5468.

[23] Kok S J, Koster E H M, Gooijer C. et al. Separation of twenty-one naphthalene sulfonates by means of capillary electrophoresis [J]. Journal of Separation Science, 2015, 19 (2): 99-104.

[24] Pieles U, Zurcher W, Schar M, et al. Matrix-assisted laser-desorption ionization time-of-flight mass-spectrometry-a powerful tool for the mass and sequence-analysis of natural and modified oligonucleotides [J]. Nucleic Acids Research, 1993, 21: 3191-3196.

[25] Wambua D M, Ubukata M, Dane J, et al. Bottom-up mass spectrometric sequencing of microRNA [J]. Analytical Methods, 2014, 6 (21): 8829-8839.

[26] Farand J, Gosselin F. De novo sequence determination of modified oligonucleotides [J]. Analytical Chemistry, 2009, 81: 3723-3730.

[27] Schurch S. Characterization of nucleic acids by tandem mass spectrometry – the second decade: from DNA to RNA and modified sequences [J]. Mass Spectrometry Reviews, 2016, 35: 483-523.

[28] Huang T Y, Liu J A, McLuckey S A. Top-down tandem mass spectrometry of tRNA via ion trap collision-induced dissociation [J]. Journal of the American Society for Mass Spectrometry, 2010, 21: 890-898.

章节习题

1. 核酸样品分离分析的意义有哪些？怎样制备 DNA 和 RNA 样品。
2. 总结 PCR 技术的用途，并谈谈其在医学领域的应用。
3. 简述 RNA 和 DNA 印迹技术的原理及不同。
4. 试说出几种常见的用于核酸分离的离子对试剂。
5. 简述亲水作用色谱对核酸样品的分离原理。
6. 采用质谱技术进行核酸分离分析的难点和优势分别是什么？

多糖样品分离分析方法

基本要点

1. 掌握多糖样品的分离分析方法及其原理。
2. 熟悉多糖样品分离、分析的一般步骤。

糖类化合物又称碳水化合物，由植物通过光合作用天然合成，是自然界分布最广泛、数量最多的一类有机化合物[1]。植物体、微生物和动物体内，糖类化合物分别约占总重的50%~90%，10%~30%和2%。最初，糖仅被认为是一种结构或能量物质，随着现代分离、分析和分子生物学相关技术的发展，人们对糖的结构信息和生物学功能都有了深入的了解。糖是除核酸和蛋白质之外另一类重要的生命物质，是生命体内重要的信息分子，参与了生命，特别是多细胞生命的受精、着床、分化、发育、免疫、感染、癌变、衰老等全部时间和空间过程。糖在细胞之间的相互识别、相互作用、水和电解质的输送、癌症的发生和转移、机体的免疫和免疫抑制及细胞凝集等生物过程中都起着关键作用[2-6]。

多糖又称多聚糖，一分子多糖水解后可生成几百或上千个单糖分子，因此，可认为多糖是由醛基和酮基通过糖苷键连接的高分子聚合物。多糖分子具有许多不同的单糖残基，不同的连接位置，不同类型的糖苷键，能形成不同的构象、不同的相对分子质量及链内和链间氢键的二级结构。多糖在自然界分布极广，存在于动物细胞膜和植物、微生物的细胞壁中，纤维素、几丁质、黏多糖等是构成动植物骨架结构的组成成分；糖原和淀粉是动植物贮藏的生物能。在自然界，90%的碳水化合物是以多糖形式存在的。多糖是构成生命的三大基本物质之一，不仅是结构和能量物质，而且能直接参与细胞的分裂过程，调节细胞生长，成为细胞和细胞、细胞和病毒、细胞和抗体等相互识别结构的活性部位。此外，多糖在抗肿瘤、抗凝血、抗突变、降血脂、抗衰老、抗病毒等疑难杂症的治疗方面具有巨大的前景[7-10]。因此，多糖化学日益引起人们的关注，成为天然药物、生物化学和生命科学领域的研究热点[11,12]。

糖类化合物的分离具有一定难度，其原因在于：①糖类化合物具有“微观不均一性”，即结构中存在多个手性碳原子、位置异构体、差向异构体、支链、交联结构和3D结构。②天然及合成糖类样品组分较复杂，除了糖类化合物，还存在蛋白、色素、挥发油、脂类、生物碱及其他成分，各种成分具有不同的分子量范围和极性差异。复杂基质会对糖分析产生干扰，影响其衍生、分离和检测等过程。由于多糖样品结构的微观不均一性及多糖成分的复杂性，传统的菲林法等不适合对其进行分离分析，目前应用广泛的多糖分离方法包括尺寸排阻、分配 、阴（阳）离子交换法，分析方法包括气相色谱法、毛细管电泳、配体交换色谱法、亲水作用色谱法及其检测技术联用（包括紫外、示差、蒸发光散射、脉冲安培、质谱和核磁共振等）。

§7－1　多糖的分离方法

多糖的分离方式通常是以下3个过程的组合：①化学转换；②两相中的分配；③相的物理分离。分离方法主要包括机械式的以大小为衡量依据的尺寸排阻法、以物理式的分配法以及以化学式的状态变化为依据的离子交换法。

一、尺寸排阻色谱

尺寸排阻色谱（size exclusion chromatography，SEC）又称凝胶过滤色谱（gel filtration chromatography），是按分子尺寸的差异进行分离的一种液相色谱方法，不能分离相同分子大小的多糖，适用于不同分子大小的多糖分离及分子量测定。其主要原理是利用分子筛作用，根据凝胶的孔径和被分离化合物分子量的大小而达到分离目的。凝胶是具有多孔隙网状结构的固体物质，被分离物质的分子大小不同，进入凝胶内部的能力不同。当混合物溶液通过凝胶柱时，比凝胶孔隙小的分子能自由进入凝胶内部，而比凝胶孔隙大的分子不能进入凝胶内部，只能通过凝胶颗粒间隙。因此，分子大小不同的物质在凝胶过滤色谱中的移动速率出现差异，分子大的物质所走的路径短，保留时间则较短，分子小的物质由于向凝胶颗粒内部扩散，移动被滞留，保留时间则较长，如图7－1所示。用于生物大分子分离的传统SEC填料是多糖聚合物，只能在低压条件下使用，微粒型交联的亲水凝胶、乙烯共聚物和亲水性键合硅胶也可作为SEC填料。

商品凝胶种类较多，常用的有葡聚糖凝胶和羟丙基葡聚糖凝胶。葡聚糖凝胶（Sephadex G）是由葡聚糖（右旋糖酐）和甘油基通过醚桥（—O－CH_2－CHOH－CH_2O-）交联而成的多孔性网状结构，具亲水性，在水中易溶胀。凝胶颗粒网孔大小取决于交联剂的数量和反应条件，加入交联剂越多（即交链度高），如磺化二乙烯基苯

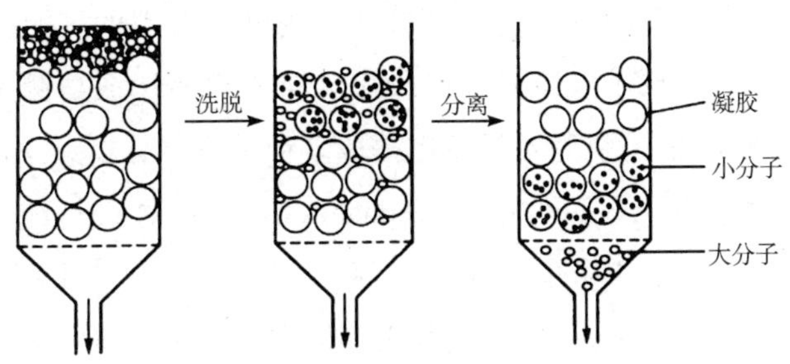

图 7－1　凝胶过滤色谱示意图[13]

等，网孔越紧密，孔径越小，吸水膨胀也越小；交链度低则网孔稀疏，吸水后膨胀大。商品型号按交联度大小分类并以吸水量（干凝胶每 1g 吸水量 ×10）表示，如 Sephadex G－75，含义是此干凝胶吸水量为 7.5mL/g，Sephadex G－100 的吸水量为 10mL/g。Sephadex G 仅适合水体系中的应用，不同规格适合分离不同分子量的物质，有关性能见表 7－1。

表 7－1　Sephadex G 的性质[14]

型号	吸水量 /（mL·g^{-1}）	床体积 /（mL·g^{-1}）	多糖分子量（分离范围）	最少溶胀时间/h	
				室温	沸水浴
G－10	1.0 ±0.1	2～3	<700	3	1
G－15	1.5 ±0.2	2.5～3.5	<1 500	3	1
G－25	2.5 ±0.2	4～6	100～5 000	6	2
G－50	5.0 ±0.3	9～11	500～10 000	6	2
G－75	7.5 ±0.5	12～15	1 000～50 000	24	3
G－100	10.0 ±1.0	15～20	1 000～100 000	48	5
G－150	15.0 ±1.5	20～30	1 000～150 000	72	5
G－200	20.0 ±2.0	30～40	1 000～200 000	72	5

亲水凝胶有聚丙烯酰胺凝胶（polyacrylamide gel）、琼脂糖凝胶（Sepharose）等，适合于分离多糖等水溶性大分子化合物。羟丙基葡聚糖凝胶（Sephadex LH－20）既有亲水性又有亲脂性，是在 sephadex G－25 的羟基上引入羟丙基而成醚键的结合状态。与 sephadex G 相比，sephadex LH－20 分子中羟基总数不变，但碳原子所占比例相对增加，不仅可在水中应用，也可在极性有机溶剂或含水混合溶剂中膨胀使用，扩大了应用范围。尺寸排阻色谱的填充剂一般使用在交联剂中引入亲水基团的亲水性聚合物，流动相选择能溶解样品、沸点比柱温高 25～50℃、黏度低、与样品的折光率相差大的物质作流动相，以提高柱效和灵敏度，常用水、缓冲液和含水的有机溶剂（如二甲亚砜）作为流动相[15,16]。胡卫珍等[17]采用凝胶渗透色谱－多角度激光散射联用技术研究

了不同种源地铁皮石斛多糖的分子量及其分布，为铁皮石斛的种源优选和质量控制提供了依据。Lee 等[18]采用离子液体修饰硅胶尺寸排阻色谱法成功测定了裙带菜中的多糖成分。Duan Guo-feng 等[19]从苍术根茎中提取多糖并进行分析，采用热水提取、醇沉法提取多糖，纯化后用 DEAE - 纤维素，Sephadex G - 100 柱进行纯化，并进行色谱分析。结果从粗多糖中分离了 4 个蛋白 APW1 ~4。Cao Yuan 等[20]采用水提醇沉法从三七中提取粗多糖，经 sepharose cl - 6b 柱分离纯化得到三七多糖 A（TSQPA）和三七多糖 B（TSQPB）。用高效凝胶过滤色谱法测定了两种多糖的分子量后，用离子色谱法分析了多糖的单糖组成。

二、分配法

分配法适用于由单糖至低聚糖的分离，对于多糖，需首先将其降解为结构简单的单糖或寡糖，依据被分离成分在固定相和流动相之间的分配系数不同而实现分离。按照固定相与流动相的极性差别，分配色谱法分为正相色谱和反相色谱法。正相分配色谱法是流动相的极性小于固定相的极性，常用固定相为氰基与氨基键合相，主要用于分离极性及中等极性的分子型物质。反相分配色谱法是流动相的极性大于固定相的极性，常用固定相为十八烷基硅烷或 C_8 键合相，用于分离非极性及中等极性的各类分子型化合物。通常使用乙腈 - 水作为流动相，当流动相中水的比率增加时，相应的糖的保留时间减少。正相分配色谱常用氰基或氨基键合相色谱柱，可分辨相差一个糖残基的寡糖以及连接位置不同的寡糖异构体。该色谱柱寿命较短，原因在于柱填料的自身水解和还原糖与氨基之间会形成希夫碱[21,22]。反相分配色谱常用的烷基键合相色谱进行糖类化合物分离时，流动相常采用乙腈 - 水或甲醇 - 水体系，糖类的分子量越大，洗脱越慢，流动相水比率越大，越容易洗脱。烷基柱存在的问题在于柱填料会随着使用时间慢慢溶解，出现峰拖尾和保留时间缩短的现象，可通过定期更换柱顶部填料和使用预柱加以改善[23-27]。Bogusław Buszewski 等[28]用氨丙基化学键合相制备了固相萃取和高效液相色谱柱，通过不同的物理化学方法，如孔隙测定法、元素分析、CP/MAS NMR、色谱等，测定了填料化学修饰前后的表面特征，并将所得填料与市售填料（Silasorb NH、LiChrosorb NH）进行比较，用制备得到的色谱柱对烟草干叶中的糖进行了分离和测定，结果表明，该柱具有较高的氨丙基相覆盖密度和较高的吸附能力，分离结果良好，重现性好。

三、离子交换法

离子交换层析（ion-exchange chromatography，IEC）是专门分离离子型化合物的液相色谱技术，主要根据各种分析物与固定相之间的离子交换亲和力差异而进行分离的一种方法。IEC 固定相也称为离子交换剂，由基质、结合于基质的荷电活性基团（即功能基团）和可交换离子（称为平衡离子或反离子）组成。根据所带电荷不同，离子交换剂可以分为阳离子（cation）、阴离子（anion）和两性离子（zwitterionic）交换剂。根据功能基团解离能力的不同，可将离子交换剂分为强离子交换剂（如功能基团为 $-SO_3^-$、$-N^+R_3$）、中离子交换剂（如功能基团为 $-PO(OH)O^-$）或弱离子交换剂（如功能基团为 $-COOH$、$-NH(CH_3)$）。强离子交换固定相能在很宽的 pH 范围内被完全离子化，其离子交换性能在通常的 pH 操作范围内不受流动相 pH 的影响；而弱离子交换剂的解离度取决于流动相的 pH，根据流动相能更好地调节样品在弱离子交换剂上的保留特性。阳离子型树脂通常为 H^+ 或 Na^+ 型，而阴离子型树脂通常为 Cl^- 或 OH^- 型。离子交换过程可通过含期望离子的（相对）高浓度溶液流过固定相来实现。如图 7-2 所示。

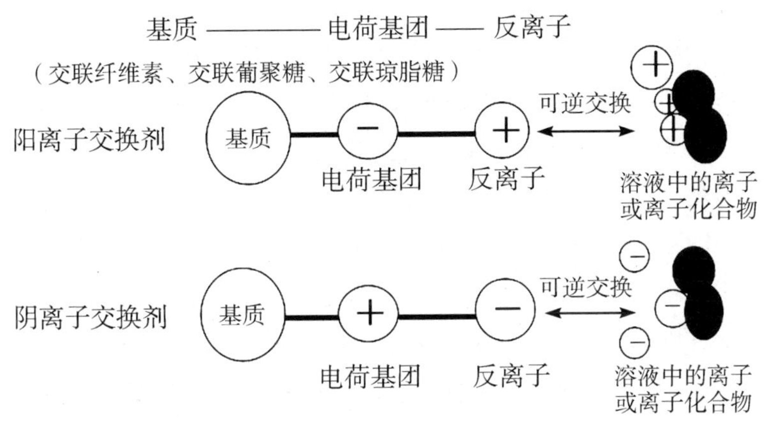

图 7-2　离子交换色谱法原理图[29]

根据基质组成的不同，交换剂可分为硅胶离子交换剂和有机聚合物（树脂）离子交换剂。硅胶离子固定相的优点在于，其与流动相接触面大和机械性能良好，且流动相变化时，固定相膨胀和收缩较小。缺点是稳定性差，保护柱也很难让色谱柱寿命延长。此外，该类离子交换剂的 pH 工作范围是 2 ~ 7，应用范围受限。但是硅胶强碱性阴离子交换剂分析离子化糖类化合物效果较好，在肝素双糖与寡糖、果胶寡糖的分析中应用较多。如肝素及低分子肝素具有强极性、不均一性和硫酸基团不稳定等特点，结构表征困难。用于肝素结构表征的一种方法是先用裂解酶将肝素降解成一系列不同寡糖，然后进行肝素寡糖指纹图谱分析，以表征其精细结构。可分别用肝素裂解酶Ⅰ、Ⅱ和Ⅲ在一定条件下对肝素进行酶解，所得混合物在硅胶强阴离子交换色谱柱上进行分离，60min 内用 0% ~ 60% B（A：H_2O，pH = 3.5；B：2mol/L NaCl，pH = 3.5）梯度洗脱，在 232nm 处进行 UV 检测，对色谱图中的主要峰用寡糖标准品进行归属[30]。

由此可见，该方法能很好地用于肝素寡糖成分的分离。树脂型离子交换剂是在有机聚合物（树脂）骨架上引入共价结合的离子基团组成的有机高分子离子交换剂，离子基团的存在使树脂成为聚电解质。与硅胶离子交换剂相比，树脂型离子交换剂对 pH 耐受范围宽（0～14），但也存在诸多不足，如聚合物的机械稳定性较低、样品分离时树脂易膨胀和收缩、离子交换容量较低等。

阳离子交换法主要适用于单糖、部分寡糖的分离和少数多聚糖的分离[31]，方法的局限性在于流动相为水相，不能通过改变流动相影响糖类分离[32]。Q. -Q. Chen 等[33]进行了阳离子交换树脂对人参多糖脱蛋白研究，用静态吸附试验和动态吸附试验研究树脂对蛋白质的最佳吸附条件。林嘉成等[34]以蛋白质去除率和多糖保留率为主要指标，考察离子交换树脂对粗黄芪多糖中蛋白质的去除率和多糖保留率，优选了黄芪多糖粗提蛋白的原始工艺条件。

在强碱性介质中糖会部分或全部解离而以阴离子形式存在，由于高 pH 溶液中的分子不能形成氢键，因此不同单糖、低聚糖分子表面可与阴离子交换填料互相作用，糖分子结构的细微差别则会导致其与固定相的亲和力不同，使结构相近的糖分子实现分离。以水溶性的 NaOH 溶液作为流动相，糖类化合物的洗脱顺序依次为糖醇、单糖、二糖和寡糖，通过加入 CH_2COONa 可对流动相的离子强度进行调节，改变流动相组成或改变柱温，以调整保留顺序[35,36]。高效阴离子交换色谱－脉冲安培检测法是糖类化合物分析的常用方法，该方法的优点为可直接检测，不需要衍生步骤，简单、灵敏度高、不需要消耗有机溶剂，且具有非常低的检测限。Jian-hua Xie 等[37]采用高效阴离子交换色谱法测定了青冈草多糖中的单糖组成，结果表明，该多糖由鼠李糖、阿拉伯糖、半乳糖、葡萄糖、甘露糖和木糖组成，摩尔比为 1.00:1.85:3.26:3.12:0.85:0.29。Zou-xiao Li 等[38]通过高效阴离子交换色谱法测定了蜂蜜中的单糖和功能食品中的多糖水解物，建立了一种高效阴离子交换色谱分析 8 种单糖的方法。Li-ya Qing[39]等人采用冷水冻融提取、蛋白清洗、乙醇沉淀、柱层析分离等方法，制备了均匀的小球藻多糖 cpbs－1，通过有效的离子阴离子液柱色谱分析，充分水解后发现 cpsp－1 为 D－岩藻糖、D－鼠李糖、D－2－葡糖胺、D－半乳糖、D－葡萄糖和一些未知单糖。5 种已知单糖的摩尔比为 1.3:1.0:1.4:1.2:3.1。Yan-fang[40]等人研究了 3 种价格低廉的海参多糖，经分子生物学鉴定后，海参粗多糖经阴离子交换色谱分离纯化，得到了海参硫酸软骨素和海参岩藻聚糖。采用 PMP-HPLC 法、离子色谱法和高效阻垢色谱法分别分析各样品的单糖组成、硫酸盐含量和分子量。

§7－2　多糖的分析方法

对于多糖的分析方法，传统的有菲林法、二硝基水杨酸法等化学分析法及光度法等，由于无法对体系中的各种糖进行预先分离，所以得到的只是糖的总分析结果。酶分析法或电化学法虽检测灵敏度高，但受特异性及样品中污染物的干扰，限制了其使用。色谱法能够将多种糖逐一分离，准确地进行定性和定量分析，因此在糖类物质的分析方面具有非常重要的应用价值。

一、气相色谱法

气相色谱法（gas chromatography，GC）具有分离效率高、灵敏度高、分析速度快及应用范围广等特点，是一种非常有效的分离技术。GC 与质谱（MS）联用后，是定量分析复杂混合物的有力工具。与液相色谱不同，极性、亲水性、低挥发性或者热敏的糖类化合物，由于挥发性较差，不适合直接用 GC 进行分析，需通过衍生步骤，使其成为具有挥发性的衍生物。有效的衍生方法可增加信号强度和糖类化合物的稳定性，提高特征碎片的产生效率。甲硅烷基化、甲基化、乙酰化和三氟乙酰化，作为一步衍生技术被广泛用于多元醇和非还原性糖的分析。单糖或简单寡糖可直接制备成衍生物进行分析，但对分子量较大的多糖或寡糖，需通过水解、降解、甲基化反应等方法将其降解为相应结构简单的单糖或简单寡糖，再通过对降解产物进行衍生进行进一步的定性、定量测定，以确定其结构[41,42]。

Chang-sheng Sun 等[43]利用 DEAE-Sepharose 柱层析法对蝉中水溶性粗多糖进行了分离，利用 GC、FTIR 和 NMR 光谱分析了蝉粗多糖的组成和结构特征，从蝉多糖中分离获得的 4 种多糖组分为 B－I－1、B－I－2、B－II－1 和 B－II－2，该研究为阐明多糖对果蝇增殖的作用机制提供了一定依据。Yu-jiao Sun 等[44]通过 GC-MS 法对枸杞多糖 LbGp1 的硫化模式进行了研究，得到 2 种硫酸多糖分别为 LbGp1-ol-sl 和 LbGp1-ol-sh，硫酸含量分别为 13.7% 和 27.4%。Yun-yun Zhu 等[45]采用 GC TOF/ MS 法研究了麦冬多糖 MDG-1 对糖尿病小鼠的粪便代谢，结果鉴定出 12 个潜在的生物标志物，包括单糖（D-tagatose，D-lyxose，D-erythrose，xylo-hexos-5-ulose，2-脱氧半乳糖），丁二酸，氨基酸（苯丙氨酸，L－赖氨酸，L－蛋氨酸，L－天冬氨酸）和嘌呤衍生物（7H－嘌呤，2′－脱氧肌苷）。MDG-1 可能是通过可吸收的单糖和丁二酸，通过抑制肠道葡萄糖吸收、增强肝糖生成、抑制糖原分解和促进 GLP-1 分泌实现对糖尿病的作用。Zhao Ming 等[46]采用 GC、HPLC、IR、^{1}H-NMR、Smith 降解、糖醛酸还原等方法研究了桑叶多糖 PMP12 的组成和性质，结果表明 PMP12 由鼠李糖、阿拉伯糖、半乳糖、糖醛酸组成，其物质的摩尔浓度比为 1:1.56:1.57:1.08。

二、毛细管电泳

毛细管电泳（capillary electrophoresis，CE）是20世纪80年代后期迅速发展起来的一种分离分析技术，是指带电粒子在（高压直流）电场力的驱动下，在毛细管中按淌度和（或）分配系数的不同进行高效、快速分离的液相微分离分析技术，已经作为一种标准分析手段应用于多种化合物的分析。具有效率高、速度快，分离模式多，进样量小，在线富集，可与多种检测器联用，自动化程度高，应用范围广等特点，也存在制备能力差，灵敏度低，重现性差等不足。

绝大多数天然糖分子都呈电中性，不能在电场中迁移，故直接采用毛细管电泳很难进行分离分析，因此，在糖的分离分析中往往要采用络合、解离、衍生等方式使糖带电，并选用合适的检测手段。糖类物质一般缺少紫外或荧光生色基团，衍生化后，可转变为带有电荷且具有一定的吸收或荧光发光基团的衍生糖，通过毛细管区带电泳进行分离和检测。衍生的目的主要为增加样品的电荷和给糖类物质带上紫外或荧光吸收基团。

Yan J C 等[47]以多种环糊精和多糖作为手性选择剂，利用毛细管电泳技术对8种阴离子环糊精进行了分离，并对来那度胺的手性识别和拆分进行了研究。在极性有机模式下，使用多糖型手性固定相实现了抗癌药物的高效液相色谱对映体分离。分离出纯对映体后，通过结合圆二色光谱和随时间变化的密度泛函理论计算，确定了洗脱顺序和绝对构型。Gamini Amelia 等[48]研究了CE在荷电多糖中的应用，提出了一种测定透明质酸衍生物酯化程度的简便方法，利用CE分解产物的峰面积，可计算天然多甘露水解产物甘露寡糖混合物的分子量分布。Ji-ye Chen 等[49]通过毛细管区带电泳对天门冬酰胺多糖进行分离分析，结果表明该多糖由木糖、阿拉伯糖、葡萄糖、鼠李糖、甘露糖、半乳糖、葡萄糖醛酸和半乳糖醛酸组成。Qing-jiang Wang 等[50]首次采用毛细管区带电泳安培检测法，通过分析其水解产物岩藻糖、葡萄糖、阿拉伯糖和鼠李糖，间接测定了中国女贞多糖（LLPS）的组成。

三、反相色谱法

反相色谱法是（reversed-phase HPLC，RP-HPLC）由非极性固定相和极性流动相所做成的液相色谱体系，是当今液相色谱的最主要分离模式，几乎可用于所有能溶于极性或弱极性溶剂中的有机物的分离。典型的RP-HPLC色谱柱是十八烷基键合硅胶柱（C_{18}），流动相为水与有机溶剂（如甲醇、乙腈或四氢呋喃）的混合物。但糖类化合物缺乏生色基团且为强极性甚至离子化物质，难以在经典的C_{18}柱上保留而进行直接分析分离。目前主要采用两种策略实现糖在反相色谱体系中的分离分析：①对糖样品进行衍生化，能使糖样品带上紫外或荧光基团，提高检测的灵敏度，降低样品极性，使其能够在反相色谱柱上保留；②对于离子化糖类化合物，可采用离子对试剂进行分析。

糖的衍生化包括柱前衍生、柱后衍生和柱上衍生，其中柱前衍生化发展最为迅速。在糖样品进入色谱柱分离之前，先用具有紫外吸收或荧光活性的物质（衍生试剂）进行标记，使其带上紫外或荧光基团，满足高灵敏度的检测要求。由于生色基团一般具有较强的疏水性，因而衍生物很容易在常规的反向色谱柱上保留而实现分离。多数糖衍生物在 RP 柱上分离时，与质谱检测有很好的兼容性，因此通过液－质联用仪可在分离样品的同时对其进行质谱鉴定。离子对色谱法是在固定相上涂渍或流动相中加入与溶质分子带相反电荷的离子对试剂形成非离子性中性物质（离子对），进而分离离子型或可离子化化合物的方法。分为正相和反相离子对色谱法，后者兼有反向色谱和离子色谱的特点，既保持了反相色谱操作简便、分离柱效高等优点，又能同时分离离子型和中性化合物的混合样品。目前，该方法已经广泛用于酸性糖，尤其是酸性双糖和寡糖的分离分析，如糖胺聚糖双糖或寡糖、果胶寡糖等。Li-na Zhu 等[51]应用双水相体系结合超声细胞破碎提取和高效液相色谱法同时分离分析龙葵生果中的龙葵碱和龙葵多糖，结果表明，龙葵多糖的含量分别为 2.07mg/g、2.05mg/g 和 8.15mg/g。Yi Li 等[52]建立了一种快速、灵敏的高效液相色谱法，利用荧光检测技术，定量测定了从脑膜炎球菌荚膜多糖和内毒素等其他杂质中提取的 1－吡啶二氮甲烷衍生脂肪酸。

四、配体交换色谱法

配体交换色谱法（ligand exchange chromatography，LEC）采用金属离子饱和的阳离子交换基质，该方法可有效分离单糖和寡糖及复杂的糖类化合物混合物。LEC 中常用的金属离子包括 Ca^{2+}、Pb^{2+} 和 Ag^{+}，每种色谱柱可提供独特的分离选择性。LEC 模式下，仅使用水加少量有机改性剂作为流动相，但需要较高的柱温，以降低流动相黏度，增加色谱柱渗透性，以达到满意的分离度和峰宽。其分离分析糖类的机制主要是配体交换，即树脂上的磺酸基团通过离子吸引力将金属紧紧吸附于柱上而不会被洗脱；而糖分子上每一个羟基都带有一个非常弱的负电荷，其中端基异头碳上所带的羟基可被去质子化，从而带上一个很强的负电荷，进而与树脂表面上的金属离子的正电荷相互作用，使糖被保留。因此，用水作流动相洗脱时，金属离子－树脂/金属离子－糖之间存在吸附－解吸附的动态过程，通过选择树脂类型、树脂上络合金属元素类型、温度、流动相等条件来控制选择性，进而实现对糖类的分离分析。

Brereton 等[53]利用配体交换色谱法分析了乳制品和大豆制品中的糖类化合物。Qian 等[54]利用高效配体交换色谱法测定了蜂胶和蜂花粉中的糖类化合物。结果表明，11 个蜂胶样品中只有痕量的糖类化合物，5 个蜂花粉样品中含有葡萄糖、果糖和蔗糖，随后采用 HPLEC-PAD 法和 HPLEC-MS 法对其进行了含量测定。赵敏[55]对配体交换和多糖类 CSPs 手性分离性能进行了研究，制备了涂敷型和键合型配体交换色谱手性固定相，并考察了色谱条件的变化对氨基酸对映体手性拆分的影响。

五、亲水作用色谱法

1990 年，Alpert 首次提出了亲水作用色谱（hydrophilic interaction liquid chromatography，HILIC）的概念。在 HILIC 的分离体系中，常使用硅胶、氨基、二醇基、氰基等正相色谱填料或者特殊设计的表面含有极性基团的专用填料等作固定相。流动相一般采用有机溶剂 - 水体系，其中水相的比例为 5% ~40%，以保证其显著的亲水作用；有机溶剂以乙腈最为常用，也可用其他任何能够与水混溶的有机溶剂（如四氢呋喃、甲醇等）；为了控制流动相的 pH 和离子强度，还常常加入乙酸铵、甲酸铵等离子添加剂。该流动相组成使得 HILIC 可与灵敏度高的质谱检测器兼容。样品在色谱柱上分离时，流出顺序与传统的正相色谱类似，极性越强的样品在色谱柱上的保留越强，即 HILIC 柱上物质的洗脱顺序与 RPLC 恰恰相反，在 RPLC 柱上很难保留或根本不保留的物质，在通常的实验条件下与 HILIC 柱上有较强的保留。同时 HILIC 还可像离子对色谱那样，实现离子型化合物的分离，图 7 -3 表示了 HILIC 如何与其他色谱相互补充，并延伸了它们的分离范围。

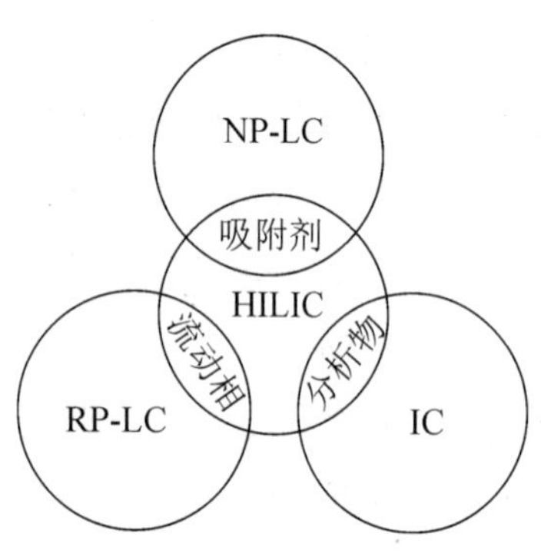

图 7 -3　HILIC 结合了 3 种主要的液相色谱方法的特点[56]

目前，HILIC 的分离分析机制还存在争议并表现出明显的复杂性。根据 Alpert 的观点，极性样品在 HILIC 中的保留基于分配机制，也有人提出是基于溶质在固定相上的吸附。此外，HILIC 的保留机制还包含氢键作用、偶极作用和静电作用等多种次级效应，也很难将其区分开。另外，固定相的功能基团、流动相中有机改性剂的含量、缓冲盐的种类和浓度、流速、柱温等均是影响样品保留行为的重要参数。与传统液相相比，HILIC 的优势非常明显：①HILIC 适合分析复杂系统中在 RP 中靠近死体积处洗脱下来的化合物；②由于极性样品在高含水流动相中总是显示良好的溶解能力，HILIC 克服了在 NPLC 中常遇到的溶解性差的缺点；③HILIC 不需要昂贵的离子对试剂，可与质谱进行联用；④与 RPLC 相反，HILIC 的梯度洗脱应从低极性有机溶剂开始，并通过增加水的含量洗脱极性分析物，有利于活性分子活性保留的控制；⑤HILIC 理想的流动相中有机溶剂含量高，因灵敏度更高，且极性离子化合物在色谱柱上保留良好，HILIC 已成为不带电荷的高亲水性和两亲性化合物的首选分离分析模式。第一代 HILIC 模式分离是于氨基硅胶柱上实现了糖类化合物的分离。氨基柱分离还原性单糖和多糖时，能加快端基差向异构体的转换效率，避免了非对映体互变形成的双峰（或峰展宽），从而获得较好的峰形。由于氨基柱优良的分离选择性，目前仍广泛用于单糖、寡糖的分离分析。但是，其与酸性化合物的结合能力强，容易产生死吸附；分离还原糖时，氨基还易于醛基形成席夫碱，导致键合相和分析物性质的改变。此外，由于键合相易流失，导致氨基柱稳定性较差。当前，与氨基键合固定相性质类似的酰胺键合固定相以及新开发的双酰胺键合固定相具有较好的稳定性，且表面基本不带电荷，与离子型分析物的离子交换作用较弱，适用于糖类化合物的分离分析。糖因具有独特的多羟基结构，是天然的亲水性化合物，同样非常适合作为 HILIC 键合相，具有很高的极性和很强的氢键作用，在单糖、多糖的分离分析及糖肽的富集中显示了很大的潜力。

Zhen Long 等[57]优化了一种基于亲水性相互作用液相色谱和三四极质谱（HILIC-MS/MS）的新方法，测定了肺炎球菌多糖疫苗水解物中的甲基戊糖、己糖、己糖胺和己糖酸，系统研究了色谱、质谱和样品水解条件。新的 HILIC-MS/MS 方法与传统的 EP 方法相比，不需要衍生化，具有选择性强、准确、稳定、快速等优点。Yuan-yuan Li 等[58]研究了共价结合多糖修饰固定相用于液相色谱和亲水性相互作用色谱，制备了巯基/甲基丙烯酸酯混合多糖衍生物，并通过聚合成功地将其固定在多孔二氧化硅颗粒表面。考察了柱温、水含量、pH 值和流动相离子强度等因素对高水洗脱液中被试物保留时间的影响，评价了 PMSP 的 PALC 特征。李佳琪[59]对多糖分子印迹聚合物的制备及其亲水作用色谱行为进行了研究，选取淀粉这一大分子多糖作为模板分子，通过表面印迹法将成功制备的淀粉多糖分子印迹聚合物应用于亲水作用色谱（HILIC）研究中，并探究了不同种类的溶质在这种新型色谱柱中的保留行为与机理分析。梁鑫淼等[60]针对目前亲水作用色谱分离效率、选择性和多糖适用范围等问题，开发了系列亲水色谱分离材料。在此基础上，进行了壳寡糖、几丁寡糖、海藻酸钠寡糖、卡拉胶寡糖等海洋寡糖、地黄寡糖、巴戟天寡糖、黄芪多糖等中药多糖的研究。

参考文献

[1] 陈国荣. 糖化学基础［M］. 上海：华东理工大学出版社，2009.

[2] Young J J, Heyn K, Jehyung O, et al. Biocompatible and biodegradable organic transistors using a solid-state electrolyte incorporated with choline-based ionic liquid and polysaccharide［J］. Advanced Functional Materials, 2020, 30（29）: 1-12.

[3] Xu Q, Wang J, Zhao J R, et al. A polysaccharide deacetylase from puccinia striiformis f. sp. tritici is an important pathogenicity gene that suppresses plant immunity［J］. Plant Biotechnology Journal, 2020, 18（8）: 1830-1842.

[4] Sun Y, Diao F R, Niu Y B, et al. Apple polysaccharide prevents from colitis-associated carcinogenesis through regulating macrophage polarization [J]. International Journal of Biological Macromolecules, 2020, 06 (161): 704-711.

[5] Vervaeke P, Alen M, Noppen S, et al. Sulfated escherichia coli k5 polysaccharide derivatives inhibit dengue virus infection of human microvascular endothelial cells by interacting with the viral envelope protein e domain Ⅲ [J]. Plos One, 2013, 8 (8): e74035.

[6] 刘艳如，林勇，郑怡，等. 深层发酵培养的虎奶菇多糖对3种小球藻的凝集作用 [J]. 福建师范大学学报（自然科学版），2010，26 (02)：106-110.

[7] Kholiya F, Chatterjee S, Bhojani G, et al. Seaweed polysaccharide derived bioaldehyde nanocomposite: potential application in anticancer therapeutics [J]. Carbohydrate Polymers, 2020, 240: 116282-11693.

[8] 闻志莹，蔡为荣，丁伯乐. 香椿籽多糖的分离纯化及其体外抗凝血活性 [J]. 食品科技，2020，45 (02)：225-230.

[9] Zhang Z C, Lian B, Huang D M, et al. Compare activities on regulating lipid-metabolism and reducing oxidative stress of diabetic rats of *tremella aurantialba* broth' s extract (TBE) with its mycelia polysaccharides (TMP) [J]. Journal of Food Science, 2009, 74 (1): 15-21.

[10] Chen Y, Luo Q Y, Li S M, et al. Antiviral activity against porcine epidemic diarrhea virus of pogostemon cablin polysaccharide [J]. Journal of Ethnopharmacology, 2020, 259: 113009-113015.

[11] 张军良，郭燕文. 基础糖化学 [M]. 北京：中国医药科技出版社，2008.

[12] 苏晓文，昝丽霞，王威威. 多糖的化学修饰方法研究进展 [J]. 农业技术与装备，2020 (03)：18-20.

[13] 匡海学. 中药化学 [M]. 北京：中国中医药出版社，2012.

[14] 郭力. 中药化学 [M]. 北京：中国医药科技出版社，2018.

[15] Praznik W, Beck R, Eigner W. New high-performance gel permeation chromatographic system for the determination of low-molecular-weight amyloses [J]. Journal of Chromatography B, 1987, 387: 467-472.

[16] Ji N F, Proksch A, Wagner H. Immunologically active polysaccharides of acanthopanax senticosus [J]. Physicochemistry, 1985, 24 (11): 2619-2622.

[17] 胡卫珍，齐振宇，陈晓芳，等. 凝胶渗透色谱联用多角度激光光散射测定铁皮石斛多糖分子量及其分布 [J]. 浙江农业科学，2020，61 (06)：1166-1175.

[18] Lee Y R, Ma W W, Kyung H R. Determination of polysaccharides in undaria pinnatifi-

da by ionic liquid-modified silica gel size exclusion chromatography [J]. Analytical Letters, 2018, 51 (13): 1999-2012.

[19] Guo F D, Zhen O, Bo Y. Separation, purification and composition analysis of polysaccharides from rhizomes of atractylodes lancea (Thunb.) DC [J]. Lishizhen Medicine and Materia Medica Research, 2007 (04): 826-828.

[20] Yuan C, Jie L. Extraction, separation and monosaccharide composition analysis of polysaccharides from panax notoginseng [J]. The Food Industry, 2019, 40 (06): 128-131.

[21] 杜予民，王晓燕，柳卫莉. 高效液相色谱法分析生漆多糖中的单糖组成 [J]. 色谱，1998，16 (2): 173-175.

[22] Karkacier M, Erbas M, Uslu M K, et al. Comparison of different extraction and detection methods for sugars using amino-bonded phase HPLC [J]. Journal of Chromatographic Science, 2003, 41 (6): 331-333.

[23] 江国荣，曹宜，韩冰，等. RP-HPLC 紫外检测法在糖类化合物分离中的应用 [J]. 苏州大学学报，2001，17 (2): 78-80.

[24] 胡惠民，何成，毛晓明，等. 高效液相色谱法测定组织中山梨醇含量 [J]. 第二军医大学学报，1992，13 (1): 84-87.

[25] 甘宾宾. 高效液相色谱法测定低聚果糖的组分 [J]. 色谱，1999，17 (1): 87-89.

[26] 林艳，单连菊，张沛，等. 高效液相色谱法测定啤酒发酵液和麦汁中的糖类和乙醇 [J]. 分析化学，1999 (06): 3-5.

[27] Krstanovic M, Frkanec R, Vranesic B, et al. Reversed-phase high-performance liquid chromatographic method for the determination of peptidoglycan monomers and structurally related peptides and adamantyltripeptides [J]. Journal of chromatography B, 2002, 773 (2): 167-174.

[28] Bogusław B, Roman L. Isolation and determination of sugars in nicotiana tabacum on aminopropyl chemically bonded phase using SPE and HPLC [J]. Journal of Liquid Chromatography & Related Technologies, 1991, 14 (6): 1185-1201.

[29] 肖崇厚. 中药化学 [M]. 上海：上海科学技术出版社，2007.

[30] 凌沛学，何兆雄，姬胜利. 肝素 [M]. 中国轻工业出版社，2015.

[31] 杜双有. 阳离子交换树脂法降低壳聚糖酶解产物灰分的研究 [J]. 中国药业，2020，29 (07): 90-92.

[32] 陈悦，陈青俊. HPLC 示差折光分析法测定乳糖醇的含量 [J]. 西北药学杂志，

1997, 12 (4): 147.

[33] Chen Q Q, Xiao W, Wan Q, et al. Studies on protein removal from polysaccharides in panax ginseng by cation exchange resin [J]. Chinese Traditional & Herbal Drugs, 2012, 43 (5): 910-914.

[34] 林嘉成, 冯思欣, 班俊峰, 等. 静态离子交换法脱除黄芪粗多糖液中蛋白的研究 [J]. 中国医药科学, 2016, 6 (03): 64-67.

[35] Rocklin R D, Pohl C A. Determination of carbohydrates by anion exchange chromatography with pulsed amperometric detection [J]. Journal of Liquid Chromatography&Related Technologies, 1983, 6 (9): 1577-1590.

[36] Martens D A, Frankenberger W T. Determination of saccharides in biological materials by high-performance anion-exchange chromatography with pulsed amperometric detection [J]. Journal of chromatography, 1991, 546: 297-309.

[37] Xie J H, Shen M Y, Nie S P, et al. Analysis of monosaccharide composition of cyclocarya paliurus polysaccharide with anion exchange chromatography [J]. Carbohydrate Polymers, 2013, 98 (1): 976-981.

[38] Li Z X, Jiang S, Zheng B, et al. Determination of monosaccharides in honey and polysaccharide hydrolyzate of functional food by high performance anion exchange chromatography [J]. Journal of Sichuan University, 2008, 39 (5): 836-838.

[39] Qing L Y, Bo Y H, Yan L, et al. Separation purification and analysis of chlorella polysaccharides from chlorella sp [J]. Journal of Dalian Fisheries University, 2006 (03): 294-296.

[40] Yan F, Shu J D, Xiao Q, et al. Separation and chemical composition analysis of polysaccharides from three kinds of low-price sea cucumbers [J]. Food & Fermentation Industries, 2015, 41 (02): 227-232.

[41] Zhang R, Cao Y L, Hearn M W. Synthesis and application of fmoc-hydrazine for the quantitative determination of saccharides by reversed-phase HPLC in the low and subpicomole range [J]. Analytical Biochemistry, 1991, 195 (1): 160-166.

[42] 王静, 王晴, 向文盛. 色谱法在糖类物质分析中的应用 [J]. 分析化学, 2001, 29 (2): 222-227.

[43] Sun C S, Yu S J, Bao J Y, et al. Isolation and characterization of water soluble polysaccharides from isaria cicadae [J]. American Journal of BioScience, 2018, 6 (6): 57-64.

[44] Sun Y J, Sun W, Guo J G, et al. Sulphation pattern analysis of chemically sulphated

polysaccharide LbGp1 from lycium barbarum by GC-MS [J]. Food Chemistry, 2015, 170: 22-29.

[45] Zhu Y Y, Cong W J, Shen L, et al. Fecal metabonomic study of a polysaccharide, MDG-1 from ophiopogon japonicus on diabetic mice based on gas chromatography/time-of-flight mass spectrometry (GC TOF/MS) [J]. Molecular BioSystems, 2014, 10 (2): 304-312.

[46] Zhao M, Chang Y, Wang P X, et al. Separation, purification and preliminary structure analysis of polysaccharide PMP12 from mulberry leaves [J]. Journal of Jiangsu University, 2010, 20 (02): 153-156.

[47] Yan J C, Cui C Y, Zhang Y, et al. Separation, purification and structural analysis of polysaccharides from aloe [J]. Chemical Research in Chinese Universities, 2003, 24 (7): 1189-1192.

[48] Gamini A, Coslovi A, Toppazzini M, et al. Use of capillary electrophoresis for polysaccharide studies and applications [J]. Methods in Molecular Biology (Clifton, N. J.), 2016, (1483): 339-363.

[49] Chen J Y, Yang F F, Guo H Z, et al. Optimized hydrolysis and analysis of radix asparagi polysaccharide monosaccharide composition by capillary zone electrophoresis [J]. Journal of Separation Science, 2015, 38 (13): 2327-2331.

[50] Wang Q J, Yu H, Zong J, et al. Determination of the composition of Chinese ligustrum lucidum polysaccharide by capillary zone electrophoresis with amperometric detection [J]. Journal of Pharmaceutical and Biomedical Analysis, 2003, 31 (3): 473-480.

[51] Zhu L N, Lu Y, Sun Z, et al. The application of an aqueous two-phase system combined with ultrasonic cell disruption extraction and HPLC in the simultaneous separation and analysis of solanine and solanum nigrum polysaccharide from solanum nigrum unripe fruit [J]. Food Chemistry, 2020, 304: 125383.

[52] Li Y, Lander R, Manger W, et al. Determination of lipid profile in meningococcal polysaccharide using reversed-phase liquid chromatography [J]. Journal of Chromatography B Analytical Technologies in the Biomedical & Life sciences, 2004, 804 (2): 353-358.

[53] Brereton K R, Green D B. Isolation of saccharides in dairy and soy products by solid-phase extraction coupled with analysis by ligand-exchange chromatography [J]. Talanta, 2012, 100: 384-390.

[54] Qian W L, Khan Z, Watson D G, et al. Analysis of sugars in bee pollen and propolis

by ligand exchange chromatography in combination with pulsed amperometric detection and mass spectrometry [J]. Journal of Food Composition and Analysis, 2008, 21 (1): 78-83.

[55] 赵敏. 配体交换和多糖类 CSPs 手性分离性能的研究 [D]. 哈尔滨: 哈尔滨工程大学, 2012.

[56] 甄永苏, 赵铠. 糖类药物研究与应用 [M]. 北京: 人民卫生出版社, 2017.

[57] Long Z, Li J, Guo Z M, et al. A fast and robust hydrophilic interaction liquid chromatography tandem mass spectrometry method for determining methylpentose, hexose, hexosamine and hexonic acid in pneumococcal polysaccharide vaccine hydrolysates [J]. Journal of Pharmaceutical and Biomedical Analysis, 2018, 155: 253-261.

[58] Li Y Y, Li J, Chen T, et al. Covalently bonded polysaccharide-modified stationary phase for per aqueous liquid chromatography and hydrophilic interaction chromatography [J]. Journal of Chromatography A, 2011, 1218 (11): 1503-1508.

[59] 李佳琪. 多糖分子印迹聚合物的制备及其亲水作用色谱行为的研究 [D]. 哈尔滨: 哈尔滨工业大学, 2017.

[60] 梁鑫淼, 郭志谋, 刘艳芳. 亲水色谱分离材料与糖类化合物高效分离 [C]. 中国化学会·2016 全国多糖研讨会论文摘要集, 2016.

章节习题

1. 简述多糖类样品分离的 3 种方法，并列举其中 1 种方法的原理。
2. 简述多糖样品分析的主要方法，并列举其中 1 种方法的原理。
3. 简述中药多糖样品分离分析的一般步骤及原理。